Linux 系统管理与服务器配置项目化教程（基于 RHEL8 和银河麒麟版）

主　编　吴英男　郭龙军　李昭容
副主编　袁宜霞　王颢瑾　黄诗敏

北京理工大学出版社
BEIJING INSTITUTE OF TECHNOLOGY PRESS

内容提要

本书以工作过程为导向，采取项目导向—任务驱动的编写结构，将教学内容与职业标准相结合，以目前被广泛应用的 RHEL8 服务器发行版为例，同时融入信创拓展，兼顾银河麒麟服务器版的配置，精心设计了 15 个项目(模块)，涵盖了运维工程师岗位工作任务的全部流程。

为了让读者轻松地掌握 Linux 操作系统的安装、部署、配置、调测、运维和故障处理等职业技能，将服务器系统在日常维护和配置下的各种实践操作通过场景化的项目案例激发学习兴趣，以学生为项目主体，按照工作流程，进行“规划、安装、配置、调试”等环节的技能训练，环环相扣，层层递进，确定本书编写顺序，并通过信创拓展模块让学生了解国产操作系统，增强学生的信创意识。

本书可作为高职院校计算机应用技术专业、计算机网络技术专业、软件技术专业及其他计算机类专业的教材，也可作为 Linux 系统管理和网络管理人员的自学参考书。

图书在版编目（CIP）数据

Linux 系统管理与服务器配置项目化教程：基于 RHEL8 和银河麒麟版 / 吴英男，郭龙军，李昭容主编. -- 北京：北京理工大学出版社，2024.8（2025.1 重印）

ISBN 978-7-5763-3595-8

Ⅰ. ①L… Ⅱ. ①吴… ②郭… ③李… Ⅲ. ①Linux 操作系统-网络服务器-系统管理-教材 Ⅳ. ①TP316.85

中国国家版本馆 CIP 数据核字(2024)第 045945 号

责任编辑：王玲玲　　**文案编辑**：王玲玲
责任校对：刘亚男　　**责任印制**：施胜娟

出版发行 / 北京理工大学出版社有限责任公司
社　　址 / 北京市丰台区四合庄路 6 号
邮　　编 / 100070
电　　话 / (010) 68914026（教材售后服务热线）
(010) 63726648（课件资源服务热线）
网　　址 / http://www.bitpress.com.cn

版 印 次 / 2025 年 1 月第 1 版第 2 次印刷
印　　刷 / 三河市天利华印刷装订有限公司
开　　本 / 787 mm×1092 mm　1/16
印　　张 / 20.75
字　　数 / 483 千字
定　　价 / 59.80 元

前言

Linux 操作系统是开源的、免费的、安全稳定性较高的、多任务多线程的网络操作系统，在企事业单位的网络服务器建设中得到了广泛的应用。Linux 操作系统目前在市面上有很多发行版。在国际上比较流行且应用广泛的是 RHEL 版 Linux。本书采用 RedHat 公司目前较新的服务器版本 RedHat Enterprise Linux 8.4 作为开发环境，对使用 RedHat Enterprise Linux 8 构建各种类型服务器的方法进行讲解。另外，2020 年是我国信创（信息技术应用创新）产业全面推广的起点，对于我国信创的发展来说，技术突破是关键，人才培养是基石。党的二十大报告指出，要加快建设网络强国、数字中国。习近平总书记深刻指出，加快数字中国建设，就是要适应我国发展新的历史方位，全面贯彻新发展理念，以信息化培育新动能，用新动能推动新发展，以新发展创造新辉煌。众所周知，Linux 是自由软件，目前我国很多自主研发的系统平台和软件都是基于 Linux 系统开发的，因此，开发 Linux 网络操作系统项目式优质教材对我国 ICT 人才的培养具有重要意义。

本书由具有多年实践教学经验的一线教师编写。在编写过程中，结合 Linux 网络操作系统发展和企业工程师的意见，积极围绕课程的培养目标，通过校企"双元"合作编写了该工学结合教材。

本书始终坚持以立德树人、守正出新为核心，贯彻基于工作过程的系统化课程开发原则，以高技能人才综合职业能力培养为主线，以项目导向、任务引领为指导安排教学内容。项目采用情境导入的方法来激发学生对专业内容的兴趣和对知识的渴望；通过拓展阅读模块培养学生可持续发展能力；通过项目任务、常见问题分析及排除和拓展训练促进学生对所学知识的巩固并实现职业能力的迁移。

本书通过分析 Linux 运维工程师岗位工作任务，以工作过程为导向，将教学内容与职业标准相结合，精心设计了 15 个项目（模块），涵盖了运维工程师岗位工作任务的全部流程。项目 1 ~ 8 为 Linux 网络操作系统基础知识，对基础命令、磁盘管理、用户管理和软件安装进行了介绍；项目 8 ~ 14 对配置各种类型的网络操作系统服务器进行了介绍；项目 15 对系统安全进行了介绍。

为了让读者轻松地掌握 Linux 操作系统运维服务的安装、部署、配置、调测、运维和故障处理等职业技能，将 Linux 服务器系统在日常维护和配置下的各种实践操作通过场景化的项目案例激发学习兴趣，以学生为项目主体，按照工作流程，进行“规划、安装、配置、调试”等环节的技能训练，环环相扣，层层递进，组织教材编写顺序，并通过项目拓展考核巩固业务能力和养成职业素养。本书遵循“以学生为中心，以任务为驱动”的教学理念，践行“产教融合、专创融合”，从内容选取到理论讲解融入信创内容，每个项目均融入信创拓展模块，树立科技自立自强意识；重视学生课堂学习与实际工作的一致性。

通过本书的学习，学生能够牢固掌握 Linux 网络操作系统的有关知识和基本操作技能，实现课证融通，完成相关 1 + X 认证；同时，通过项目案例学习，学生可以掌握企业实际运行过程中的系统配置管理、服务器搭建与管理、安全管理等日常工作所需的知识技能。

本书由吴英男、郭龙军、李昭容任主编，袁宜霞、王颢瑾、黄诗敏任副主编，周向军和广州思涵信息科技有限公司的李昊参编。具体编写分工如下：吴英男编写项目 3、项目 4、项目 8；郭龙军编写项目 5、项目 9、项目 15；李昭容老师编写项目 2、项目 11；袁宜霞编写项目 10、项目 12、项目 13；王颢瑾编写项目 6；黄诗敏编写项目 7、项目 14；周向军编写项目 1；李昊负责提供项目相关企业案例。全书由吴英男统稿，本书在编写过程中参考了大量的网络技术资料和书籍，在此向相关作者表示感谢。

由于编者水平有限，书中难免存在一些疏漏之处，恳请读者批评指正，我们将虚心接受，以期修正更新。有任何疑问可联系作者，邮箱为 184117467@ qq. com。

编者

目录

项目1

认识网络操作系统

1.1 学习导航

1.2 学习目标

知识目标：
- 了解操作系统的概念
- 掌握网络操作系统的概念

能力目标：
- 学会根据实际情况选用适合的网络操作系统

素质目标：
- 树立诚实守信、细心规范的工作态度
- 增强沟通与协调能力、团队合作精神
- 具有家国情怀

1.3 项目导入

随着信息化及数据业务的急速大规模扩张，公司现有的服务器在高可用性、安全性以及系统稳定性等方面表现得很不尽如人意，所以，公司决定升级改造服务器的操作系统以适应公司的业务需求。服务器应该选择什么样的操作系统呢？技术人员需要对网络操作系统有比较深入的了解，才能够设计出符合客户实际需求的方案。

1.4 项目分析

本项目主要介绍操作系统的概念、发展和分类，并重点介绍 Linux 网络操作系统的发展、体系架构、版本和特点，使学习者对 Linux 网络操作系统形成初步的认识。

1.5 相关知识

1.5.1 了解操作系统

1.5.1.1 操作系统定义

操作系统（Operating System，OS）是一组主管并控制计算机操作、运用和运行硬件、软件资源，以及提供公共服务来组织用户交互的相互关联的系统软件程序。根据运行的环境，操作系统可以分为桌面操作系统、手机操作系统、服务器操作系统、嵌入式操作系统等。

在计算机中，操作系统是其最基本也是最为重要的基础性系统软件。从计算机用户的角度来说，计算机操作系统是为其提供各项服务；从程序员的角度来说，其主要是指用户登录的界面或者接口；从设计人员的角度来说，就是指各式各样模块和单元之间的联系。

1.5.1.2 操作系统的作用

操作系统是软件的一部分，它是硬件基础上的第一层软件，是硬件和其他软件沟通的桥梁（或者说接口、中间人、中介等）。

操作系统会控制其他程序运行，管理系统资源，提供最基本的计算功能，如管理及配置内存、决定系统资源供需的优先次序等，同时还提供一些基本的服务程序，例如：

1. 文件系统

提供计算机存储信息的结构，信息存储在文件中，文件主要存储在计算机的内部硬盘里，在目录的分层结构中组织文件。文件系统为操作系统提供了组织管理数据的方式。

2. 设备驱动程序

提供连接计算机的每个硬件设备的接口，设备驱动器使程序能够写入设备，而不需要了解执行每个硬件的细节。简单来说，就是让你能吃到鸡蛋，但不用养一只鸡。

3. 用户接口

操作系统需要为用户提供一种运行程序和访问文件系统的方法。如常用的 Windows 图形界面，可以理解为一种用户与操作系统交互的方式；智能手机的 Android 或 iOS 系统，也是一种操作系统的交互方式。

4. 系统服务程序

当计算机启动时，会自启动许多系统服务程序，执行安装文件系统、启动网络服务、运行预定任务等操作。

1.5.1.3　操作系统的发展历史和分类

硬件的发展以及为了提高资源的利用率和系统性能的目标驱动操作系统不断发展，历经了手工处理阶段、单道批处理系统阶段、多道批处理系统阶段、分时系统阶段、实时系统、网络系统、分布式系统、个人系统等阶段；同时，操作系统按照用途和特定功能的可分为5类，如图1－1所示。

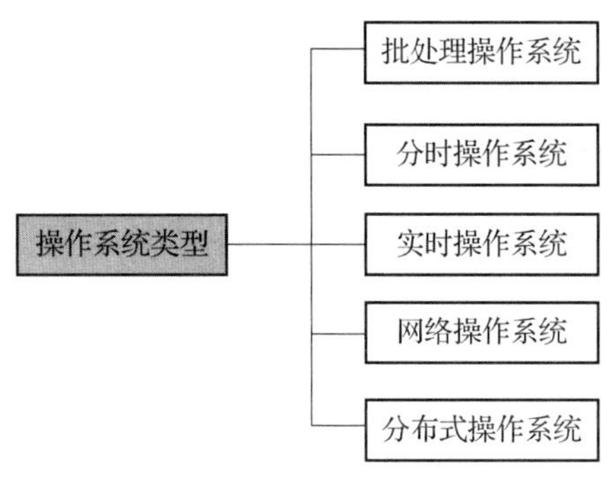

图1－1　操作系统的类型

1. 批处理操作系统

（1）用户脱机使用计算机：作业成批处理，作业提交后直到获得结果之前，用户无法与作业交互。

（2）多道程序并行：充分利用系统资源。

2. 分时操作系统

1）分时的定义

把CPU时间进行时间上的分割，为时间片轮流使用。

2）主要特征

①多用户同时性：多个用户同时工作。

②独立性：各用户之间互不影响。

③交互性：系统能对用户的操作及时响应。

3. 实时操作系统

提供实时时钟管理功能、过载保护机制、高度可靠性和安全性、容错能力（如故障自动复位）和冗余备份。

4. 网络操作系统

网络操作系统是基于计算机网络的，是在各种计算机操作系统上按网络体系结构协议标准开发的软件，包括网络管理、通信、安全、资源共享和各种网络应用。其目标是相互通信及资源共享。比如Netware、WindowsNT、UNIX都是网络操作系统。

网络操作系统可分为三类：集中模式、客户端/服务器模式、对等模式（peer－to－peer）。

网络操作系统的特点：有主从关系、网络中资源共享、网络中的计算机通过协议通信。

5. 分布式操作系统

分布式计算机系统是由多个分散的计算机连接而成的计算机系统。系统中的计算机无主、次之分，任意两台计算机可以通过通信交换信息。分布式操作系统能直接对系统中的各类资源进行动态分配和调度、任务划分、信息传输协调工作，并为用户提供一个统一的界面、标准的接口，用户通过这一界面实现所需的操作和使用系统资源，使系统中若干台计算机相互协作完成共同的任务，有效地控制和协调诸任务的并行执行。比如：Amoeba 就是分布式操作系统。

分布式操作系统特点：

- 计算机具有同等地位，无主从之分。
- 系统中的任意计算机可以构成一个子系统，并且还能重构。
- 任何任务都可以分布在几台计算机上，由它们并行、协调完成。

1.5.2 了解网络操作系统

1.5.2.1 什么是网络操作系统

网络操作系统（Network Operation System，NOS）是在网络环境下实现对网络资源的管理和控制的操作系统，是用户与网络资源之间的接口。网络操作系统是建立在独立的操作系统之上，为网络用户提供使用网络系统资源的桥梁。在多个用户争用系统资源时，网络操作系统进行资源调剂管理，它依靠各个独立的计算机操作系统对所属资源进行管理，协调和管理网络用户进程或程序与联机操作系统进行交互。

1.5.2.2 网络操作系统的功能

网络操作系统除了具备单机操作系统所需的功能外，如内存管理、CPU 管理、输入/输出管理、文件管理等，还应具有下列功能：

（1）提供高效可靠的网络通信能力。

（2）提供多项网络服务功能，如远程管理、文件传输、电子邮件、远程打印等。

1.5.2.3 网络操作系统的特征

作为网络用户和计算机网络之间的接口，一个典型的网络操作系统一般具有以下特征：

1. 硬件独立

也就是说，它应当独立于具体的硬件平台，支持多平台，即系统应该可以运行于各种硬件平台之上。例如，可以运行于基于 X86 的 Intel 系统，还可以运行于基于 RISC 精简指令集的系统，如 DECAlpha、MIPSR4000 等。用户进行系统迁移时，可以直接将基于 Intel 系统的机器平滑转移到 RISC 系列主机上，不必修改系统。为此，Microsoft 提出了 HAL（硬件抽象层）的概念。HAL 与具体的硬件平台无关，改变具体的硬件平台，无须做别的变动，只要改换其 HAL，系统就可以进行平稳转换。

2. 网络特性

具体来说，就是管理计算机资源并提供良好的用户界面。它是运行于网络上的，首先需要能管理共享资源，比如 Novell 公司的 NetWare 最著名的就是它的文件服务和打印管理。

3. 可移植性和可集成性

具有良好的可移植性和可集成性也是现在网络操作系统必须具备的特征。

4. 多用户、多任务

在多进程系统中，为了避免两个进程并行处理所带来的问题，可以采用多线程的处理方式。线程相对于进程而言，需要较少的系统开销，其管理比进程易于进行。抢先式多任务就是操作系统不专门等待某一线程的完成后再将系统控制交给其他线程，而是主动将系统控制交给首先申请得到系统资源的其他线程，这样就可以使系统具有更好的操作性能。支持 SMP（对称多处理）技术等都是对现代网络操作系统的基本要求。

1.5.3　认识 Linux 操作系统

1990 年，芬兰人 Linus Torvalds 开始着手研究编写一个开放的与 Minix 系统兼容的操作系统。1991 年 10 月 5 日，Linus Torvalds 公布了第一个 Linux 的内核版本 0.02 版。1992 年 3 月，内核 1.0 版本的推出，标志着 Linux 第一个正式版本的诞生。现在，Linux 凭借优秀的设计、不凡的性能，加上 IBM、Intel、AMD、DELL、Oracle、Sybase 等国际知名企业的大力支持，市场份额逐步扩大，逐渐成为主流操作系统之一。Linux 的吉祥物如图 1－2 所示。

图 1－2　Linux 的吉祥物（Larry Ewing 设计）

Linux 最大的优势当属它的开源属性。Linux 是一款基于 GNU 通用公共许可证（GPL）发布的操作系统。这意味着，所有人都能运行、研究、分享和修改这个软件。经过修改后的代码还能重新分发，甚至出售，但必须基于同一个许可证。这一点与传统操作系统（如 UNIX 和 Windows）截然不同，因为传统操作系统都是锁定供应商、以原样交付且无法修改的专有系统。

Linux 操作系统作为一个免费、自由、开放的操作系统，它拥有以下特点。

（1）完全免费。

（2）支持多任务、多用户。

（3）高效、安全、稳定。

（4）支持多种硬件平台。

（5）友好的用户界面。

（6）强大的网络功能。

1.5.4　Linux 的版本

Linux 版本分为两类：

内核版本：免费的，它只是操作系统的核心，负责控制硬件、管理文件系统、管理程序进程等，并不给用户提供各种工具和应用软件。

发行版本：不一定免费，除了操作系统核心外，还包含一套强大的软件，例如：C/C ++ 编译器和库等。

1.5.4.1　内核版本

Linux 系统内核指的是一个由 Linus Torvalds 负责维护，提供硬件抽象层、硬盘及文件系统控制及多任务功能的系统核心程序。

内核的开发和规范一直由 Linus 领导的开发小组控制着，版本也是唯一的。开发小组每隔一段时间公布新的版本或其修订版，从 1991 年 10 月 Linus 向世界公开发布的内核 0.0.2

版本（0.0.1 版本功能相当简陋，所以没有公开发布）到目前最新的内核 6.5.5 版本，版本截图如图 1－3 所示（官网为 https://www.kernel.org/）。

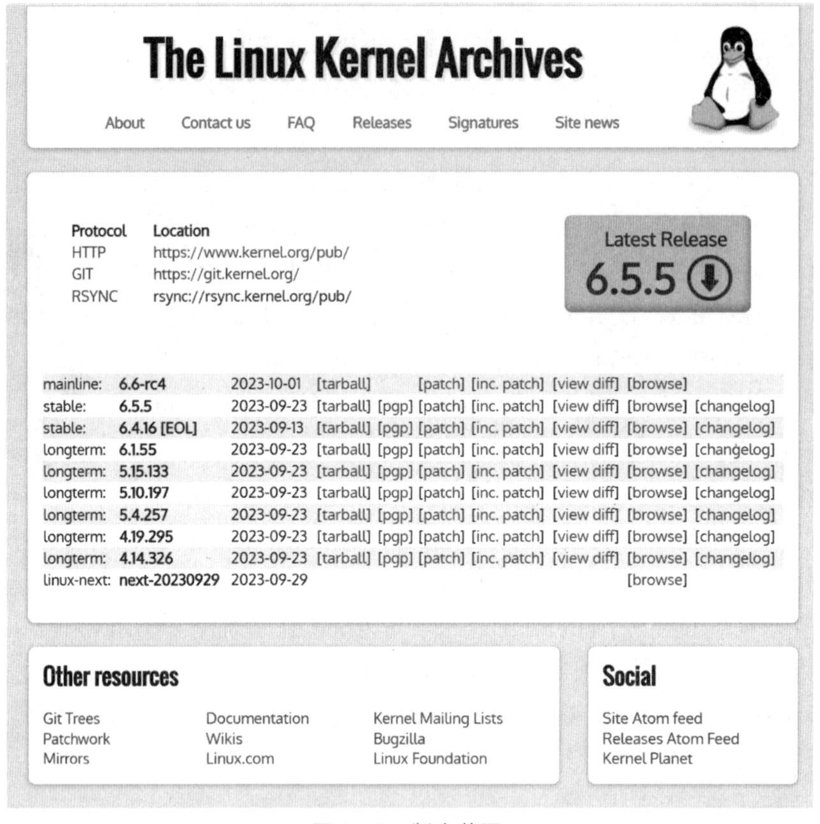

图 1－3　版本截图

可以使用 uname －r 查看内核版本号，例如：2.6.32－754.2.1.el6.x86_64。

第一个组数字：2，表示主版本号。

第二个组数字：6，表示次版本号，表示稳定版本（因为有偶数）。

第三个组数字：32，表示修订版本号，表示修改的次数。

第四个组数字：754.2.1，表示发型版本的补丁版本。

el6 则表示正在使用的内核是 RedHat/CentOS 系列发行版专用内核；x86_64 表示 64 位 CPU。

1.5.4.2　Linux 的发行版

Linux 的发行版本可以大体分为两类：

第一类：商业公司维护的发行版本，以著名的 RedHat 为代表。

第二类：社区组织维护的发行版本，以 Debian 为代表。

每个版本都有自己的特点。下面介绍几款常用的 Linux 发行版本。

1. RedHat Linux（图 1－4）

RedHat（红帽公司）创建于 1993 年，是目前世界上资深的 Linux 厂商，也是最获认可的 Linux 品牌。

RedHat 公司的产品主要包括 RHEL（RedHat Enterprise Linux，收费版本）、CentOS（RHEL 的社区克隆版本，免费版本）、Fedora Core（由 RedHat 桌面版发展而来，免费版本）。

RedHat 在我国是使用人群最多的 Linux 版本。

2. Ubuntu Linux（图 1－5）

Ubuntu 基于知名的 Debian Linux 发展而来，界面友好，容易上手，对硬件的支持非常全面，是目前最适合做桌面系统的 Linux 发行版本，并且 Ubuntu 的所有发行版本都免费提供。

图 1－4 RedHat 图标

图 1－5 Ubuntu 图标

3. SuSE Linux（图 1－6）

图 1－6 SuSE Linux 图标

SuSE Linux 以 Slackware Linux 为基础，原来是德国的 SuSE Linux AG 公司发布的 Linux 版本，1994 年发行了第一版，早期只有商业版本，2004 年被 Novell 公司收购后，成立了 OpenSUSE 社区，推出了自己的社区版本 OpenSUSE。

SuSE Linux 可以非常方便地实现与 Windows 的交互，硬件检测非常优秀，拥有界面友好的安装过程、图形管理工具，对于终端用户和管理员来说使用非常方便。

4. Gentoo Linux（图 1－7）

Gentoo 最初由 Daniel Robbins（FreeBSD 的开发者之一）创建，首个稳定版本发布于 2002 年。Gentoo 是所有 Linux 发行版本里安装最复杂的，到目前为止仍采用源码包编译安装操作系统。

图 1－7 Gentoo 图标

5. 其他 Linux 发行版

除以上 4 种 Linux 发行版外，还有很多其他版本，表 1－1 罗列了几种常见的 Linux 发行版以及它们各自的特点。

表 1－1 其他 Linux 发行版

版本名称	网址	特点	软件包管理器
Debian Linux	www. debian. org	开放的开发模式，且易于进行软件包升级	apt
Fedora Core	www. redhat. com	拥有数量庞大的用户、优秀的社区技术支持，并且有许多创新	up2date(rpm)，yum（rpm)
CentOS	www. centos. org	CentOS 是一种对 RHEL 源代码再编译的产物。由于 Linux 是开发源代码的操作系统，并不排斥基于源代码的再分发，CentOS 就是将商业的 Linux 操作系统 RHEL 进行源代码再编译后分发，并在 RHEL 的基础上修正了不少已知的漏洞	rpm
Mandriva	www. mandriva. com	操作界面友好，使用图形配置工具，有庞大的社区进行技术支持，支持 NTFS 分区的大小变更	rpm
KNOPPIX	www. knoppix. com	可以直接在 CD 上运行，具有优秀的硬件检测和适配能力，可作为系统的急救盘使用	apt

1.6 项目实施

任务 1－1 Linux 和 Windows 的比较

目前国内 Linux 更多的是应用于服务器上，而桌面操作系统更多使用的是 Windows。Linux 和 Windows 的主要区别见表 1－2。

表 1－2 Linux 和 Windows 的比较

比较	Windows	Linux
界面	界面统一，外壳程序固定，所有 Windows 程序菜单几乎一致，快捷键也几乎相同	图形界面风格依发布版不同而不同，可能互不兼容。GNU/Linux 的终端机是从 UNIX 传承下来的，基本命令及操作方法也几乎一致

续表

比较	Windows	Linux
驱动程序	驱动程序丰富，版本更新频繁。默认安装程序里面一般包含有该版本发布时流行的硬件驱动程序，之后所出的新硬件驱动依赖于硬件厂商提供。对于一些老硬件，如果没有了原配的驱动，有时很难支持。另外，有时硬件厂商未提供所需版本的 Windows 下的驱动，也会比较头痛	由志愿者开发，由 Linux 核心开发小组发布，很多硬件厂商基于版权考虑并未提供驱动程序，尽管多数无须手动安装，但是涉及安装则相对复杂，使新用户面对驱动程序问题会一筹莫展。但是在开源开发模式下，许多老硬件尽管在 Windows 下很难支持，也容易找到驱动。HP、Intel、AMD 等硬件厂商逐步不同程度支持开源驱动，问题正在得到缓解
使用	使用比较简单，容易入门。图形化界面对没有计算机背景知识的用户使用十分有利	图形界面，使用简单，容易入门；文字界面，需要学习才能掌握
学习	系统构造复杂、变化频繁，且知识、技能淘汰快，深入学习困难	系统构造简单、稳定，且知识、技能传承性好，深入学习相对容易
软件	每一种特定功能可能都需要商业软件的支持，需要购买相应的授权	大部分软件都可以自由获取，同样功能的软件选择较少

任务 1－2　Linux 发行版本的选择

Linux 的发行版本众多，下面给选择 Linux 发行版本犯愁的朋友一点建议：如果你需要的是一个服务器系统，而且已经厌烦了各种 Linux 的配置，只是想要一个比较稳定的服务器系统，那么建议选择 CentOS 或 RHEL。

如果只是需要一个桌面系统，而且既不想使用盗版，又不想花大价钱购买商业软件，不想自己定制，也不想在系统上浪费太多时间，则可以选择 Ubuntu。如果想深入摸索一下 Linux 各个方面的知识，而且还想非常灵活地定制自己的 Linux 系统，那么就选择 Gentoo。如果对系统稳定性要求很高，则可以考虑 FreeBSD。如果需要使用数据库高级服务和电子邮件网络应用，则可以选择 SuSE。

1.7　信创拓展

1.7.1　信创概念介绍

什么是信创？

所谓信创，就是信息技术的应用创新产业。一般来说，信创包括基础硬件、基础软件、应用软件、信息安全四大板块。其中，基础硬件主要包括芯片、服务器/PC、存储等；基础软件包括数据库、操作系统、中间件等；应用软件包括办公软件、ERP 和其他软件等；信息安全包括硬件安全、软件安全、安全服务等各类产品。

1.7.2 国产操作系统介绍

国产操作系统，顾名思义，就是完全由我国自主研发的操作系统，比如华为鸿蒙（HarmonyOS）、深度（Deepin）、银河麒麟等都是比较常见的国产操作系统。由于操作系统的厂商很容易取得用户的各种敏感信息，谁掌控了操作系统，就掌握了设备上所有的操作信息。处于信息时代的今天，我国全自主研发操作系统势在必行。

操作系统是电脑的灵魂，在开放平台生态不断成熟的背景下，中国本土操作系统凭借着开放平台生态和国家支持的东风，正快速崛起。

目前的国产操作系统厂商，以中标麒麟、银河麒麟、深度、华为鸿蒙为代表，带领国内操作系统快速发展。国产操作系统厂商在竞争中的市场话语权不断得到提高，而华为鸿蒙更是在 5G 时代的 IOT 领域占据了很大的优势。随着我国对国产操作系统的重视程度日益提高，国产操作系统的应用前景十分广阔。

1.8 巩固提升

一、选择题

1. Linux 最早是由计算机爱好者（　　）开发的。

A. Richard Petersen　　B. Linus Torvalds

C. Rob Pick　　D. Linux Sarwar

2. 下列（　　）是自由软件。

A. Windows 10　　B. UNIX

C. Linux　　D. Windows Server 2016

3. 下列（　　）不是 Linux 的特点。

A. 多任务　　B. 单用户

C. 设备独立性　　D. 开放性

4. Linux 的内核版本 2.3.20 是（　　）的版本。

A. 不稳定　　B. 稳定

C. 第三次修订　　D. 第二次修订

二、简答题

简述网络操作系统的特点、选择原则。

1.9 项目评价

本项目采用基于目标导向的“多主体、多维度、全过程”评价方式。

多主体采用智慧职教云课堂、教师、学生、企业兼职教师多主体评价；多维度从知识、能力、素质目标三个维度评价；全过程按照课前、课后、课中三个阶段全过程评价。

项目1 认识网络操作系统评分表

考核方向	考核内容	分值	考核标准	评价方式
相关知识（30分）	了解操作系统	5	答案准确规范，能有自己的理解为优	教师提问和学生进行课程平台自测
	了解网络操作系统	5	答案准确规范，能有自己的理解为优	
	认识 Linux 操作系统	10	答案准确规范，能有自己的理解为优	
	认识 Linux 的版本	10	答案准确规范，能有自己的理解为优	
项目实施（50分）	任务1-1 根据实际情况选择开源或者闭源的操作系统	20	能根据实际情况选择开源或者闭源的操作系统，形成方案	客户评、学生评、教师评
	任务1-2 能根据客户要求正确选择合适的 Linux 操作系统	30	能根据客户要求正确选择合适的 Linux 操作系统，形成方案	客户评、学生评、教师评
素质考核（20分）	职业精神（操作规范、吃苦耐劳、团队合作）	10	操作规范、吃苦耐劳、团队合作愉快	学生评、组内评、教师评
	工匠精神（作品质量、创新意识）	5	作品质量好，有一定的创新意识	客户评、教师评
	家国情怀	5	认识信创，了解我国的信创发展	客户评、教师评

项目2

安装与配置Linux操作系统

2.1 学习导航

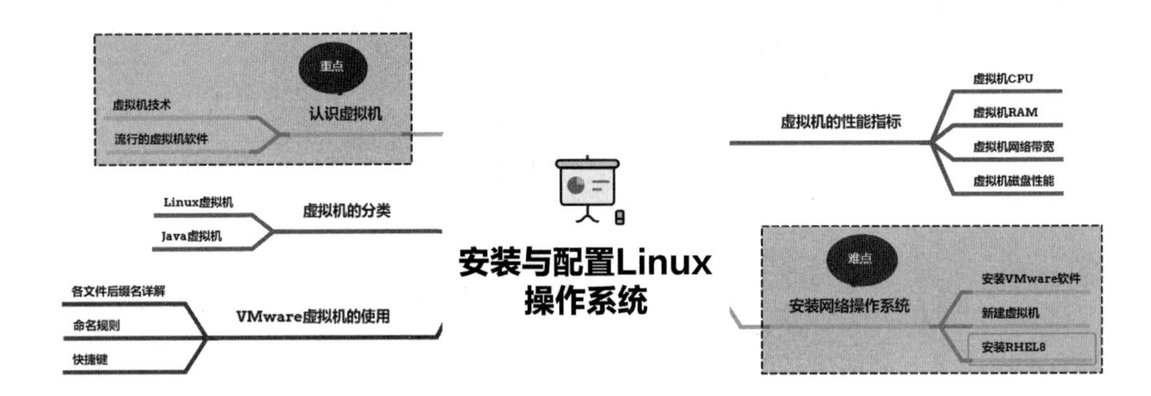

2.2 学习目标

知识目标：
- 了解虚拟化的基本概念
- 了解系统安装的基本要求、安装方式
- 掌握虚拟机的快捷键

能力目标：
- 掌握 RHEL 的安装及相关配置

素质目标：
- 树立诚实守信、细心规范的工作态度
- 增强沟通与协调能力、团队合作精神
- 增强民族自信，具有家国情怀

2.3 项目导入

公司经过测试和比较，综合考虑后，拟选择 RedHat Enterprise Linux 8 作为网络操作系

统。现在需要选派一名技术员进行系统的安装。在实际部署之前要进行测试试验，要求不影响公司其他信息化业务的运行，同时能够模拟实际的计算机运行环境。经过调研，公司工程师选择以虚拟机软件的形式来进行试验，要完成本任务，需要掌握虚拟机软件的基本概念，了解系统安装的基本要求、安装方式、硬盘分区等基础知识并进行规划，进而开始安装操作。

思考：

（1）你知道什么是虚拟软件吗？它的特点是什么？

（2）如果你是公司的工程师，你怎样选择和安装虚拟机软件？

（3）RHEL8 系统安装的基本要求是什么？采用什么安装方式较为合适？

（4）安装时如何进行分区？如何进行安装？

2.4　项目分析

要想成功安装 Linux，首先必须对硬件的基本要求、硬件的兼容性、多重引导、磁盘分区和安装方式等充分准备，并获取发行版、查看硬件是否兼容，再选择适合的安装方式。

本项目需要的设备和软件如下：

1 台安装了 Windows 10 操作系统的计算机；1 套 RHEL8 的 ISO 映像文件；1 套 VMware Workstation 16 Pro 软件。

本项目借助虚拟机软件完成 3 项任务：

（1）安装 VMware Workstation。

（2）安装 RHEL8 第一台虚拟机，名称为 Server 01。

（3）完成对 Server 01 的基本配置。

2.5　相关知识

2.5.1　认识虚拟机和常用的虚拟机软件

虚拟机（Virtual Machine）指通过软件模拟的具有完整硬件系统功能的、运行在一个完全隔离环境中的完整计算机系统。简言之，你可以在你当前的操作系统中运行另一个操作系统，就像运行媒体播放器或网络浏览器一样。在实体计算机中能够完成的工作在虚拟机中都能够实现。在计算机中创建虚拟机时，需要将实体机的部分硬盘和内存容量作为虚拟机的硬盘和内存容量。每个虚拟机都有独立的 CMOS、硬盘和操作系统，可以像使用实体机一样对虚拟机进行操作。站在使用者的角度讲，虚拟机系统和真实安装的系统是一样的，甚至可以在一台计算机上将几个虚拟机系统连接为一个局域网或连接到互联网。

目前流行的虚拟机软件有 VMware（VMWare ACE）、Virtual Box 和 Virtual PC，它们都能在 Windows 系统上虚拟出多个计算机。本课程采用的虚拟机软件为 VMware Workstation。VMware Workstation（中文名“威睿工作站”）是一款功能强大的桌面虚拟计算机软件，提供用户可在单一的桌面上同时运行不同的操作系统，以及进行开发、测试、部署新的应用程序的最佳解决方案。VMware Workstation 可在一部实体机器上模拟完整的网络环境，以及可便于携带的虚拟机器，其更好的灵活性与先进的技术胜过了市面上其他的虚拟计算机软件。

VMware 可以使你在一台计算机上同时运行多个操作系统，例如，同时运行 Windows、Linux 和 macOS。在计算机上直接安装多个操作系统，同一个时刻只能运行一个操作系统，重启才可以切换；而 VMware 可以同时运行多个操作系统，可以像 Windows 应用程序一样来回切换。

在虚拟机系统中，每一台虚拟产生的计算机都被称为“虚拟机”，而用来存储所有虚拟机的计算机则被称为“宿主机”。例如，你的 Windows 系统就是宿主机，而 VMware 安装的 Linux 则为虚拟机。

2.5.2 虚拟机的分类

1. Linux 虚拟机

一种安装在 Windows 上的虚拟 Linux 操作环境，就被称为 Linux 虚拟机。它实际上只是个文件而已，是虚拟的 Linux 环境，而非真正意义上的操作系统。但是它们的实际效果是一样的。

2. Java 虚拟机

Java 虚拟机（JVM）是 Java Virtual Machine 的缩写，它是一个虚构出来的计算机，是通过在实际的计算机上仿真模拟各种计算机功能模拟来实现的。Java 虚拟机有自己完善的硬件架构，如处理器、堆栈、寄存器等，还具有相应的指令系统。

2.5.3 虚拟机的性能指标

虚拟机资源涉及多个方面：CPU、内存、网络以及磁盘。在规划虚拟机时，应该考虑这些资源之间的关系，否则，分配的资源不合理将导致虚拟机内的应用程序性能表现不佳。

1. 虚拟机 CPU

虚拟机每个 vCPU 只运行在一个物理核心之上，因此，CPU 频率越高，虚拟机的运行速度也就越高，vCPU 数量越多，越有助于提升应用的性能表现。如果虚拟机需要占用大量的 CPU 时间，那么可以考虑为虚拟机分配第二个 vCPU，但是，为虚拟机分配两个以上 vCPU 并不一定让应用运行得更快，因为只有多线程应用才能有效地使用多个 vCPU。

2. 虚拟机 RAM

RAM 资源通常有限，因此，在给虚拟机分配 RAM 时需要格外小心。物理内存被完全用完后，必须确定哪些虚拟机能够保留物理内存，哪些虚拟机要释放物理内存。这称为“内存回收”。当虚拟机占用的物理内存被回收后，存在的一个风险就是会对虚拟机的性能造成影响。虚拟机被回收的内存越多，相应的风险也就越大。

最明智的是只为虚拟机分配完成工作所需的内存。分配额外的内存将会增加回收风险。另外，当虚拟机操作系统将未被使用的内存用作磁盘缓存时，将会显著降低对磁盘系统的性能要求，所以这里有一个折中问题。

3. 虚拟机网络带宽

网络带宽包括两个方面：一是虚拟机和虚拟交换机之间的带宽，二是虚拟交换机与外部网络之间的带宽。对于与外部物理网络的连接，一定要确保主机具备速度最快的物理网卡。进行大量网络传输的虚拟机，虚拟机以及数据包的传输都会消耗 CPU 时间。因此，运行在 CPU 受限的服务器之上的虚拟机，由于 CPU 无法快速响应请求，可能会面临网络吞吐量不高的情况。

4. 虚拟机磁盘性能

磁盘性能往往是无声的性能杀手。虚拟机磁盘性能受阵列磁盘数量、类型以及运行在其上的虚拟机的数量的限制。因为集中地共享存储架构将导致通过同一位置访问所有的虚拟机磁盘、阵列的存储控制器以及磁盘过载情况很容易出现，只剩下虚拟机在等待存储的响应。

合理选择磁盘来提升虚拟机性能。当磁盘性能对工作负载至关重要时，某些管理员可能会选择以直通模式配置 LUN，允许虚拟机的操作系统绕过 Hypervisor 直接与 LUN 进行通信。

2.5.4 VMware 虚拟机的使用

虚拟机的文件管理由 VMware Workstation 来执行，一个虚拟机一般以一系列文件的形式存储在宿主机中，这些文件一般在由 Workstation 为虚拟机所创建的那个目录中。

.log 文件

该文件记录了 VMware Workstation 对虚拟机调试运行的情况。当碰到问题时，这些文件对我们做出故障诊断非常有用。

.nvram 文件

该文件存储虚拟机 BIOS 状态信息。

.vmx 文件

该文件为虚拟机的配置文件，存储着根据虚拟机向导或虚拟机编辑器对虚拟机进行的所有配置。有时需要手动更改配置文件，以达到对虚拟机硬件方面的更改。可使用文本编辑器进行编辑。如果宿主机是 Linux，使用 VM 虚拟机，这个配置文件的扩展名将是 .cfg。

.vmdk 文件

这是虚拟机的磁盘文件，它存储了虚拟机硬盘驱动器里的信息。一台虚拟机可以由一个或多个虚拟磁盘文件组成。如果虚拟机是直接使用物理硬盘而不是虚拟磁盘，虚拟磁盘文件则保存着虚拟机能够访问的分区信息。

.vmdk 文件

当虚拟机有一个或多个快照时，就会自动创建该文件。该文件记录了创建某个快照时，虚拟机所有的磁盘数据内容。

.vmsd 文件

该文件存储了虚拟机快照的相关信息和元数据。

. vmsn 文件

当虚拟机建立快照时，就会自动创建该文件。有几个快照，就会有几个此类文件。这是虚拟机快照的状态信息文件，它记录了在建立快照时虚拟机的状态信息。##为数字编号，根据快照数量自动增加。

. vmem 文件

该文件为虚拟机内存页面文件，备份了客户机里运行的内存信息。这个文件只有在虚拟机运行时或崩溃后存在。

. vmss 文件

该文件用来存储虚拟机在挂起状态时的信息。一些早期版本的 VM 产品用 . std 来表示这个文件。

. vmtm 文件

该文件为虚拟机组 Team 的配置文件。通常存在于虚拟机组 Team 的文件夹里。

. vmxf 文件

该文件为虚拟机组 team 中的虚拟机的辅助配置文件。当一个虚拟机从虚拟机组 team 中移除的时候，此文件还会存在。

2. 5. 5 Linux 硬盘分区相关概念

安装 Linux 系统之前，要先做好磁盘分区规划，规划主要依据磁盘的容量、系统的规模、预期的备份方法与备份空间等进行。当然，对于初学者来说，分区方案越简单越好，可以用默认分区，或者两个分区的形式，即一个根分区，一个交换分区。根分区用于保存系统和数据。分区不用太大，一般是计算机物理内存的两倍。

对于技术人员，可以依据系统用途进行分区，本项目采用了手动分区的方案。首先，要有一个/boot 分区，其位于磁盘的最前面，可以防止因主板太旧、硬盘太大等原因而导致无法开机问题。其次，要有一个交换分区 swap，大小一般为物理内存的两倍。下面介绍其他分区的容量划分。

/home 分区，主要用于存放个人数据，若服务器用户很多，该分区可以大一些。

/var 分区，若有邮件服务，则该分区必须有足够的空间。

/usr 分区，其容量要大到足以应付重编译内核的需求。独立的/usr 使其他工作站可通过 readonly NFS 共享此文件系统。同时，/usr 也是安装软件的地方，所以也要考虑安装软件的数量与大小。

/tmp 分区，用于存放临时文件。其容量依应用程序实际需求而定，一般而言，它应该足以容纳所有用户同时活动时所产生的全部临时文件。

/root 分区，除上面的文件之外，剩下的文件都可以放在这里。

2. 5. 6 VMware 虚拟机快捷键

VMware 提供了许多快捷键，可以方便地进行操作。以下是一些常用的快捷键，见表 2 - 1。

表 2-1 VMware 虚拟机快捷键

快捷键	功能
Ctrl + Alt + Enter	进入全屏模式
Ctrl + Alt + Insert	退出全屏
Ctrl + Alt	返回正常（窗口）模式
Ctrl + Alt + Tab	当鼠标和键盘焦点在虚拟机中时，在打开的虚拟机中切换
Ctrl + Tab	当鼠标和键盘焦点不在虚拟机中时，在打开的虚拟机中切换。VMware Workstation 应用程序必须在活动应用状态上
Ctrl + Shift + Tab	从后往前切换标签页；在需要同时浏览多个窗口的情况下，可快速在不同窗口中切换标签页
Ctrl + D	编辑虚拟机配置
Ctrl + G	为虚拟机捕获鼠标和键盘焦点
Ctrl + P	编辑参数
Ctrl + F4	关闭所选择虚拟机的概要或者控制视图。如果虚拟机开着，一个确认对话框将出现
Ctrl + B	开机
Ctrl + E	关机
Ctrl + R	重启
Ctrl + Z	挂起
Ctrl + N	新建一个虚拟机
Ctrl + O	打开一个虚拟机

2.6 项目实施

本项目需要的设备和软件如下：1 台安装了 Windows 10 操作系统的计算机；1 套 RHEL8 的 ISO 映像文件；1 套 VMware Workstation 16 Pro 软件。

任务 2-1 安装 VMware 软件

（1）下载 VMware 软件。

（2）运行安装包，进入 VMware Workstation Pro 安装向导界面，如图 2-1 所示。

（3）勾选选项“我接受许可协议中的条款”；然后单击“下一步”按钮，如图 2-2 所示。

（4）勾选选项“将 VMware Workstation 控制台工具添加到系统 PATH”；设置安装位置，然后单击“下一步”按钮，如图 2-3 所示。

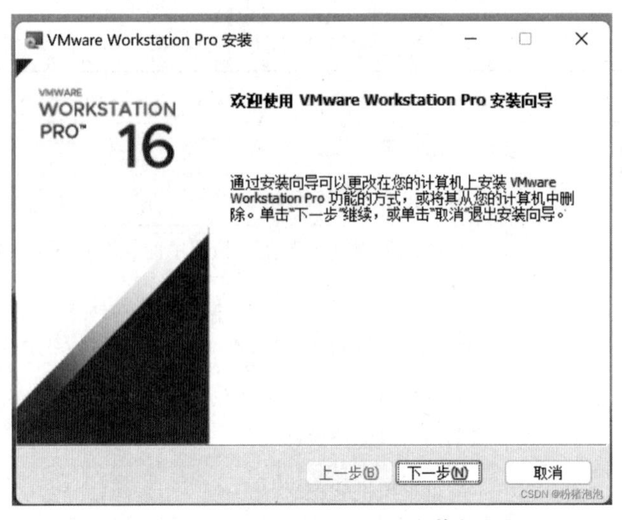

图 2－1　VMware Workstation Pro 安装向导界面－1

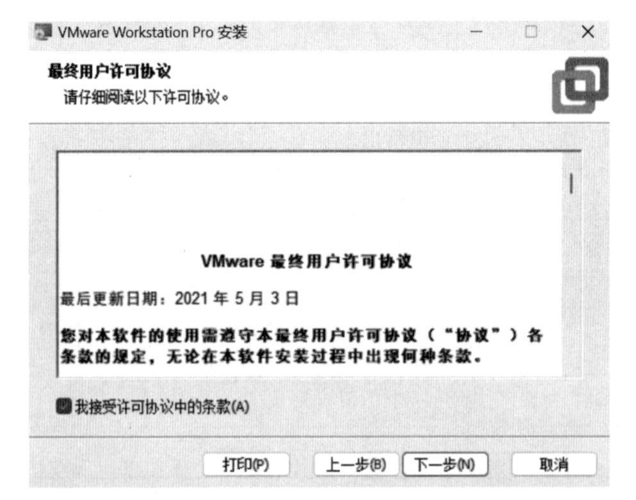

图 2－2　VMware Workstation Pro 安装向导界面－2

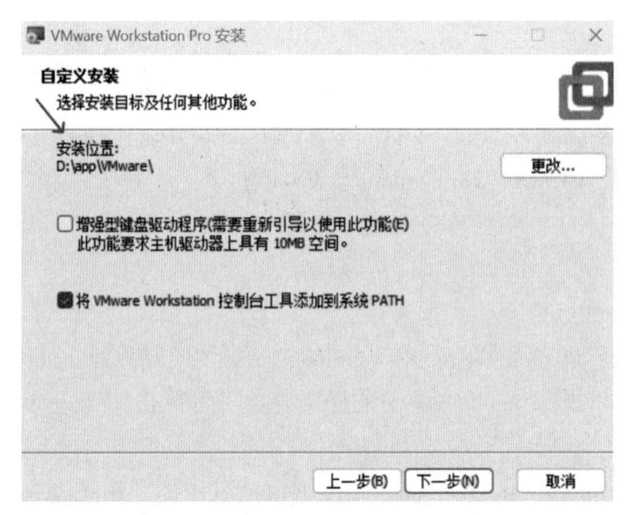

图 2－3　VMware Workstation Pro 安装向导界面－3

（5）根据用户需求勾选快捷方式，然后单击“下一步”按钮，如图2－4所示。

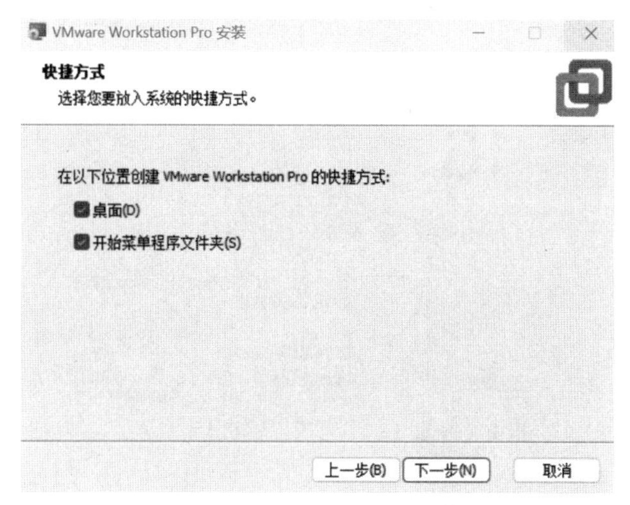

图2－4 VMware Workstation Pro 安装向导界面－4

（6）安装完成，可以开始创建虚拟机，如图2－5所示。

图2－5 VMware Workstation Pro 新建虚拟机向导界面

任务2－2 新建虚拟机

（1）在“新建虚拟机向导”界面中选择“自定义”单选按钮，然后单击“下一步”按钮，如图2－6所示。

（2）选择“稍后安装操作系统”选项，单击“下一步”按钮，如图2－7所示。

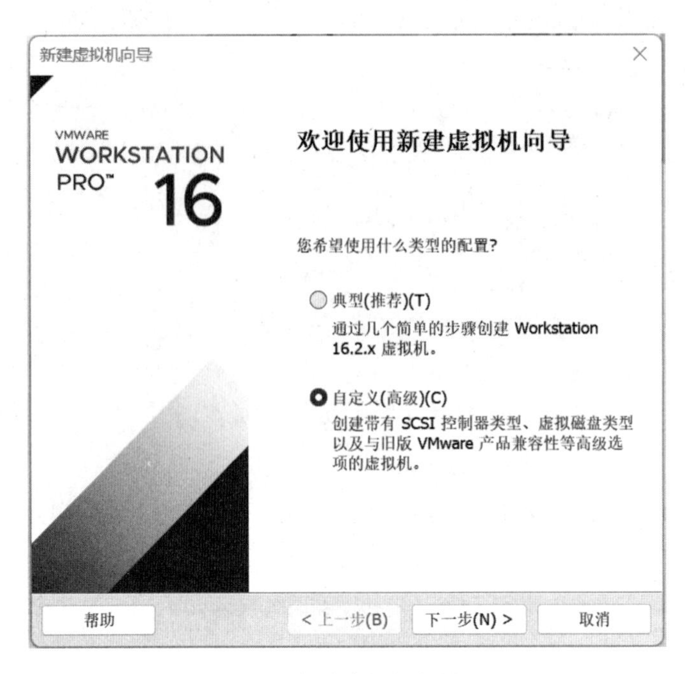

图 2-6　新建虚拟机向导-1

图 2-7　新建虚拟机向导-2

(3) 选择客户机操作系统的类型为“Linux”，版本为“RedHat Enterprise Linux 8 64 位”，然后单击“下一步”按钮，如图 2-8 所示。

若选择“安装程序光盘映像文件”选项，会把下载好的系统映像选中，虚拟机会通过默认的安装策略部署最精简的 Linux 系统，不会再询问安装设置的选项。

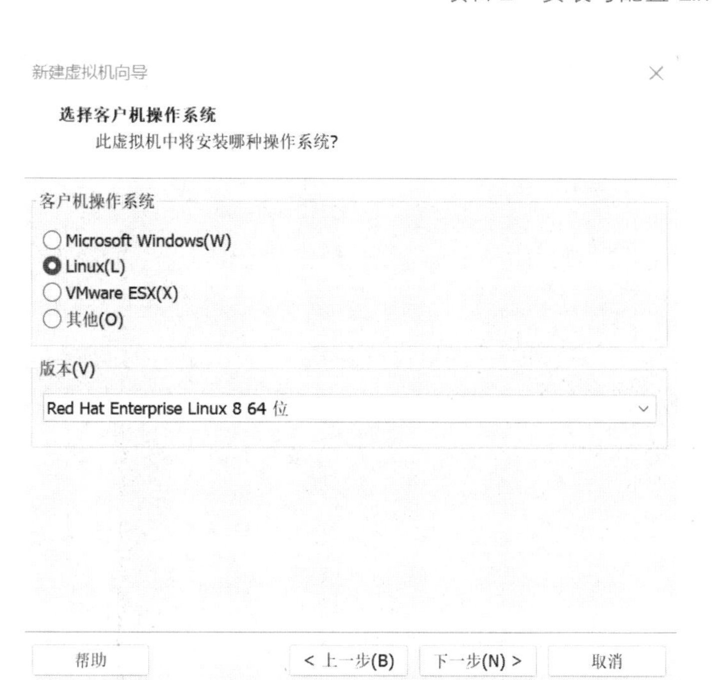

图 2－8　选择操作系统

（4）输入“虚拟机名称”字段，选择安装位置，单击“下一步”按钮，如图 2－9 所示。

图 2－9　虚拟机名称及安装路径

（5）在“处理器配置”界面输入处理器数量以及每个处理器的内核数量，单击“下一步”按钮，如图 2－10 所示。

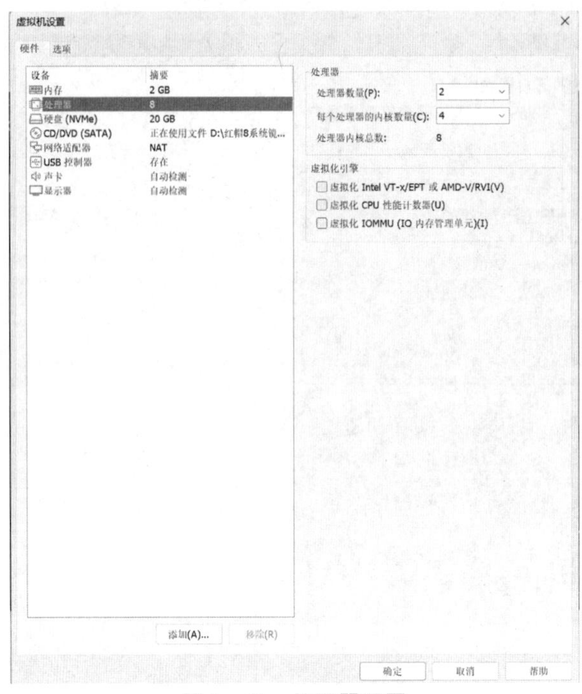

图 2-10　处理器配置

(6) 在虚拟机内存界面，根据计算机的配置选择虚拟机内存，最低内存不应少于 2 048 MB，单击“下一步”按钮，如图 2-11 所示。

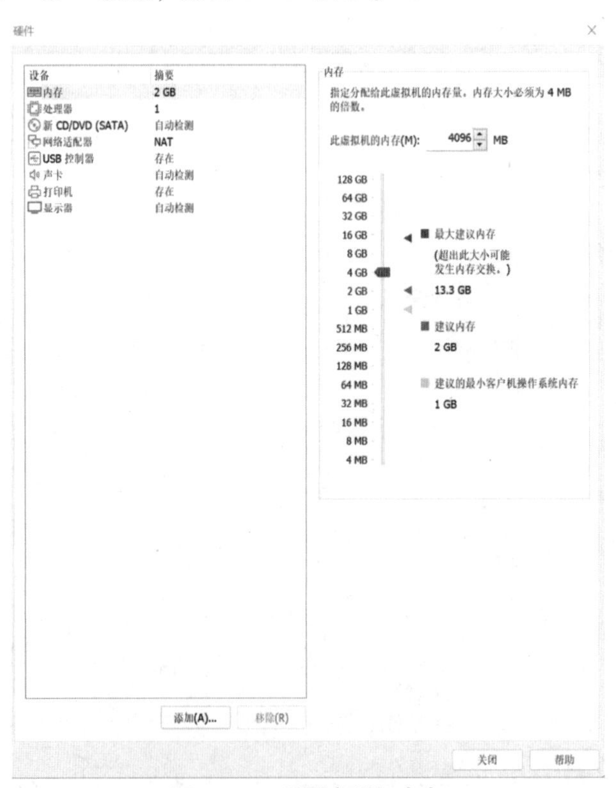

图 2-11　设置虚拟机内存

（7）在“网络类型”界面，选择“使用网络地址转换（NAT）”，单击“下一步”按钮，如图 2－12 所示。

图 2－12　选择网络类型

桥接模式：可通过物理主机的网卡访问外网。

NAT 模式：虚拟机内的主机可通过物理主机访问外网。

仅主机模式：虚拟机内的主机仅可与物理主机通信，不能访问外网。

（8）单击“完成”按钮。虚拟机的安装和配置顺利完成后，出现如图 2－13 所示的界面。

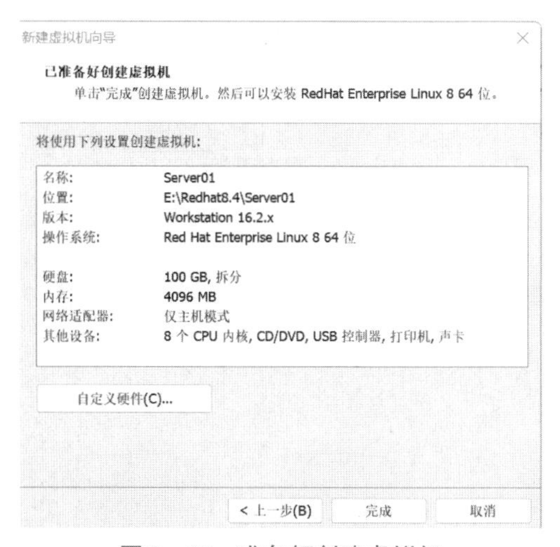

图 2－13　准备好创建虚拟机

（9）单击图 2－14 中的“编辑虚拟机设置”，可对虚拟机的配置进行修改，如图 2－15 所示。

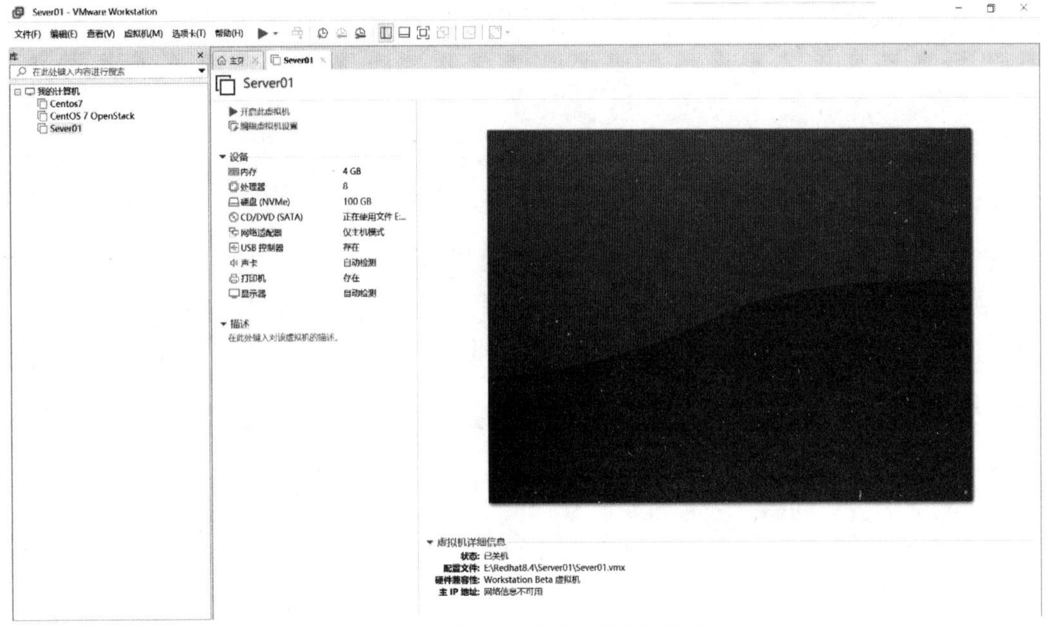

图 2－14　虚拟机配置完成后的界面

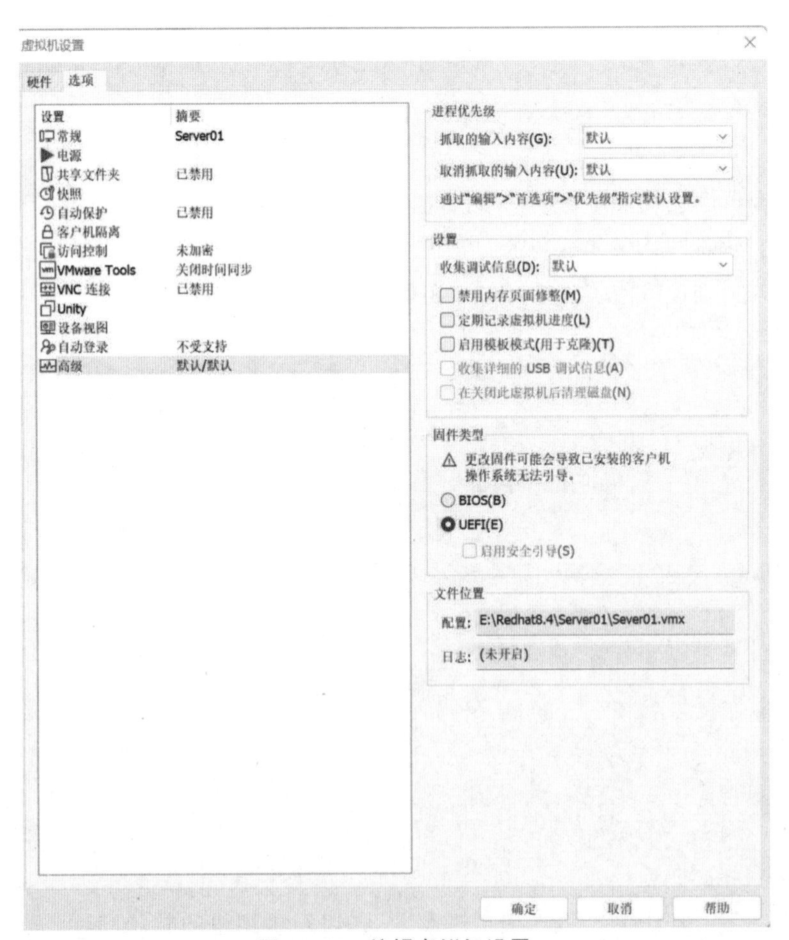

图 2－15　编辑虚拟机设置

（10）单击“CD/DVD(IDE)”，勾选“启动时连接”，选择“使用 ISO 映像文件”，浏览相应的 ISO 映像文件，如图 2－16 所示。单击“开启此虚拟机”，以启动虚拟机。

图 2－16　选择连接时使用的 ISO 映像文件

任务 2－3　安装 RHEL8

（1）开启虚拟机后，出现如图 2－17 所示的界面，通过键盘的上下方向键进行选择。选择“Install RHEL8”后按 Enter 键，直接安装 RHEL8 系统。

（2）上一步骤中，按 Enter 键后开始加载安装映像，大概 30～60 秒之后，在“欢迎使用 RHEL8”界面选择安装语言（简体中文），如图 2－18 所示。

（3）在安装信息摘要界面中单击“软件选择”图标选项，如图 2－19 所示。

（4）选择带 GUI 的服务器，单击左上角的“完成”按钮，以安装图形界面，如图 2－20 所示。如果不做这个步骤，Linux 也可以正常使用，但不能进入图形化界面来使用。

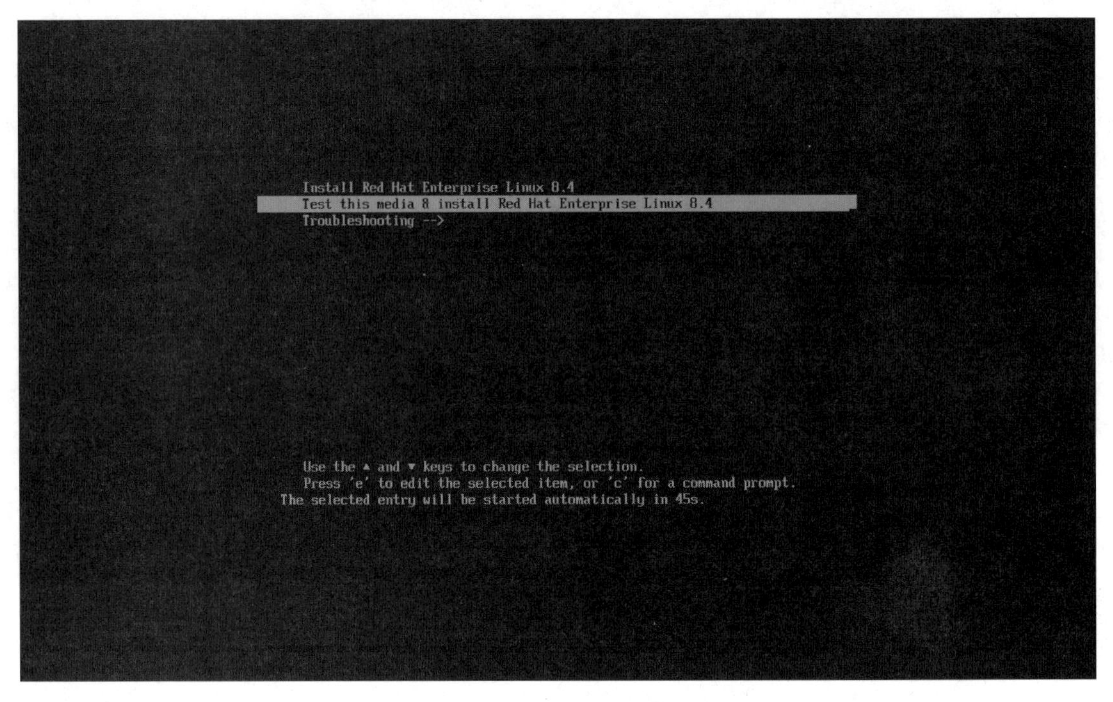

图 2－17　选择安装 RHEL8

图 2－18　选择安装语言

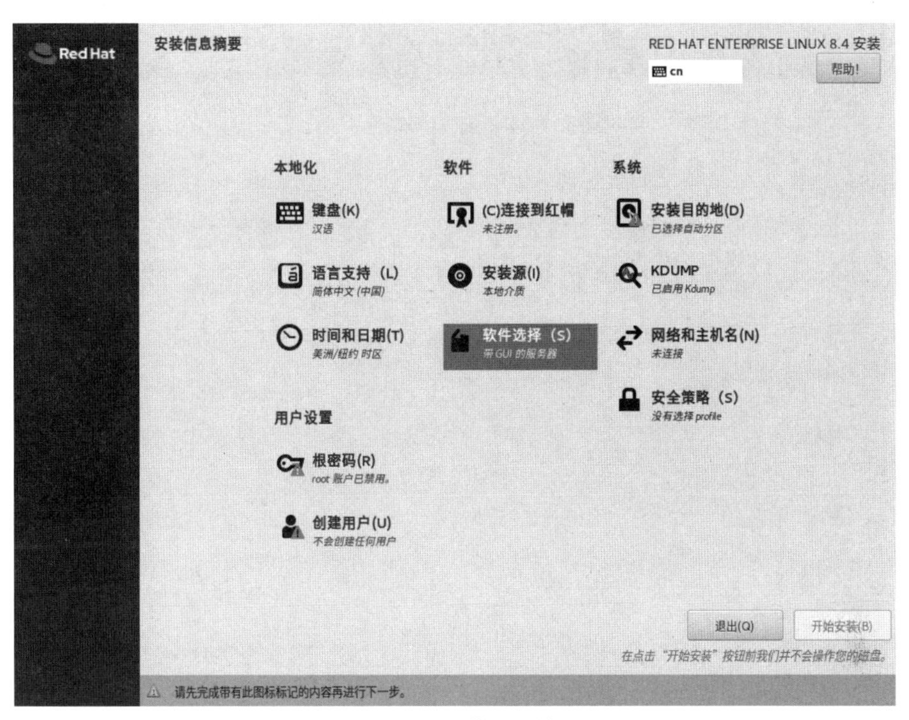

图 2－19　安装信息摘要

图 2－20　选择“带 GUI 的服务器”

（5）上一步骤后返回系统安装主界面，选择“安装位置”后，选择“我要配置分区”，然后单击左上角的“完成”按钮，如图 2－21 所示。

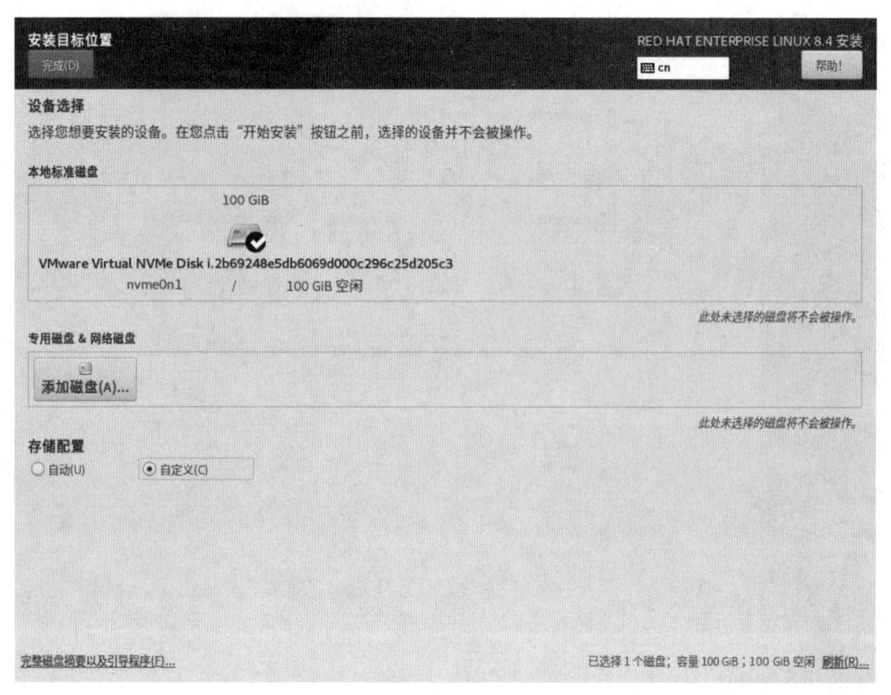

图 2-21　选择“我要配置分区”

（6）开始配置分区。磁盘分区让用户将一个磁盘划分成几个单独的部分，每一部分叫作一个分区，每个分区有自己的盘符。

可以在“手动分区”界面中单击“+”按钮，选择（或直接输入）挂载点为“/boot”，容量设置为 500 MB。如图 2-22 所示。

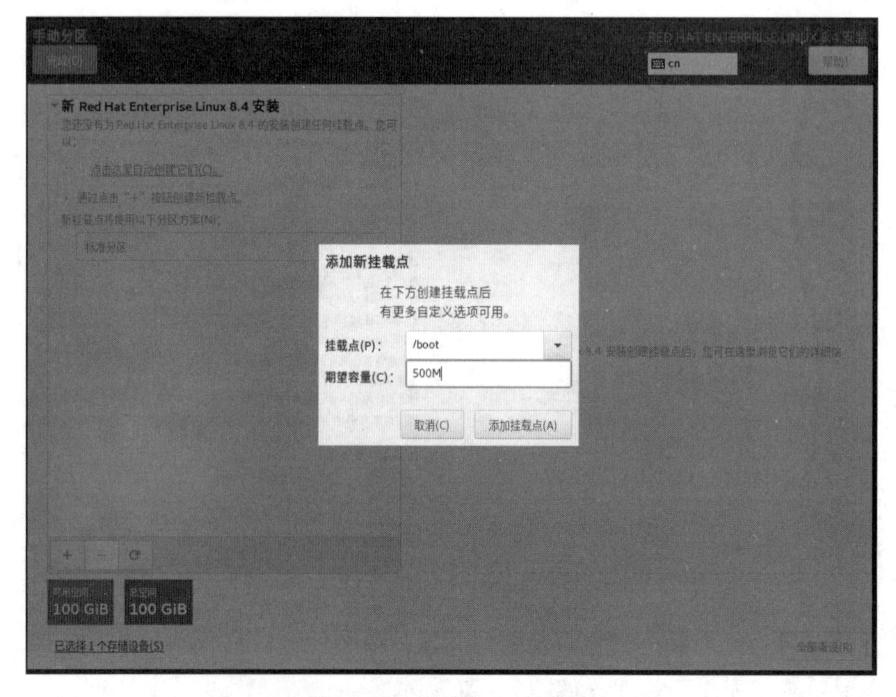

图 2-22　设置/boot 挂载点

接下来连续单击“+”按钮，添加“swap”挂载点，容量设为物理内存的两倍以上，如图 2－23 所示。以相同的方法添加其他挂载点。

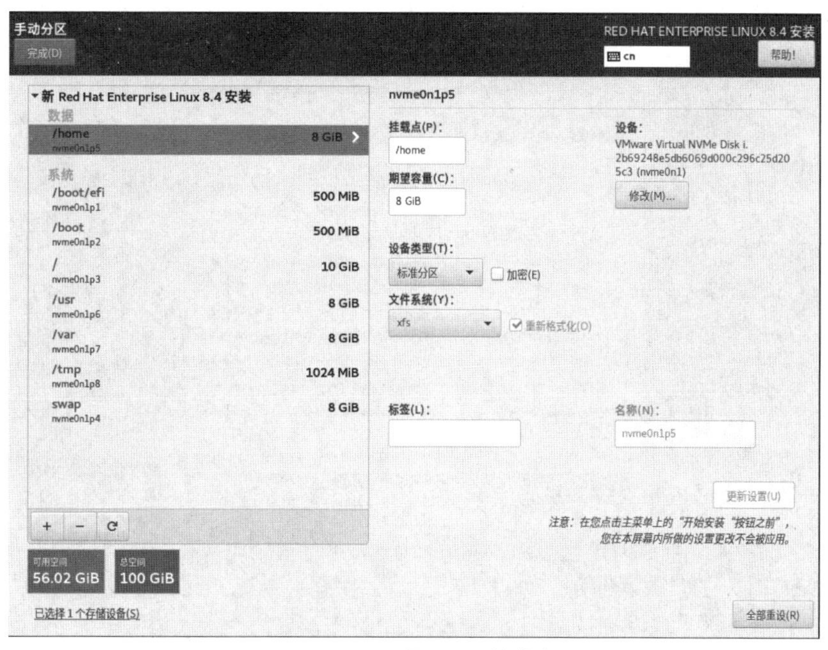

图 2－23　设置 swap 挂载点

（7）在图 2－24 所示界面中，为每个分区设置文件类型，除了 swap 分区外，其他分区格式都设为 ext4。设置完成后，单击左上角的“完成”按钮后，在如图 2－25 所示的界面中单击“接受更改”按钮，如图 2－25 所示。

图 2－24　设置文件类型

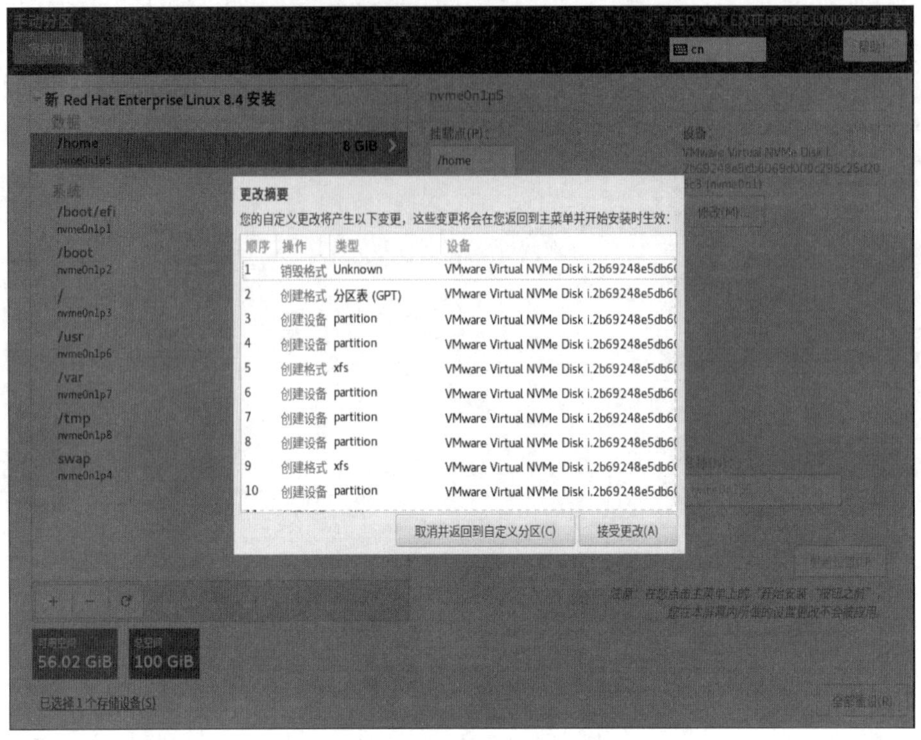

图 2-25　完成分区后的结果

（8）返回到安装界面，如图 2-26 所示，单击“网络和主机名”选项。

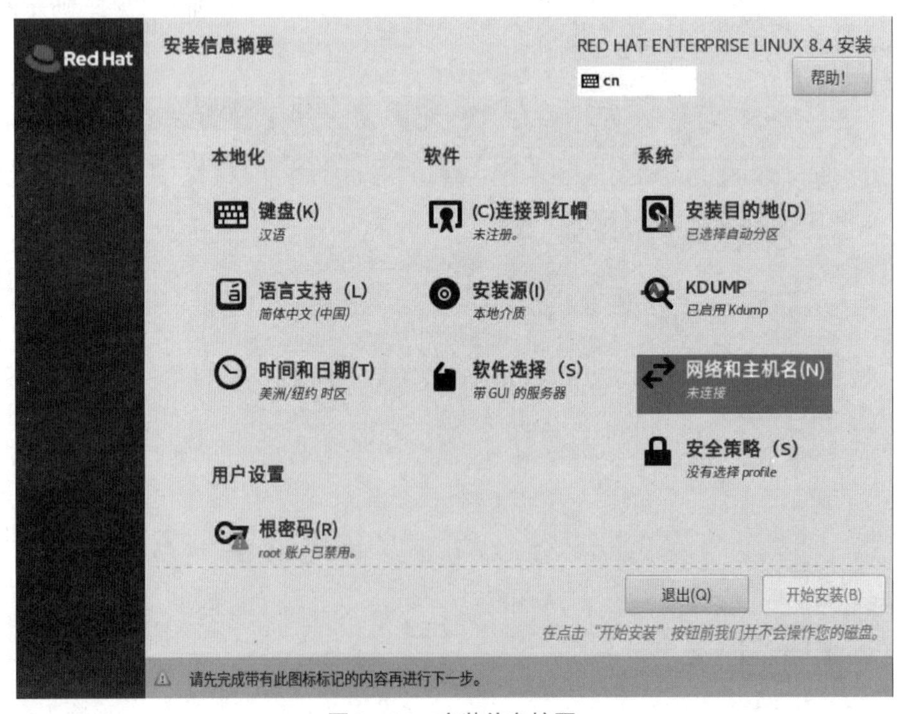

图 2-26　安装信息摘要

（9）在“网络和主机名”界面中输入主机名，单击“应用”按钮，使用设置的主机名。单击“配置”按钮，即可配置网络信息。配置完成后，单击左上角的“完成”按钮，如图 2－27 所示。

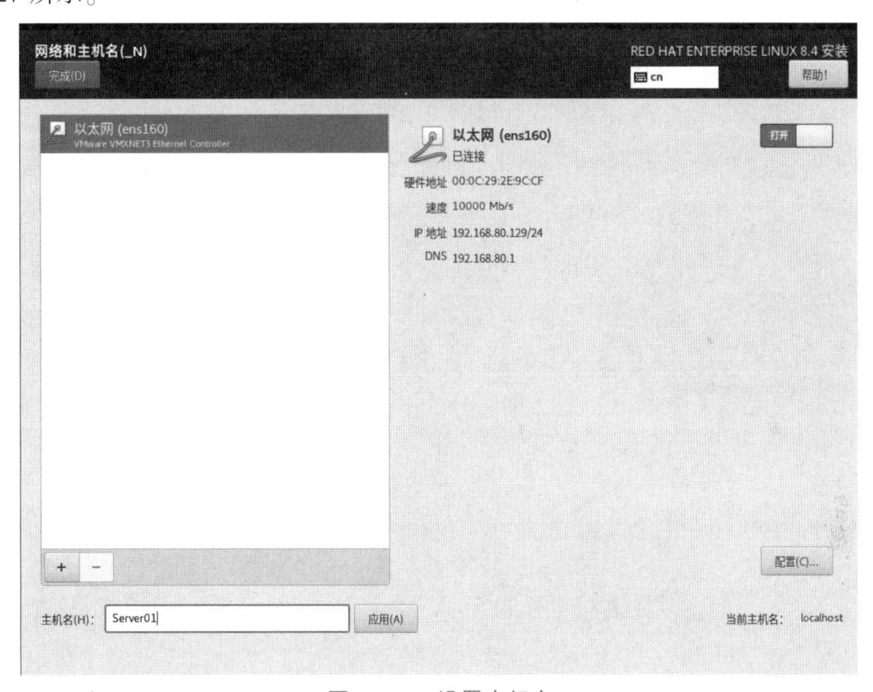

图 2－27　设置主机名

（10）返回安装界面，单击“开始安装”按钮即可查看安装进度，如图 2－28 所示，并在此界面单击“ROOT 密码”。

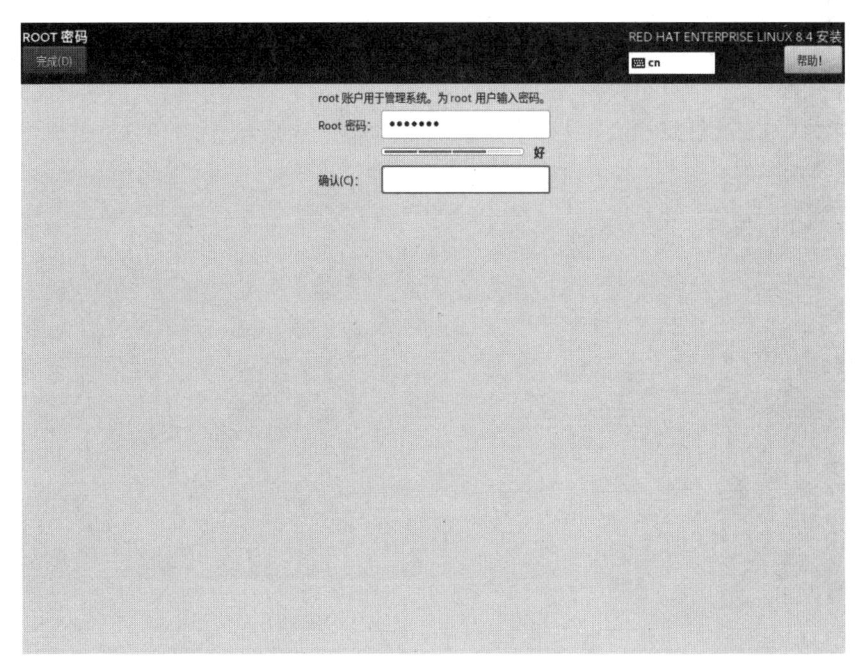

图 2－28　RHEL8 安装信息摘要

（11）设置 root 管理员密码。若想使用弱口令，需要单击两次如图 2－29 所示的界面左上角的“完成”按钮才可确认。做实验的时候，密码强弱都可以，但在实际生产环境中，root 管理员的密码一定要足够复杂，否则会面临严重的安全问题。

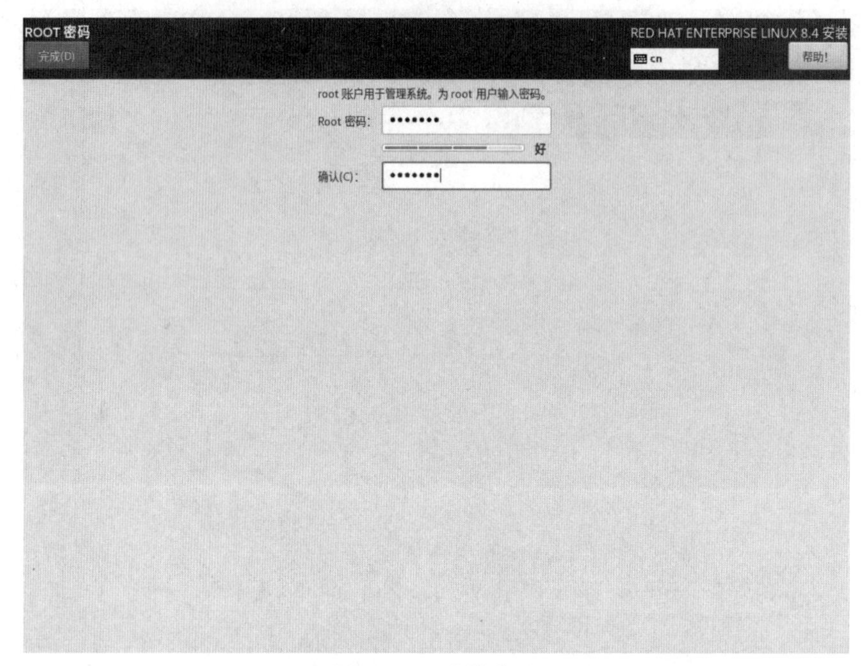

图 2－29　设置密码

（12）Linux 系统的安装时间大概需要 30～60 分钟，安装完成后，单击“重启”按钮，如图 2－30 所示。

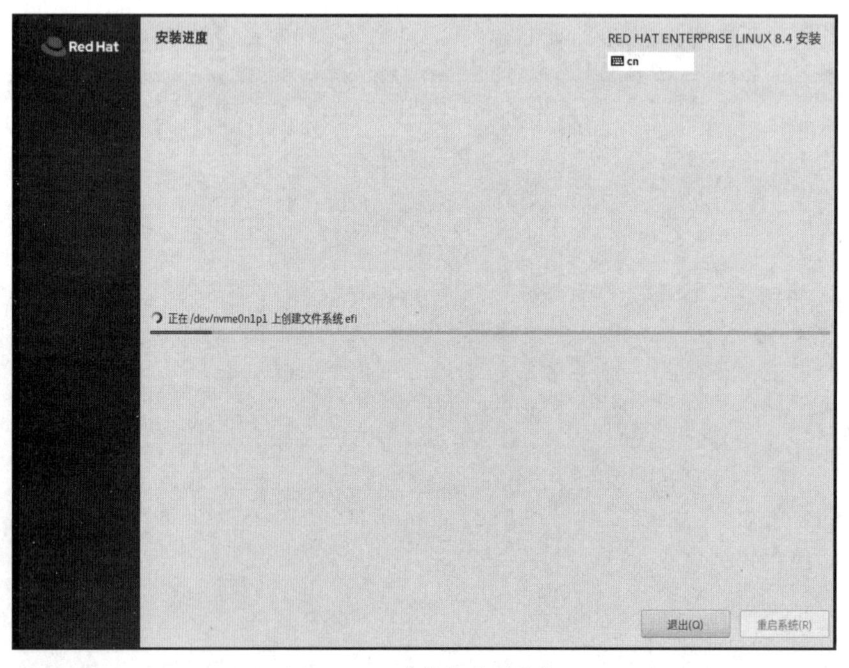

图 2－30　安装完成后重启

（13）安装完成后进入“初始设置”界面，单击“许可协议”界面，勾选“我同意许可协议”选项，单击左上角的“完成”按钮，如图 2－31 所示，完成后返回初始设置界面，如图 2－32 所示。

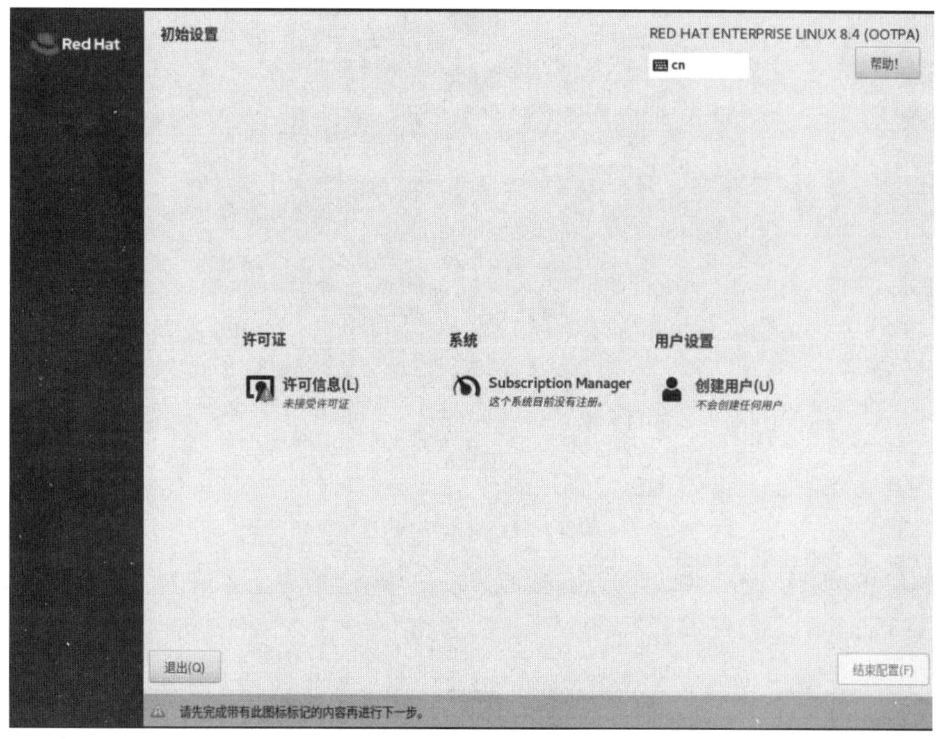

图 2－31　许可协议界面

图 2－32　同意许可协议后的初始设置界面

（14）创建本地的普通用户，输入用户名，设置密码后，单击右上方的“前进”按钮，如图 2－33 所示。

图 2-33　设置本地用户

（15）在初始化设置结束后，会出现如图 2-34 所示的界面，单击“开始使用 RedHat Enterprise Linux(S)”按钮。

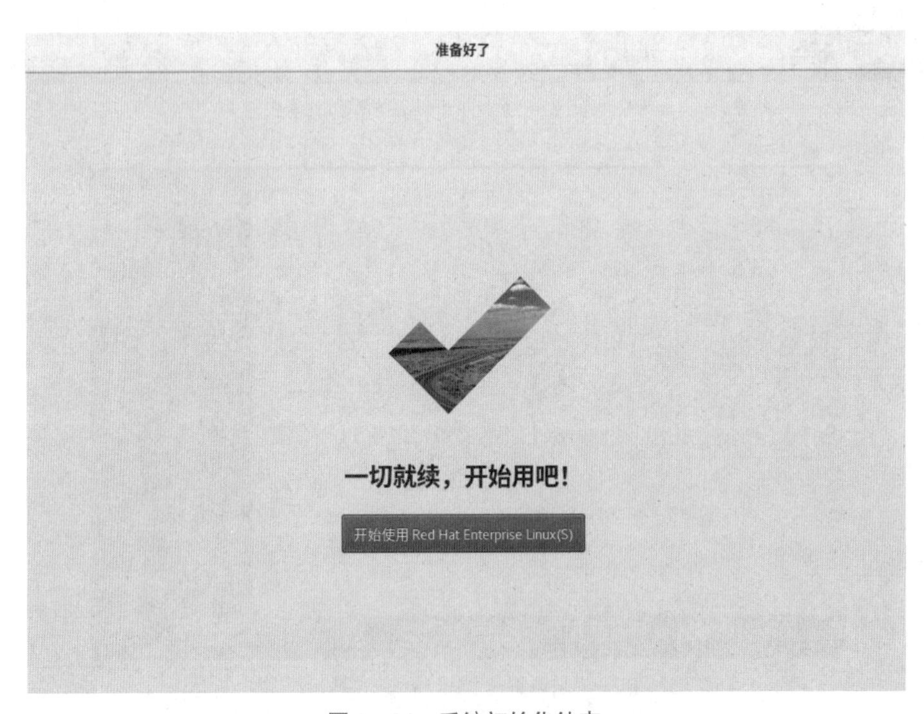

图 2-34　系统初始化结束

（16）系统再次自动重启，出现“设置系统的输入来源类型”界面，如图 2-35 所示。

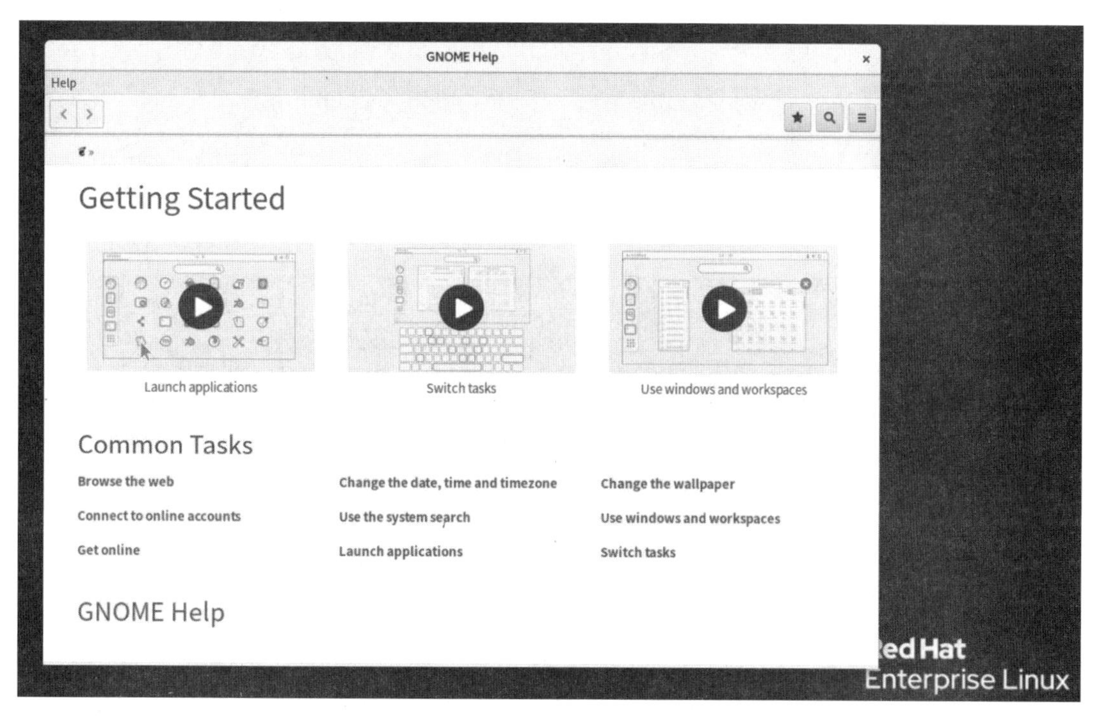

图 2－35　设置系统的输入来源类型

（17）关闭欢迎界面，呈现新安装的 RHEL8 的炫酷界面，如图 2－36 所示。

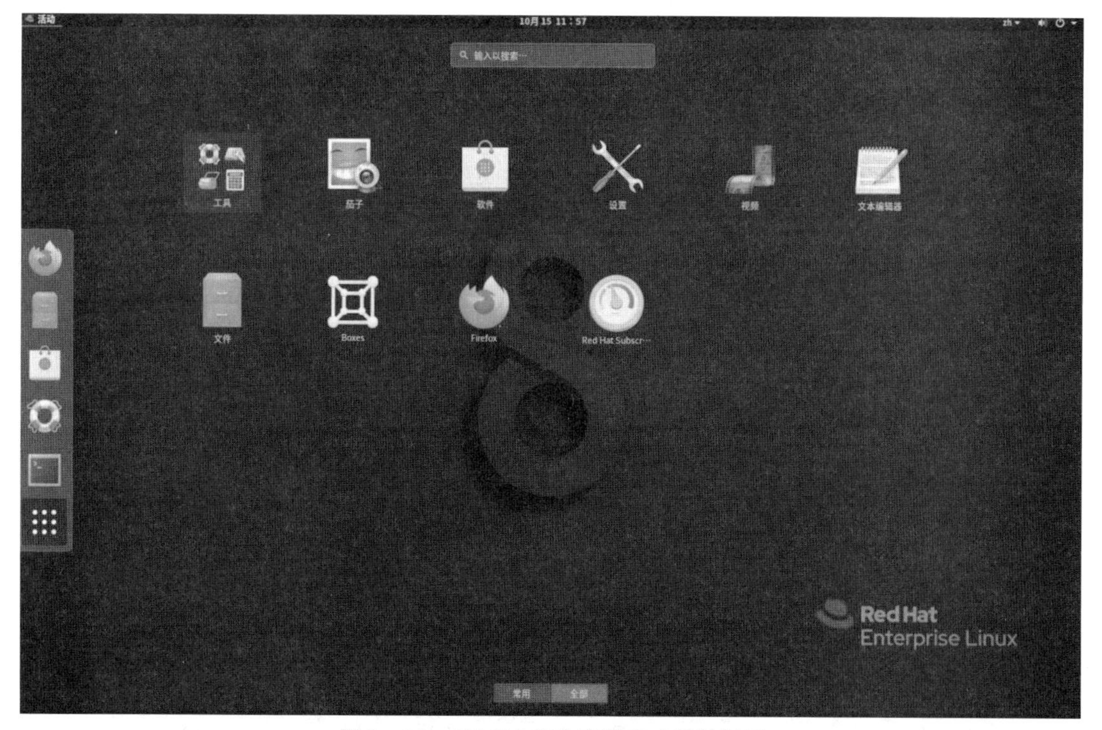

图 2－36　RHEL8 初次安装完成后的界面

任务 2－4　重置 root 密码

如果我们忘记了 root 管理员账户的密码，则需要对密码进行重置，可以按以下方法对 root 管理员账户进行密码重置。

（1）重启后利用方向键选择第一个选项。

（2）在“utf－8”后面输入“rd. break”，如图 2－37 所示。

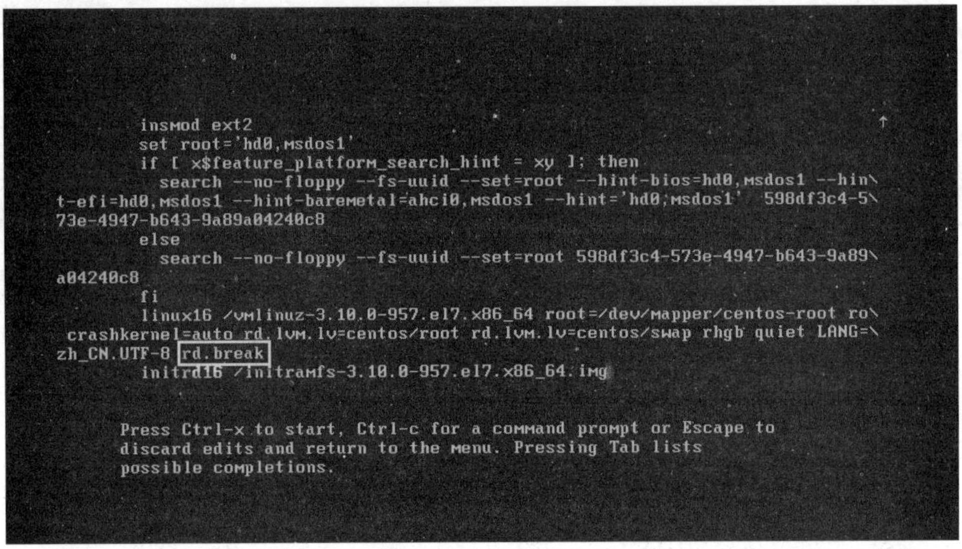

```
        insmod ext2
        set root='hd0,msdos1'
        if [ x$feature_platform_search_hint = xy ]; then
          search --no-floppy --fs-uuid --set=root --hint-bios=hd0,msdos1 --hin\
t-efi=hd0,msdos1 --hint-baremetal=ahci0,msdos1 --hint='hd0,msdos1'  598df3c4-5\
73e-4947-b643-9a89a04240c8
        else
          search --no-floppy --fs-uuid --set=root 598df3c4-573e-4947-b643-9a89\
a04240c8
        fi
        linux16 /vmlinuz-3.10.0-957.el7.x86_64 root=/dev/mapper/centos-root ro\
 crashkernel=auto rd.lvm.lv=centos/root rd.lvm.lv=centos/swap rhgb quiet LANG=\
zh_CN.UTF-8 rd.break
        initrd16 /initramfs-3.10.0-957.el7.x86_64.img

      Press Ctrl-x to start, Ctrl-c for a command prompt or Escape to
      discard edits and return to the menu. Pressing Tab lists
      possible completions.
```

图 2－37　输入 rd. break

（3）在上一步中输入完后，按 Ctrl＋X 组合键。

（4）输入新密码和确认新密码后，在最后面输入“reboot”进行重启，如图 2－38 所示。

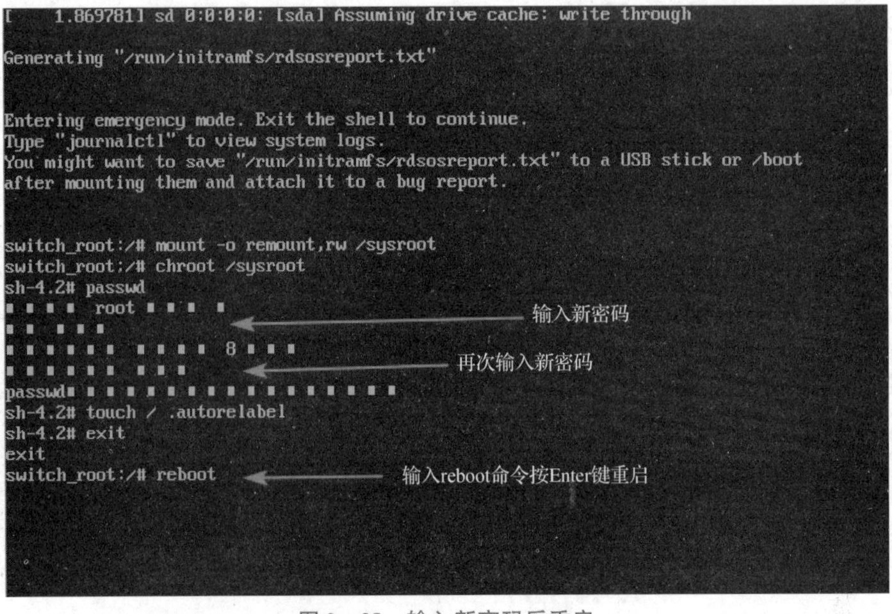

```
[    1.869781] sd 0:0:0:0: [sda] Assuming drive cache: write through

Generating "/run/initramfs/rdsosreport.txt"


Entering emergency mode. Exit the shell to continue.
Type "journalctl" to view system logs.
You might want to save "/run/initramfs/rdsosreport.txt" to a USB stick or /boot
after mounting them and attach it to a bug report.


switch_root:/# mount -o remount,rw /sysroot
switch_root:/# chroot /sysroot
sh-4.2# passwd
■■■■ root ■■■ ■
■■ ■■■                          ← 输入新密码
■■■■■■ ■■■■ 8 ■■■
■■■■■■ ■■■                      ← 再次输入新密码
passwd■ ■■■■■■■■■■■■■■■■■■■
sh-4.2# touch / .autorelabel
sh-4.2# exit
exit
switch_root:/# reboot           ← 输入reboot命令按Enter键重启
```

图 2－38　输入新密码后重启

```
输入命令:switch_root:/# mount -o remount,rw /sysroot
        switch_root:/# chroot /sysroot
        sh-4.2# passwd
然后输入新密码,再次输入新密码
输入命令:sh-4.2# touch /.autorelabel
        sh-4.2# exit
输入命令:switch_root:/# reboot 后按 Enter 键重启
```

2.7 信创拓展

2.7.1 银河麒麟高级服务器操作系统 V10

国产操作系统，无论是麒麟还是统信，它们的服务器操作系统或者桌面操作系统都已经广泛应用于工业生产和科学研究领域。银河麒麟高级服务器操作系统 V10 是针对企业级关键业务，适应虚拟化、云计算、大数据、工业互联网时代对主机系统可靠性、安全性、性能、扩展性和实时性等需求，依据 CMMI5 级标准研制的提供内生本质安全、云原生支持、自主平台深入优化、高性能、易管理的新一代自主服务器操作系统。

银河麒麟高级服务器操作系统汲取最新的云和容器开源技术，融合云计算、大数据、人工智能技术，助力企业上云，标志着银河麒麟服务器操作系统面向云化的全面突破。支持云原生应用，满足企业当前数据中心及下一代的虚拟化（含 Docker 容器）、大数据、云服务的需求，为用户提供融合、统一、自主创新的基础软件平台及灵活的管理服务。

产品同源支持飞腾、鲲鹏、龙芯、申威、海光、兆芯等自主平台，并针对不同平台在内核层优化增强。

基于银河麒麟高级服务器操作系统，用户可轻松构建数据中心、高可用集群和负载均衡集群、虚拟化应用服务、分布式文件系统等，并实现对虚拟数据中心的跨物理系统、虚拟机集群进行统一的监控和管理。

银河麒麟高级服务器操作系统针对企业关键生产环境和特定场景进行调优，充分释放 CPU 算力，支撑用户业务系统运行更高效、更稳定。产品支持行业专用的软件系统，已应用于政府、金融、教育、财税、公安、审计、交通、医疗、制造等领域。

2.7.2 安装银河麒麟高级服务器操作系统 V10

银河麒麟操作系统的安装过程相对简单，和 RedHat 的安装过程基本类似。首先，需要获取最新版本的银河麒麟操作系统。银河麒麟官网提供免费试用下载。打开官网（kylinos. cn），填写相应信息后提交即可获得，然后可以按照以下步骤进行安装。

（1）将银河麒麟操作系统的安装介质（如光盘或 USB 驱动器）插入计算机。

（2）启动计算机，并在启动过程中按下相应的按键（通常是 F12 或 Delete 键）进入“启动”菜单。

（3）在“启动”菜单中选择“从安装介质启动”。

（4）系统将加载银河麒麟操作系统的安装程序。

（5）在安装程序中，将被要求选择安装语言和其他一些基本设置。

（6）接下来需要选择安装类型。可以选择完全安装银河麒麟操作系统，或者进行自定义安装，以选择特定的组件和功能。

（7）在分区设置中，银河麒麟操作系统将 home 文件夹建立在/data 下面，并设置 backup 作为系统备份的保存文件夹。备份分区的大小通常设置为 15～20 GB。如果硬盘容量较小，备份区可能不会被创建挂载。

（8）完成分区设置后，可以选择安装位置和磁盘分区。

（9）在安装过程中，将被要求创建登录系统的普通用户账户。如果在安装过程中没有创建账户，也可以在安装完成后进行创建。

（10）安装程序将开始复制文件并安装银河麒麟操作系统。

（11）安装完成后，可以重新启动计算机，并选择从新安装的银河麒麟操作系统启动。

请注意，以上步骤仅为一般安装过程的概述，具体步骤可能会因版本和个人设置而有所不同。在安装过程中，请仔细阅读屏幕上的提示和说明，以确保正确完成安装。

2.8　巩固提升

一、选择题

1. 下列（　　）系统属于开放软件。

A. Windows XP　　B. UNIX　　C. Linux　　D. Windows 2008

2. Linux 最早是由计算机爱好者（　　）开发的。

A. Richard Petersen　　B. Linux Torvalds　　C. Rob Pick　　D. Linux Sarwar

3. 下列（　　）不是 Linux 的特点。

A. 多任务　　B. 单用户　　C. 设备独立性　　D. 开放性

4. Linux 系统中，最多可以划分（　　）个主分区。

A. 1　　B. 2　　C. 4　　D. 8

5. Linux 系统中，按照设备命令分区的规则，IDE1 的第 1 个硬盘的第 3 个主分区为（　　）。

A. /dev/hda0　　B. /dev/hda1　　C. /dev/hda2　　D. /dev/hda3

6. 下列（　　）是自由软件。

A. Windows 10　　B. UNIX

C. Linux　　D. Windows Server 2016

7. Linux 设备文件保存位置（　　）。

A. /home　　B. /dev　　C. /etc　　D. /root

二、实操题

某公司要架设一个 Linux 服务器，在服务器所用计算机上已经安装了 Windows 11 操作系

统，要增加安装 RHEL8 系统，同时保证 Windows 11 操作系统仍然可以使用，该计算机的硬盘有 1 TB，分为 C、D、E 3 个分区。对此可以采用以下方法进行：

1. 直接在计算机上进行多系统的引导安装。
2. 安装虚拟机并在虚拟机上安装 Linux 操作系统。

根据项目分析，建议初学者采用第 2 种方法。请同学们做好 Linux 系统安装的分区规划，然后实施 Linux 系统的安装，完成实训报告。

2.9　项目评价

本项目采用基于目标导向的“多主体、多维度、全过程”评价方式。

多主体采用智慧职教云课堂、教师、学生、企业兼职教师多主体评价；多维度从知识、能力、素质目标三个维度评价；全过程按照课前、课后、课中三个阶段全过程评价。

项目 2　安装与配置 Linux 操作系统评分表

考核方向	考核内容	分值	考核标准	评价方式
相关知识（30 分）	虚拟化的基本概念	5	答案准确规范，能有自己的理解为优	教师提问和学生进行课程平台自测
	系统安装的基本要求	5	答案准确规范，能有自己的理解为优	
	系统安装的安装方式	10	答案准确规范，能有自己的理解为优	
	虚拟机的快捷键	10	答案准确规范，能有自己的理解为优	
项目实施（50 分）	任务 2－1　安装 VMware 软件	10	能够在规定时间内完成，有具体清晰的截图，各配置步骤正确，测试结果准确	客户评、学生评、教师评
	任务 2－2　新建虚拟机	10	能够在规定时间内完成，有具体清晰的截图，各配置步骤正确，测试结果准确	客户评、学生评、教师评
	任务 2－3　安装 RHEL8	20	能够在规定时间内完成，有具体清晰的截图，各配置步骤正确，测试结果准确	客户评、学生评、教师评

续表

项目 2　安装与配置 Linux 操作系统评分表				
考核方向	考核内容	分值	考核标准	评价方式
项目实施（50 分）	任务 2-4　重置 root 密码	10	能够在规定时间内完成，有具体清晰的截图，各配置步骤正确，测试结果准确	客户评、学生评、教师评
素质考核（20 分）	职业精神（操作规范、吃苦耐劳、团队合作）	10	操作规范、吃苦耐劳、团队合作愉快	学生评、组内评、教师评
	工匠精神（作品质量、创新意识）	5	作品质量好，有一定的创新意识	客户评、教师评
	民族自信、家国情怀	5	认识信创，了解我国的信创发展	客户评、教师评

项目3

熟练使用Linux常用命令

3.1 学习导航

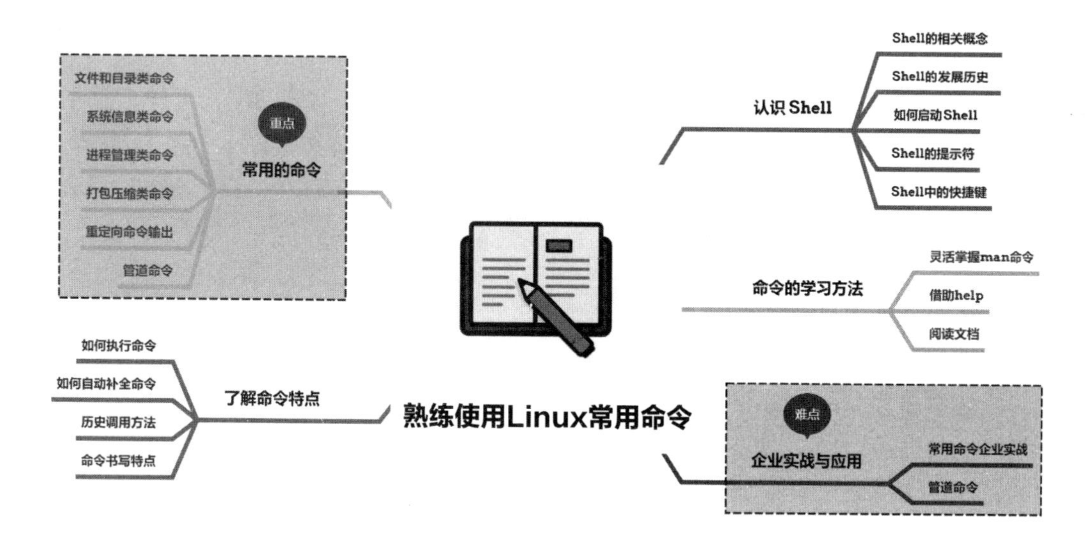

3.2 学习目标

知识目标：

- 熟悉使用 Linux 系统的终端窗口
- 熟悉 Linux 中常用命令基础

能力目标：

- 掌握文件目录类命令
- 掌握系统信息类命令
- 掌握进程管理类命令及其他常用命令

素质目标：

- 树立诚实守信、细心规范的工作态度
- 增强沟通与协调能力、团队合作精神
- 提升自主安全可控的信创意识

3.3 项目导入

随着公司业务的发展，服务器资源日趋紧张，有些主机出现了各种问题，需要手动备份最紧要的文件。同时，为保障公司业务更加安全和稳定，新购置了一批服务器，这些服务器均已经安装了 RedHat 8 系统。公司希望搭建自己的 DNS 服务、DHCP 服务、FTP 服务和 Web 服务等。数据中心负责人让实习生尽快了解和掌握 RedHat 8 系统的基础管理操作，为后续服务搭建做好准备。

同时为公司解决实际问题：在已经安装好 Linux 操作系统的主机上，主硬盘在使用时有可怕的噪声，但是它上面有有价值的数据。系统在两年半以前备份过，现在需要手动备份几个最紧要的文件。

3.4 项目分析

企业的系统管理员一项重要的工作就是修改与设定某些重要软件的配置文件，因此，系统管理员至少要学会使用一种以上的文字接口的文本编辑器，能够通过反复练习，熟练掌握 Linux 的主要命令，这些命令包括浏览目录类命令、文件目录类命令、系统信息类命令、进程管理类命令等，最后能够熟练解决实际问题。该项目主要分为以下几个任务：

（1）进入 Shell。

（2）熟悉文件和目录类命令的使用。

（3）系统信息类命令的使用。

（4）进程管理类命令的使用。

（5）管道命令。

（6）企业实战。

3.5 相关知识

3.5.1 认识 Shell

3.5.1.1 Shell 的相关概念

Linux 命令行就是由 Shell 提供的，Shell 其实是所有命令行程序的统称，而 RHEL8 系统中默认使用的 Shell 程序就是 bash，它是 Linux 系统中运行的一种特殊程序，其文件位于/bin/bash，用户在登录 Linux 系统时，系统会自动加载一个 Shell 程序，在用户和内核之间充当“翻译官”。Shell 的作用如图 3－1 所示。

图 3－1 Shell 的作用

看到被一层层“包裹”起来的硬件设备，大家有没有感觉它像一只蜗牛的壳呢？英文中的壳叫作 Shell，我

们在行业中也将用户终端程序称为 Shell，方便记忆。

现在包括 RedHat 系统在内的许多主流 Linux 系统默认使用的终端是 BASH（Bourne - Again SHell）解释器。BASH 解释器主要有以下 4 项优势：

- 通过上下方向键来调取执行过的 Linux 命令。
- 命令或参数仅需输入前几位就可以用 Tab 键补全。
- 具有强大的批处理脚本。
- 具有实用的环境变量功能。

大家可以在今后的学习和生产工作中细细体会 Linux 系统命令行的美妙之处，真正从心里爱上它们。

3.5.1.2　了解 Shell 的发展历史

Bourne Shell(sh)：是 UNIX 操作系统中最早的 Shell，由 Stephen Bourne 于 1977 年开发。它提供了一些基本的命令和控制结构，如 if、for、while 等。Bourne Shell 是所有 Shell 的基础。

C Shell（csh）：是由 Bill Joy 于 1978 年开发的 Shell，它支持更高级的命令和控制结构，如命令行编辑和作业控制。C Shell 的语法与 C 语言的类似。

Korn Shell（ksh）：是由 AT&T Bell 实验室的 David Korn 于 1983 年开发的 Shell。它继承了 Bourne Shell 的所有特性，并增加了一些新的功能，如命令行编辑和作业控制。

Bourne - Again Shell（bash）：是由 Brian Fox 开发的一个免费的 Bourne Shell 的替代品。它在 Bourne Shell 的基础上增加了许多新的功能，如命令行编辑、命令别名、命令历史、自动补全等。bash 是 Linux 的默认 Shell，本书也基于 bash 编写。bash 由 GNU 组织开发，保持了对 sh Shell 的兼容性，是各种 Linux 发行版默认配置的 Shell。bash 兼容 sh 意味着，针对 sh 编写的 Shell 代码可以不加修改地在 bash 中运行。除了上述常见的 Shell，还有一些其他的 Shell，如 tcsh、zsh 等。随着 Linux 操作系统的发展，各种 Shell 不断地改进和演变，为用户提供更加强大和灵活的命令行工具。

3.5.1.3　启动 Shell

RHEL8 中默认使用的 Shell 是 bash，打开方式为选择“活动”→“终端”，如图 3 - 2 所示。

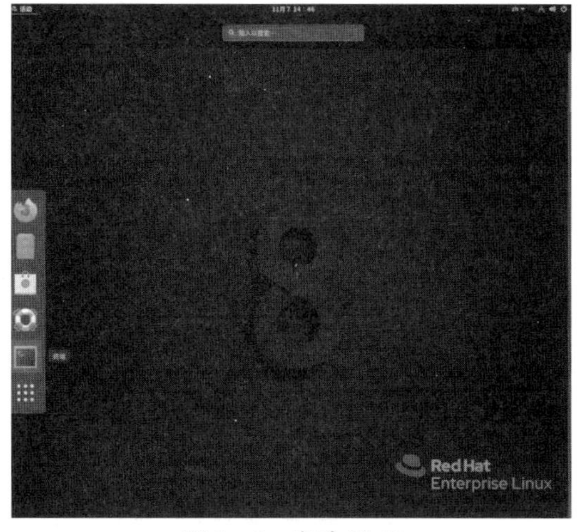

图 3 - 2　启动 Shell

3.5.1.4 Shell 提示符（$和#的区别）

启动终端模拟包或者从 Linux 控制台登录后，便可以看到 Shell 提示符。提示符是通往 Shell 的大门，是输入 Shell 命令的地方。对于普通用户，base Shell 默认的提示符是 $；对于超级用户（root 用户），bash Shell 默认的提示符是#，该符号表示 Shell 等待输入命令。

```
[root@Server1 root]#
```

root 表示运行 Shell 的用户；@ 是分隔符。

通过注销切换为普通用户 gtcfla 进行登录，登录后发现提示符变为“$”符号。

```
[gtcfla@Server1 root]$
```

3.5.1.5 Shell 中的快捷键

为更加灵活地使用 Shell，还需要了解 Shell 中常用的快捷键，见表 3-1。

表 3-1 Shell 中常用的快捷键

Shift + Ctrl + T	开启多个窗口
Shift + Ctrl + N	重新打开
Ctrl + C	取消执行命令
Ctrl + D	关闭 Shell
Shift + Ctrl + C	复制选中字符
Shift + Ctrl + V	粘贴选中字符
Ctrl + A	快速移动光标到行首
Ctrl + E	快速移动光标到行尾
Ctrl + U	删除光标前面的所有字符
Ctrl + K	删除光标后面的所有字符

3.5.2 了解 Linux 命令的特点

3.5.2.1 Shell 中如何执行命令

Linux 命令的格式是：

```
命令名称 [命令参数] [命令对象]
```

注意：命令名称、命令参数、命令对象之间用空格键分隔。命令就是程序，参数表示命令的特殊功能，对象就是操作目标；命令必须在行提示符之后输入，否则命令无法执行。

3.5.2.2 Tab 键用来自动补全命令

在命令行（Shell）中，可以使用 Tab 键来自动补全命令，即可以输入命令的前几个字母，然后按 Tab 键，系统会自动补全该命令，若不止一个，则显示出所有和输入字母相匹配

的命令。按Tab键时，如果系统只找到一个和输入相匹配的目录或文件，则自动补全；若没有匹配的内容或有多个相匹配的名字，系统将发出警鸣声，再按一下Tab键将列出所有相匹配的内容（如果有的话），以供用户选择。比如，在命令提示行上输入mou，然后按Tab键，系统会自动补全该命令为mount；若输入mo，然后按Tab键，此时将警鸣一声，在此按Tab键，系统将显示所有以mo开头的命令。

3.5.2.3　Linux命令行历史调用

当前使用的Shell可以记录系统中执行过的命令，利用向上或向下光标键，可以翻查曾经执行过的命令，并可再次执行。

3.5.2.4　命令书写

Linux系统中的命令是区分大小写的，要在一个命令行上输入和执行多条命令，可使用分号来分隔命令。比如cd /etc；ls -l。可使用反斜杠"\"将一个较长的命令分成多行表达，以增强命令的可读性。换行后，Shell自动显示提示符">"，表示正在输入一个长命令，此时可继续在新行上输入命令的后续部分。

3.5.3　常用的Linux命令

虽然目前Linux系统中有些图形化工具（比如逻辑卷管理器（Logical Volume Manager，LVM））确实非常好用，极大地降低了运维人员出错的概率，值得称赞，但是很多图形化工具其实只是调用了命令脚本来完成相应的工作，或往往只是为了完成某种特定工作而设计的，缺乏Linux命令原有的灵活性及可控性。另外，图形化工具相较于Linux命令行界面会更加消耗系统资源，因此，经验丰富的运维人员甚至都不会给Linux系统安装图形界面，在需要运维工作时，直接通过命令行模式远程连接过去。我们在进行项目部署和运维时，经常会用到一些Linux命令，本书对常见的Linux命令进行了系统的总结，以便在用到时能够快速地找到相关命令，并且给出一些常用例子。

3.5.3.1　文件和目录类命令的使用

1. pwd命令

pwd命令用于显示用户当前所处的工作目录，格式为"pwd [选项]"。

```
[root@Server1 ~]# pwd
/root
```

2. cd命令

cd命令用于切换工作路径，格式为"cd [目录名称]"。

这个命令应该是最常用的一个Linux命令了。可以通过cd命令迅速、灵活地切换到不同的工作目录。除了常见的切换目录方式，还可以使用"cd -"命令返回上一次的目录，使用"cd .."命令返回上级目录，使用"cd ~"命令切换到当前用户的家目录，以及使用"cd ~username"切换到其他用户的家目录。例如，可以使用"cd 路径"的方式切换进/etc目录中：

```
[root@Server1 ~]# cd /etc
[root@Server1 etc]#
```

同样的道理，可使用下述命令切换到/var 目录中：

```
[root@Server1 ~]# cd /var
[root@Server1 var]#
```

此时，要返回到上一次的目录（即/etc 目录），可执行如下命令：

```
[root@Server1 var]# cd -
/etc
[root@Server1 etc]#
```

还可以通过下面的命令快速切换到用户的家目录：

```
[root@Server1 etc]# cd ~
[root@Server1 ~]#
```

注意：在描述路径时，注意理解绝对路径和相对路径的概念。绝对路径：以根目录为起点，描述路径的一种写法，路径描述以/开头；相对路径：以当前目录为起点，描述路径的一种写法，路径描述无须以/开头。

当前工作目录处于/home/gtcfla/Desktop。现在想要向上回退一级，切换目录到/home/gtcfla 中。可以直接通过 cd ~回到 home 目录，也可以通过特殊路径符来完成。

特殊路径符：

. 表示当前目录，比如，cd ./Desktop，表示切换到当前目录下的 Desktop 目录内，和 cd Desktop 效果一致。

.. 表示上一级目录，比如，cd .. 切换到上一级目录，cd ../.. 切换到上二级的目录。

~表示 HOME 目录，比如，cd ~切换到 HOME 目录，cd ~/Desktop 切换到 HOME 内的 Desktop 目录。

3. ls 命令

ls 命令用于显示目录中的文件信息，格式为“ls ［选项］ ［文件］”。

所处的工作目录不同，当前工作目录下的文件肯定也不同。使用 ls 命令的“-a”参数可以查看全部文件（包括隐藏文件），使用“-l”参数可以查看文件的属性、大小等详细信息。将这两个参数整合之后，再执行 ls 命令即可查看当前目录中的所有文件并输出这些文件的属性信息。

```
[root@Server1 ~]# ls -al
总用量 48
dr-xr-x---. 16 root root 4096 11 月  7 14:37 .
dr-xr-xr-x. 17 root root  224 7 月  10 11:27 ..
drwxr-xr-x.   2 root root    6 7 月  10 14:27 公共
```

如果想要查看目录属性信息，则需要额外添加一个 -d 参数。例如，可使用如下命令查看/etc 目录的权限与属性信息。

```
[root@Server1 ~]# ls -ld /etc
drwxr-xr-x. 143 root root 8192 8 月  16 18:11 /etc
```

4. cat 命令

cat 命令用于查看纯文本文件（内容较少的），格式为“cat [选项] [文件]”。

Linux 系统中有多个用于查看文本内容的命令，每个命令都有自己的特点，比如 cat 命令就是用于查看内容较少的纯文本文件的。如果在查看文本内容时还想顺便显示行号，不妨在 cat 命令后面追加一个 -n 参数。

```
[root@Server1 ~]# cat -n anaconda-ks.cfg
     1  #version=RHEL8
     2  # Use graphical install
    ...省略部分内容
```

5. more 命令和 less 命令

more 命令用于查看纯文本文件（内容较多的），格式为“more [选项] 文件”。

如果需要阅读长篇小说或者非常长的配置文件，那么“cat”可就不适合了。因为一旦使用 cat 命令阅读长篇的文本内容，信息就会在屏幕上快速翻滚，导致自己还没有来得及看到，内容就已经翻篇了。因此，对于长篇的文本内容，推荐使用 more 命令或者 less 命令来查看。more 命令会在最下面使用百分比的形式来提示已经阅读了多少内容，还可以使用空格键或 Enter 键向下翻页。

less 命令也可以对文件或其他输出进行分页显示，用法和 more 类似。less 用法比 more 更有弹性，在使用 more 的时候，不能向前翻，只能向后翻，而使用 less 就会更加灵活。

6. head 命令

head 命令用于查看纯文本文档的前 N 行，格式为“head [选项] [文件]”。

head 常用的选项有以下几个：

-n num：显示指定文件的前 num 行。

-c num：显示指定文件的前 num 个字符。

```
[root@Server1 ~]# head -n 20 /etc/passwd
   …省略部分内容
```

7. tail 命令

tail 命令用于查看纯文本文档的后 N 行或持续刷新内容，格式为“tail [选项] [文件]”。

可能还会遇到另外一种情况，比如需要查看文本内容的最后 20 行，这时就需要用到 tail 命令了。tail 命令的操作方法与 head 命令非常相似，只需要执行“tail -n 20 文件名”命令就可以达到这样的效果。tail 命令最强悍的功能是可以持续刷新一个文件的内容，当想要实时查看最新日志文件时，这特别有用，此时的命令格式为“tail -f 文件名”。

```
[root@Server1 ~]# tail -f /var/log/messages
Nov  7 15:34:49 Server1 NetworkManager[1394]: <warn>  [1699342489.2508] device (ens160): Activation: failed for connection 'ens160'
...
```

8. touch 命令

touch 命令用于创建空白文件或设置文件的时间，格式为“touch [选项] [文件]”。

```
[root@Server1 ~]# touch test
[root@Server1 ~]# ls
公共  模板  视频  图片  文档  下载  音乐  桌面  anaconda-ks.cfg  initial-setup-ks.cfg  test
[root@Server1 ~]#
```

9. mkdir 命令

mkdir 命令用于创建空白的目录，格式为“mkdir [选项] 目录”。

在 Linux 系统中，文件夹是最常见的文件类型之一。除了能创建单个空白目录外，mkdir 命令还可以结合 -p 参数来递归创建出具有嵌套叠层关系的文件目录。

```
[root@Server1 ~]# mkdir -p /a/b/c/d
[root@Server1 ~]# cd /a
[root@Server1 a]# cd b
[root@Server1 b]# cd c
[root@Server1 c]# ls
d
[root@Server1 c]#
```

10. rmdir 命令

rmdir 命令用于删除空目录，一个目录被删除之前必须为空目录，才可以使用该命令进行目录删除，格式为“rmdir [选项] 目录”。

常用参数有：

-p 递归删除目录，当子目录删除后，当其父目录为空时，也可以一同被删除。

注意： rmdir 不能删除非空目录。

11. cp 命令

cp 命令用于复制文件或目录，格式为“cp [选项] 源文件　目标文件”。

在 Linux 系统中，复制操作具体分为 3 种情况：

(1) 如果目标文件是目录，则会把源文件复制到该目录中。

(2) 如果目标文件也是普通文件，则会询问是否要覆盖它。

（3）如果目标文件不存在，则执行正常的复制操作。

使用 touch 创建一个名为 install 的普通空白文件，然后将其复制为名为 install. bak 的备份文件，最后使用 ls 命令查看目录中的文件：

```
[root@Server1 c]# touch install
[root@Server1 c]# cp install install.bak
[root@Server1 c]# ls
d  install  install.bak
[root@Server1 c]#
```

12. mv 命令

mv 命令用于剪切文件或将文件重命名，格式为“mv [选项] 源文件 [目标路径|目标文件名]”。

剪切操作不同于复制操作，因为它会默认把源文件删除掉，只保留剪切后的文件。如果在同一个目录中对一个文件进行剪切操作，其实也就是对其进行重命名：

```
[root@Server1 c]# mv install.bak linux.bak
[root@Server1 c]# ls
d  install  linux.bak
[root@Server1 c]#
```

13. rm 命令

rm 命令用于删除文件或目录，格式为“rm [选项] 文件”。

rm 命令的常用参数有如下几个：

-i：删除文件或者目录时提示用户。

-f：删除文件或者目录时不提示用户。

-r：递归删除目录，即包含目录下的文件和各级子目录。

3.5.3.2 系统信息类命令的使用

1. echo 命令

echo 命令用于在终端输出字符串，格式为“echo [字符串|$ 变量]”。例如，把指定字符串“hello world”输出到终端屏幕的命令为：

```
[root@Server1 ~]# echo "hello world"
hello world
[root@Server1 ~]#
```

2. date 命令

date 命令可以用来显示或设定系统的日期与时间。

-d，--date=STRING：通过字符串显示时间格式，字符串不能是‘now’。

-r，--reference=FILE：显示文件的上次修改时间。

-s，--set=STRING：根据字符串设置系统时间。

-u，--utc，--universal：显示或设置协调世界时（UTC）。

--help：显示帮助信息。

设定时间：

```
date -s                             #设置当前时间，只有root权限才能设置，其他只能查看
date -s 20120523                    #设置成20120523，这样会把具体时间设置成00:00:00
date -s 01:01:01                    #设置具体时间，不会对日期做更改
date -s "01:01:01 2012-05-23"       #这样可以设置全部时间
date -s "01:01:01 20120523"         #这样可以设置全部时间
date -s "2012-05-23 01:01:01"       #这样可以设置全部时间
date -s "20120523 01:01:01"         #这样可以设置全部时间
```

3. reboot 命令（相当于 Windows 的重启）

reboot 命令用于重启系统，其格式为“reboot”。

由于重启计算机这种操作会涉及硬件资源的管理权限，因此默认只能使用 root 管理员来重启。其命令如下：

```
[root@Server1 ~]# reboot
```

4. poweroff 命令（相当于 Windows 的关机）

poweroff 命令用于关闭系统，其格式为“poweroff”。

该命令与 reboot 命令相同，都会涉及硬件资源的管理权限，因此，默认只有 root 管理员才可以关闭电脑，其命令如下：

```
[root@Server1 ~]# poweroff
```

5. uname 命令

uname 命令用于查看系统内核与系统版本等信息，格式为“uname [-a]”。

在使用 uname 命令时，一般会固定搭配 -a 参数来完整地查看当前系统的内核名称、主机名、内核发行版本、节点名、系统时间、硬件名称、硬件平台、处理器类型以及操作系统名称等信息。

```
[root@Server1 ~]# uname -a
Linux Server1 4.18.0-305.el8.x86_64 #1 SMP Thu Apr 29 08:54:30 EDT 2021 x86_64 x86_64 x86_64 GNU/Linux
[root@Server1 ~]#
```

6. free 命令

free 用于显示当前系统中内存的使用量信息，格式为“free [-h]”。

为了保证 Linux 系统不会因资源耗尽而突然宕机，运维人员需要时刻关注内存的使用量。

在使用 free 命令时，可以结合使用 -h 参数，以更人性化的方式输出当前内存的实时使用量信息。

```
[root@Server1 ~]# free -h
              total      used      free      shared  buff/cache   available
Mem:              7.6Gi      1.5Gi      5.3Gi          34Mi          833Mi
5.8Gi
Swap:         4.0Gi        0B       4.0Gi
[root@Server1 ~]#
```

7. who 命令

who 用于查看当前登录主机的用户终端信息，格式为“who [参数]”。

这三个简单的字母可以快速显示出所有正在登录本机的用户的名称以及他们正在开启的终端信息。

8. ifconfig 命令

此命令被用来获取网络接口配置信息并对此进行修改，后续网络部分会具体介绍。

3.5.3.3　进程管理类命令的使用

1. ps 命令

ps(process status)命令用于显示当前进程的状态，类似于 Windows 的任务管理器。格式为“ps [参数]”。

ps 的参数非常多，在此仅列出几个常用的参数并大略介绍含义：

-A：列出所有的进程。

-w：显示加宽，可以显示较多的资讯。

-au：显示较详细的资讯。

-aux：显示所有包含其他使用者的进程。

au(x)输出格式：

```
USER PID %CPU %MEM VSZ RSS TTY STAT START TIME COMMAND
```

USER：行程拥有者。

PID：pid。

%CPU：占用的 CPU 使用率。

%MEM：占用的记忆体使用率。

VSZ：占用的虚拟记忆体大小。

RSS：占用的记忆体大小。

TTY：终端的次要装置号码（minor device number of tty）。

STAT：显示进程的状态，如 S（休眠）、R（运行）等。

START：行程开始时间。

TIME：执行的时间。

COMMAND：所执行的指令。

如需要显示 root 账户的相关进程：

```
[root@Server1 ~]#ps -u root
    PID TTY          TIME CMD
      1 ?        00:00:07 systemd
      2 ?        00:00:00 kthreadd
      3 ?        00:00:00 rcu_gp
      4 ?        00:00:00 rcu_par_gp
      6 ?        00:00:00 kworker/0:0H-events_highpri
      9 ?        00:00:00 mm_percpu_wq
     10 ?        00:00:00 ksoftirqd/0
     11 ?        00:00:02 rcu_sched
     12 ?        00:00:00 migration/0
     13 ?        00:00:00 watchdog/0
     14 ?        00:00:00 cpuhp/0
     15 ?        00:00:00 cpuhp/1
```

2. top 命令

top 命令用于动态地监视进程活动与系统负载等信息，默认每 10 秒刷新一次。

```
[root@Server1 ~]#top
top - 17:07:31 up  2:34,  1 user,  load average: 0.08, 0.02, 0.01
Tasks: 384 total,   1 running, 383 sleeping,   0 stopped,   0 zombie
%Cpu(s):  0.3 us,  0.2 sy,  0.0 ni, 99.4 id,  0.0 wa,  0.1 hi,  0.0 si,  0.0 st
MiB Mem :   7741.5 total,   5403.9 free,   1503.7 used,    833.9 buff/cache
MiB Swap:   4096.0 total,   4096.0 free,      0.0 used.   5960.0 avail Mem

    PID USER      PR  NI    VIRT    RES    SHR S  %CPU  %MEM     TIME+ COMMAND
   2649 root      20   0 4088048 261500 130628 S  2.7   3.3   1:04.11 gnome-shell
   3574 root      20   0  636576  81212  64288 S  1.3   1.0   0:07.92 gnome-terminal-
      1 root      20   0  252452  15000   9900 S  0.7   0.2   0:07.85 systemd
   5658 root      20   0   65940   4684   3708 R  0.3   0.1   0:00.05 top
```

总体系统信息：

uptime：系统的运行时间和平均负载。

tasks：当前运行的进程和线程数目。

CPU：总体 CPU 使用率和各个核心的使用情况。

内存（Memory）：总体内存使用情况、可用内存和缓存。

进程信息：

PID：进程的标识符。

USER：运行进程的用户名。

PR（优先级）：进程的优先级。

NI（Nice值）：进程的优先级调整值。

VIRT（虚拟内存）：进程使用的虚拟内存大小。

RES（常驻内存）：进程实际使用的物理内存大小。

SHR（共享内存）：进程共享的内存大小。

%CPU：进程占用CPU的使用率。

%MEM：进程占用内存的使用率。

TIME+：进程的累计CPU时间。

功能和交互操作：

按键命令：在top运行时，可以使用一些按键命令进行操作，如按下k键可以终止一个进程，按下h键可以显示帮助信息等。

排序：可以按照CPU使用率、内存使用率、进程ID等对进程进行排序。

刷新频率：可以设置top的刷新频率，以便动态查看系统信息。

3. pidof命令

pidof命令用于查询某个指定服务进程的PID值，格式为“pidof [参数] [服务名称]”。

每个进程的进程号码值（PID）是唯一的，因此，可以通过PID来区分不同的进程。例如，可以使用如下命令来查询本机上sshd服务程序的PID：

```
[root@Server1 ~]# pidof sshd
1418
```

4. kill命令

kill命令用于终止某个指定PID的服务进程，格式为“kill [参数] [进程PID]”。

```
[root@Server1 ~]# kill 1418
```

5. killall命令

通常来讲，复杂软件的服务程序会有多个进程协同为用户提供服务，如果逐个去结束这些进程，会比较麻烦，此时可以使用killall命令来批量结束某个服务程序带有的全部进程。killall用于杀死一个进程，与kill不同的是，它会杀死指定名字的所有进程。kill命令杀死指定进程PID，需要配合ps使用，而killall直接对进程的名字进行操作，更加方便。

注意：如果在系统终端执行一个命令后想立即停止它，可以按Ctrl+C组合键（生产环境中比较常用的一个快捷键），这样将立即终止该命令的进程。如果有些命令在执行时不断地在屏幕上输出信息，影响到后续命令的输入，则可以在执行命令时在末尾添加上一个&符号，这样命令将进入系统后台来执行。

3.5.3.4　打包压缩与搜索命令

在网络上，人们越来越倾向于传输压缩格式的文件，原因是压缩文件体积小，在网速相同的情况下，传输时间短。下面将学习如何在Linux系统中对文件进行打包压缩与解压，以及让用户基于关键词在文本文件中搜索相匹配的信息、在整个文件系统中基于指定的名称或属性搜索特定文件。

1. tar 命令

tar 命令用于对文件进行打包压缩或解压，格式为“tar [选项] [文件]”。

在 Linux 系统中，常见的文件格式比较多，其中主要使用的是 .tar 或 .tar.gz 或 .tar.bz2 格式，我们不用担心格式太多而记不住，其实这些格式大部分都是由 tar 命令来生成的。tar 命令的参数及其作用见表 3-2。

表 3-2　tar 命令的参数及其作用

参数	作用
-c	创建压缩文件
-x	解开压缩文件
-t	查看压缩包内有哪些文件
-z	用 Gzip 压缩或解压文件
-j	用 bzip2 压缩或解压文件
-v	显示压缩或解压的过程
-f	目标文件名
-p	保留原始的权限与属性
-P	使用绝对路径来压缩
-C	指定解压到的目录

在使用时，需要留意以下几点：

(1) -c 参数用于创建压缩文件，-x 参数用于解压文件，因此这两个参数不能同时使用。

(2) -z 参数指定使用 Gzip 格式来压缩或解压文件，-j 参数指定使用 bzip2 格式来压缩或解压文件，用户使用时则是根据文件的后缀来决定应使用何种格式参数进行解压。

(3) 在执行某些压缩或解压操作时，可能需要花费数小时，如果屏幕一直没有输出，一方面不好判断打包的进度情况，另一方面也会怀疑电脑死机了，因此，非常推荐使用 -v 参数向用户不断显示压缩或解压的过程。

(4) -C 参数用于指定要解压到的目录。-f 参数特别重要，它必须放到参数的最后一位，代表要压缩或解压的软件包名称。

下面举例说明各参数的用法：

创建一个名为 abc 的目录

```
[root@Server1 ~]mkdir abc
```

进入 abc 这个目录

```
[root@Server1 ~]# cd abc
```

创建两个文件，文件名分别为1. txt、2. txt

```
[root@Server1 abc]# touch 1.txt 2.txt
[root@Server1 abc]# ls
1.txt  2.txt
```

切换到abc的父目录

```
[root@Server1 abc]# cd ..
[root@Server1 ~]#
```

将文件abc进行压缩时，排除1. txt，压缩后的文件名为abc. tar

```
[root@Server1 ~]# tar --exclude=abc/1.txt -zcvf abc.tgz abc
abc/
abc/2.txt
[root@Server1 ~]# ls
公共  模板  视频  图片  文档  下载  音乐  桌面  abc  abc.tgz  anaconda-ks.cfg
initial-setup-ks.cfg  test
[root@Server1 ~]#
```

解压文件

```
[root@Server1 ~]# tar -zxvf abc.tgz
abc/
abc/2.txt
```

删除压缩文件

```
[root@Server1 ~]# rm abc.tgz
```

删除解压后的文件，并删除文件夹

```
[root@Server1 ~]# rm -rf abc
```

备份文件（tar默认只是打包不压缩，参数-z打包后进行gzip压缩，参数-j打包后进行bzip2压缩）

得到test. tar备份文件

```
[root@Server1 ~]# tar -cvf test.tar ./test
./test
[root@Server1 ~]# ls
公共  模板  视频  图片  文档  下载  音乐  桌面  abc  anaconda-ks.cfg  initial-
setup-ks.cfg  test  test.tar
```

得到test. tar. gz备份文件

```
[root@Server1 ~]# tar -zcvf test.tar.gz ./test
./test
[root@Server1 ~]# ls
公共  模板  视频  图片  文档  下载  音乐  桌面  abc  anaconda-ks.cfg  initial-setup-ks.cfg  test  test.tar  test.tar.gz
```

得到 test. tar. bz2 备份文件

```
[root@Server1 ~]# tar -jcvf test.tar.bz2 ./test
./test
[root@Server1 ~]# ls
公共  模板  视频  图片  文档  下载  音乐  桌面  abc  anaconda-ks.cfg  initial-setup-ks.cfg  test  test.tar  test.tar.bz2  test.tar.gz
```

2. grep 命令

grep 命令用于在文本中执行关键词搜索，并显示匹配的结果，格式为“grep [选项] [文件]”。grep 命令的常见参数及其作用见表 3-3。

表 3-3　grep 命令参数

-b	将可执行文件（binary）当作文本文件（text）来搜索
-c	仅显示找到的行数
-i	忽略大小写
-n	显示匹配的行及行号
-v	反向选择——仅列出没有“关键词”的行

grep 命令是用途最广泛的文本搜索匹配工具，虽然有很多参数，但是大多数基本上用不到。

例如，在/etc/passw 文件中查找含有 gtcfla 的行：

```
[root@Server1 ~]# grep gtcfla /etc/passwd
gtcfla:x:1000:1000:gtcfla:/home/gtcfla:/bin/bash
[root@Server1 ~]#
```

3. find 命令

find 命令用于按照指定条件来查找文件，格式为“find [path] [expression]”。

在 Linux 系统中，搜索工作一般都是通过 find 命令来完成的，它可以使用不同的文件特性作为寻找条件（如文件名、大小、修改时间、权限等信息），一旦匹配成功，则默认将信息显示到屏幕上。

参数说明：

path 是要查找的目录路径，可以是一个目录或文件名，也可以是多个路径，多个路径之间用空格分隔，如果未指定路径，则默认为当前目录。

expression 是可选参数，用于指定查找的条件，可以是文件名、文件类型、文件大小等。

expression 中可使用的选项有二三十个之多，以下列出最常用的部分：

-name pattern：按文件名查找，支持使用通配符 * 和?。

-type type：按文件类型查找，可以是 f（普通文件）、d（目录）、l（符号链接）等。

-size [+-] size [cwbkMG]：按文件大小查找，支持使用 + 或 - 表示大于或小于指定大小，单位可以是 c（字节）、w（字数）、b（块数）、K（KB）、M（MB）或 G（GB）。

-mtime days：按修改时间查找，支持使用 + 或 - 表示在指定天数前或后，days 是一个整数表示天数。

-user username：按文件所有者查找。

-group groupname：按文件所属组查找。

find 命令中用于时间的参数如下：

-amin n：查找在 n 分钟内被访问过的文件。

-atime n：查找在 n*24 小时内被访问过的文件。

-cmin n：查找在 n 分钟内状态发生变化的文件（例如权限）。

-ctime n：查找在 n*24 小时内状态发生变化的文件（例如权限）。

-mmin n：查找在 n 分钟内被修改过的文件。

-mtime n：查找在 n*24 小时内被修改过的文件。

在这些参数中，n 可以是一个正数、负数或零。正数表示在指定的时间内修改或访问过的文件，负数表示在指定的时间之前修改或访问过的文件，零表示在当前时间点上修改或访问过的文件。

例如：-mtime 0 表示查找今天修改过的文件，-mtime -7 表示查找一周以前修改过的文件。

关于时间 n 参数的说明：

+n：查找比 n 天前更早的文件或目录。

-n：查找在 n 天内更改过属性的文件或目录。

n：查找在 n 天前（指定那一天）更改过属性的文件或目录。

下面举例说明：

（1）查找当前目录下名为 file.txt 的文件：

```
[root@Server1 ~]# find . -name file.txt
```

（2）将当前目录及其子目录下所有文件后缀为 .c 的文件列出来：

```
[root@Server1 ~]# find . -name "*.c"
```

（3）将当前目录及其子目录中的所有文件列出：

```
[root@Server1 ~]# find . -type f
```

（4）查找/home 目录下大于 1 MB 的文件：

```
[root@Server1 ~]# find /home -size +1M
```

（5）查找/var/log 目录下在 7 天前修改过的文件：

```
[root@Server1 ~]# find /var/log -mtime +7
```

（6）将当前目录及其子目录下所有最近 20 天前更新过的文件列出，不多不少正好 20 天前的：

```
[root@Server1 ~]# find . -ctime  20
```

（7）将当前目录及其子目录下所有 20 天前及更早更新过的文件列出：

```
[root@Server1 ~]# find . -ctime  +20
```

（8）将当前目录及其子目录下所有最近 20 天内更新过的文件列出：

```
[root@Server1 ~]# find . -ctime  20
```

（9）查找/var/log 目录中更改时间在 7 日以前的普通文件，并在删除之前询问它们：

```
[root@Server1 ~]# find /var/log -type f -mtime +7 -ok rm {} \;
```

（10）查找当前目录中文件属主具有读、写权限，并且文件所属组的用户和其他用户具有读权限的文件：

```
[root@Server1 ~]# find . -type f -perm 644 -exec ls -l {} \;
```

（11）查找系统中所有文件长度为 0 的普通文件，并列出它们的完整路径：

```
[root@Server1 ~]#  find / -type f -size 0 -exec ls -l {} \;
```

注意： -exec 参数用于把用 find 命令搜索到的结果交由紧随其后的命令做进一步处理，它十分类似于管道符技术。“-exec{}\;”参数，其中的 {} 表示 find 命令搜索出的每一个文件，并且命令的结尾必须是“\;”。

3.5.4　通配符与特殊符号以及管道命令

1. 通配符 *

匹配任意长度的字符串。

例如：列出/etc 目录下所有的配置文件。

通配符 *：匹配任意长度的字符串。

```
[root@Server1 ~]# ls /etc/*.conf
/etc/asound.conf                        /etc/mke2fs.conf
/etc/autofs_ldap_auth.conf              /etc/mtools.conf
...
```

2. 通配符?

匹配任意一个字符。

例如：列出/etc 目录下所有文件名由 3 个字符组成的配置文件。

```
[root@Server1 ~]# ls /etc/???.conf
/etc/cas.conf  /etc/gai.conf  /etc/ntp.conf  /etc/sos.conf  /etc/yum.conf
```

3. 特殊符号

（1）分号；隔开多条命令，并使它们能连续执行。

例如：先执行 who，再执行 date。

```
[root@Server1 ~]# who;date
root     tty1          2019-03-20 08:49 (:0)
root     pts/0         2019-03-20 08:57 (:0.0)
2019年03月20日  星期三 09:04:14 CST
```

（2）符号 & 使当前命令在后台运行，可以继续输入其他命令运行。

```
[root@Server1 ~]# cp /etc/inittab /root &
[1] 3547        （在后台运行的命令的进程编号）
[root@Server1 ~]# touch test
[1]+  Done                  cp -i /etc/inittab /root      （命令已经执行完）
```

4. 输出重定向 >

标准输出是屏幕，可以将输出重定向到某个文件，其效果就是把命令的运行结果输出到文件里（覆盖）。

```
[root@Server1 ~]# date
2023年11月07日  星期二 21:20:13 CST
[root@Server1 ~]# touch record
[root@Server1 ~]# date >record
[root@Server1 ~]# cat record
2023年11月07日  星期二 21:20:54 CST
```

5. 附加输出重定向 >>

与输出重定向类似，效果是把命令的运行结果添加到文件的末尾。

```
[root@Server1 ~]# date >>record
[root@Server1 ~]# cat record
2023年11月07日 星期二 21:20:54 CST
2023年11月07日 星期二 21:21:49 CST
```

6. 管道功能：命令 1 | 命令 2 | …

第一个命令的输出作为第 2 个命令的输入……

例如：以递归形式显示/所有内容。

```
[root@Server1 ~]# ls -R /
```

例如：以分屏形式显示/root/install. log 文件的内容。

如果直接用 cat /root/install. log 命令。

如果文件很长，有些内容显示不出来，需要以分屏形式显示出来。可以用 more 命令分屏显示文件。

按空格键可以看下一屏；按 q 键可以退出。

```
[root@Server1 ~]# more /root/install.log
```

例如：以分屏形式显示/中的所有内容。

```
[root@Server1 ~]#  ls -R / |more
```

例如：用管道搜索/目录下面文件名或目录名中包含 user 的所有文件、目录。

思路：先用 ls -R/查出根目录中的所有文件、目录，再通过管道查出结果中包含 user 的文件和目录。由于内容较多，可以再用一次管道，最后再用 more 命令实现分屏显示。

```
[root@Server1 ~]#  ls -R / |grep user |more
fusermount
libuser.conf
--More--
```

例如：用 echo 和输出重定向命令在桌面创建文件 file1，并写入内容。

```
[root@Server1 ~]# echo gtcfla > file1
[root@Server1 ~]# cat file1
gtcfla
[root@Server1 ~]# echo linux >> file1
[root@Server1 ~]# cat file1
gtcfla
linux
```

例如：用 cat 输出多个文件。

格式为：cat 文件 1 文件 2

```
[root@Server1 ~]#  cat file1 record
gtcfla
linux
2023 年 11 月 07 日 星期二 21:20:54 CST
2023 年 11 月 07 日 星期二 21:21:49 CST
```

3.5.5 Linux 命令的学习方法

（1）灵活掌握 man 命令。

如果想要查看命令的详细手册，可以通过 man（manual，手册）命令查看，比如：

man ls，查看 ls 命令的详细手册。

man cd，查看 cd 命令的详细手册。

大多数手册都是全英文的，如果阅读吃力，可以通过重定向符 man ls > ls - man. txt 输出手册到文件，然后通过翻译软件翻译内容查看。

```
[root@Server1 ~]# man ls
```

（2）任何命令都支持 --help 选项，可以通过这个选项查看命令的帮助。

例如：ls --help，会列出 ls 命令的帮助文档，帮助文档会简单地对命令的使用方式进行说明。

3.6 项目实施

任务 3-1 进入 Shell

（1）启动计算机，利用 root 用户登录系统，进入字符提示界面，观察 Shell 提示符。

```
[root@Server1 ~]#
```

（2）切换为普通用户，进入字符提示界面，观察 Shell 提示符。

```
[root@Server1 ~]# su gtcfla
[gtcfla@Server1 root]$
```

（3）列出 Shell 命令常用快捷键，并实践之。

Ctrl + Shift + T 打开新终端。

Shift + Ctrl + N 在已有终端上打开一个新的终端。

Ctrl + D 关闭终端窗口。

Ctrl + A 移动光标到首行。

Ctrl + E 移动光标到行尾。

利用 Tab 键来自动补全 mount 和 history 命令。

任务 3-2 熟悉文件和目录类命令的使用

（1）用 pwd 命令查看当前所在的目录。

```
[root@Server1 ~]# pwd
/root
```

（2）用 ls 命令列出此目录下的文件和目录。

```
[root@Server1 ~]# ls
anaconda-ks.cfg              公共  视频  文档  音乐
initial-setup-ks.cfg  模板  图片  下载  桌面
```

（3）用 -a 选项列出此目录下包括隐藏文件在内的所有文件和目录。

```
[root@Server1 ~]# ls -a
.                    .bash_logout    .config      .ICEauthority          公共  文档
..                   .bash_profile   .cshrc       initial-setup-ks.cfg   模板  下载
anaconda-ks.cfg      .bashrc         .dbus        .local                 视频  音乐
.bash_history        .cache          .esd_auth    .tcshrc                图片  桌面
```

（4）用 man 命令查看 ls 命令的使用手册。

```
[root@Server1 ~]# man ls
```

（5）在当前目录下，创建测试目录 test。

```
[root@Server1 ~]# mkdir test
```

（6）利用 ls 命令列出文件和目录，确认 test 目录创建成功。

```
[root@Server1 ~]# ls
anaconda-ks.cfg          test  模板  图片  下载  桌面
initial-setup-ks.cfg  公共  视频  文档  音乐
```

（7）进入 test 目录，利用 pwd 查看当前工作目录。

```
[root@Server1 ~]# cd test
[root@Server1 test]# pwd
/root/test
```

（8）利用 touch 命令，在当前目录创建一个新的空文件 newfile。

```
[root@Server1 test]# touch newfie
```

（9）利用 cp 命令复制系统文件/etc/profile 到当前目录下。

```
[root@Server1 test]# cp /etc/profile ./
```

（10）复制文件 profile 到一个新文件 profile. bak，作为备份。

```
[root@Server1 test]# cp profile profile.bak
```

（11）用 ll 命令以长格形式列出当前目录下的所有文件。注意比较每个文件的长度和创建时间的不同。

```
[root@Server1 test]# ll
总用量 8
-rw-r--r--. 1 root root    0 10 月 12 23:56 newfie
-rw-r--r--. 1 root root 1795 10 月 12 23:57 profile
-rw-r--r--. 1 root root 1795 10 月 12 23:57 profile.bak
```

（12）用 less 命令分屏查看文件 profile 的内容。注意练习 less 命令的各个子命令，如 b、p、q 等，并对 then 关键字查找。

注意：查看文件时，按 b 键可以向上移动一页，按 p 键可以查看列表中的前一个文件，按 q 键为退出 less 命令。要查找 then 关键字，可以在左下角冒号那儿输入/then，按 Enter 键，则 then 全部高光显示，如图 3－3 所示。

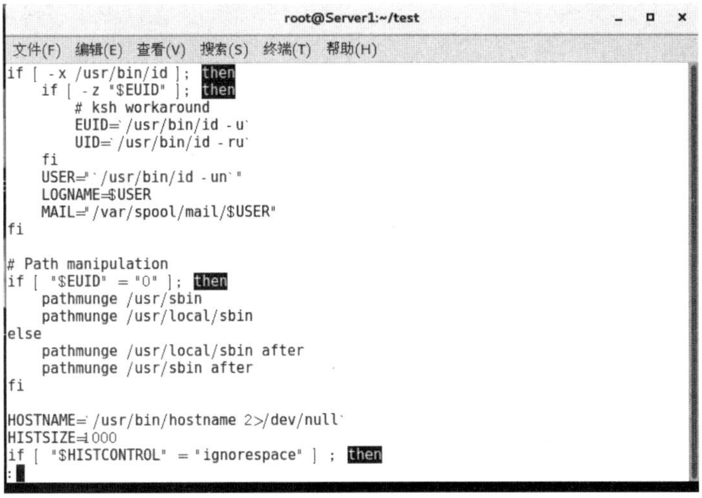

```
root@Server1:~/test
文件(F) 编辑(E) 查看(V) 搜索(S) 终端(T) 帮助(H)
if [ -x /usr/bin/id ]; then
    if [ -z "$EUID" ]; then
        # ksh workaround
        EUID=`/usr/bin/id -u`
        UID=`/usr/bin/id -ru`
    fi
    USER="`/usr/bin/id -un`"
    LOGNAME=$USER
    MAIL="/var/spool/mail/$USER"
fi

# Path manipulation
if [ "$EUID" = "0" ]; then
    pathmunge /usr/sbin
    pathmunge /usr/local/sbin
else
    pathmunge /usr/local/sbin after
    pathmunge /usr/sbin after
fi

HOSTNAME=`/usr/bin/hostname 2>/dev/null`
HISTSIZE=1000
if [ "$HISTCONTROL" = "ignorespace" ] ; then
:
```

图 3－3 less 命令利用 then 关键字查找

（13）用 grep 命令在 profile 文件中对关键字 then 进行查询，并与上面的结果进行比较。

```
[root@localhost test]# grep then profile
            if [ "$2" = "after" ] ; then
if [ -x /usr/bin/id ]; then
      if [ -z "$EUID" ]; then
if [ "$EUID" = "0" ]; then
if [ "$HISTCONTROL" = "ignorespace" ] ; then
if [ $UID -gt 199 ] && [ "'/usr/bin/id -gn'" = "'/usr/bin/id -un'" ]; then
     if [ -r "$i" ]; then
     if [ "${-#*i}" != "$-" ]; then
```

（14）给文件 profile 创建一个软链接 lnsprofile 和一个硬链接 lnhprofile。

（软链接就是新建一个文件，专门来指向别的文件；硬链接就是为文件建一个别名。软链接可以跨文件系统，硬链接不可以。）

```
[root@Server1 test]# ln -s profile lnsprofile
[root@Server1 test]# ln -d profile lnsprofile
```

（15）长格形式显示文件 profile、lnsprofile 和 lnhprofile 的详细信息。注意比较这 3 个文件链接数的不同。

```
[root@Server1 test]# ll
总用量 12
-rw-r--r--. 2 root root 1795 10 月 12 23:57 lnsprofile
lrwxrwxrwx. 1 root root        7 10 月 13 00:05 lnsprofile -> profile
-rw-r--r--. 1 root root    0 10 月 12 23:56 newfie
-rw-r--r--. 2 root root 1795 10 月 12 23:57 profile
-rw-r--r--. 1 root root 1795 10 月 12 23:57 profile.bak
```

（16）删除文件 profile，用长格形式显示文件 lnsprofile 和 lnhprofile 的详细信息，比较文件 lnhprofile 的链接数的变化。

```
[root@Server1 test]# rm profile
rm:是否删除普通文件 "profile"? y
[root@Server1 test]# ll
总用量 8
-rw-r--r--. 1 root root 1795 10 月 12 23:57 lnsprofile
lrwxrwxrwx. 1 root root        7 10 月 13 00:05 lnsprofile -> profile
-rw-r--r--. 1 root root    0 10 月 12 23:56 newfie
-rw-r--r--. 1 root root 1795 10 月 12 23:57 profile.bak
```

（17）用 less 命令查看文件 lnsprofile 的内容，看看有什么结果。

```
[root@Server1 test]# less lnsprofile
Insprofile: 没有那个文件或目录
```

（18）用 less 命令查看文件 lnhprofile 的内容，看看有什么结果，结果如图 3－4 所示。

```
[root@Server1 test]# less lnhprofile
```

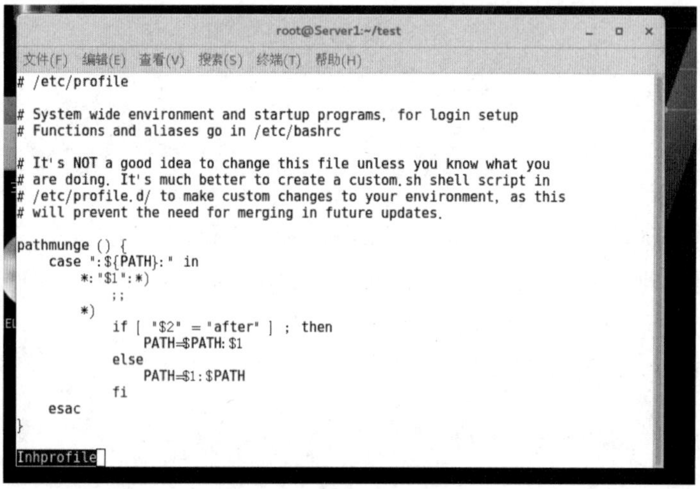

图 3－4　less 命令查看文件 lnhprofile 的内容

（19）删除文件 lnsprofile，显示当前目录下的文件列表，回到上层目录。

```
[root@Server1 test]# rm lnsprofile
rm:是否删除符号链接 "lnsprofile"? y
[root@Server1 test]# ls
Inhprofile  newfie  profile.bak
[root@Server1 test]# cd ..
[root@Server1 ~]#
```

（20）用 tar 命令把目录 test 打包。

（－c：生成档案文件，－v：列出归档解档详细过程，－f：指定档案文件名称）

```
[root@Server1 ~]# tar -cvf test.tar test
test/
test/newfie
test/profile.bak
test/Inhprofile
```

（21）用 gzip 命令把打好的包进行压缩。

```
[root@Server1 ~]# gzip test.tar
```

（22）把文件 test. tar. gz 改名为 backup. tar. gz。

```
[root@Server1 ~]# mv test.tar.gz backup.tar.gz
```

（23）显示当前目录下的文件和目录列表，确认重命名成功。

```
[root@Server1 ~]# ls
anaconda-ks.cfg  initial-setup-ks.cfg  公共  视频  文档  音乐
backup.tar.gz     test                   模板  图片  下载  桌面
```

（24）把文件 backup. tar. gz 移动到 test 目录下。

```
[root@Server1 ~]# mv backup.tar.gz test
```

（25）显示当前目录下的文件和目录列表，确认移动成功。

```
[root@Server1 ~]# ls
anaconda-ks.cfg          test  模板  图片  下载  桌面
initial-setup-ks.cfg  公共  视频  文档  音乐
```

（26）进入 test 目录，显示目录中的文件列表。

```
[root@Server1 ~]# cd test
[root@Server1 test]# ls
backup.tar.gz  Inhprofile  newfie  profile.bak
```

（27）把文件 backup. tar. gz 解包。

（-x：解开档案文件，-v：列出归档解档的详细过程，-f：指定档案文件名称）

```
[root@Server1 test]# tar -xvf backup.tar.gz
test/
test/newfie
test/profile.bak
test/Inhprofile
```

（28）显示当前目录下的文件和目录列表，复制 test 目录为 testbak 目录作为备份。

```
[root@Server1 test]# ls
backup.tar.gz  Inhprofile  newfie  profile.bak  test
[root@Server1 test]# cp -R test testbak
```

（29）查找 root 用户自己主目录下的所有名为 newfile 的文件。

```
[root@Server1 test]# sudo find /root -name newfile
/root/test/testbak/newfile
/root/test/newfile
```

（30）删除 test 子目录下的所有文件。

```
[root@Server1 test]# rm -R test/*
rm:是否删除普通文件 "test/Inhprofile"? y
rm:是否删除普通空文件 "test/newfie"? y
rm:是否删除普通文件 "test/profile.bak"? y
```

（31）利用 rmdir 命令删除空子目录 test。

```
[root@Server1 test]# rmdir test
```

（32）回到上层目录，利用 rm 命令删除目录 test 和其下所有文件。

```
[root@Server1 test]# cd ..
[root@Server1 ~]# rm -Rf test
```

任务 3-3　系统信息类命令的使用

（1）利用 date 命令显示系统当前时间，并修改系统的当前时间。

```
[root@Server1 ~]# date
2023 年 10 月 16 日 星期一 23:11:36 CST
[root@Server1 ~]# date -s  09/21/2023
2023 年 09 月 21 日 星期四 00:00:00 CST
[root@Server1 ~]# date
2023 年 09 月 21 日 星期四 00:00:20 CST
```

（2）显示当前登录到系统的用户状态。

```
[root@Server1 ~]# who
root     :0          2023-10-16 23:09 (:0)
root     pts/0       2023-10-16 23:09 (:0)
```

（3）利用 free 命令显示内存的使用情况。

```
[root@Server1 ~]# free
                total      used      free    shared    buff/cache   available
 Mem:          1866992     702828     553640          10216      610524
947064
 Swap:       2097148          0     2097148
```

（4）利用 df 命令显示系统的硬盘分区及使用状况。

```
[root@Server1 ~]# df
文件系统                          1K-块     已用      可用   已用% 挂载点
/dev/mapper/rhel-root 17811456 3266300 14545156   19% /
devtmpfs                          917604        0    917604    0% /dev
tmpfs                             933496        0    933496    0% /dev/shm
tmpfs                             933496     9260    924236    1% /run
tmpfs                             933496        0     933496    0% /sys/fs/cgroup
/dev/nvme0n1p1                   1038336   182236   856100   18% /boot
tmpfs                             186700        4    186696    1% /run/user/42
tmpfs                             186700       24    186676    1% /run/user/0
```

（5）显示当前目录下各级子目录的硬盘占用情况。

```
[root@Server1 ~]# du
4.    /.cache/dconf
8.    /.cache/imsettings
0.    /.cache/evolution/addressbook/trash
0.    /.cache/evolution/addressbook
0.    /.cache/evolution/calendar/trash
0.    /.cache/evolution/calendar
……
```

任务3-4　进程管理类命令的使用

1. 使用 ps 命令查看和控制进程

①显示本用户的进程：#ps

```
[root@Server1 ~]# ps
    PID TTY          TIME CMD
  2544 pts/0     00:00:00 bash
  3204 pts/0     00:00:00 ps
```

②显示所有用户的进程：#ps -au

```
[root@Server1 ~]# ps -au
USER        PID %CPU %MEM      VSZ   RSS TTY      STAT START   TIME COMMAND
root       1522  0.1  1.3 324132 25092 tty1     Rsl+ 9月22   0:01 /usr/bin/X :0
root       2544  0.0  0.1 116288  2936 pts/0    Ss   9月22   0:00 bash
root       3218  0.0  0.0 151064  1820 pts/0    R+   00:05   0:00 ps -au
```

③ 在后台运行 cat 命令：#cat &

```
[root@Server1 ~]# cat &
[1] 3233
[1]+  已停止               cat
```

④ 查看进程 cat：# ps aux | grep cat

```
[root@Server1 ~]#  ps aux |grep cat
root         2109  0.0     2.1 919448 40520 ?        Sl    9月22   0:00
/usr/bin/gnome-software --gapplication-service
root       3233  0.0  0.0 107924   352 pts/0    T    00:05   0:00 cat
root         3249  0.0  0.0 112676   980 pts/0      R+    00:05     0:00 grep
--color=auto cat
```

2. 使用 top 命令查看和控制进程

①用 top 命令动态显示当前的进程，如图 3-5 所示。

```
[root@Server1 ~]# top

top - 00:09:05 up 20 min,  2 users,  load average: 0.04, 0.06, 0.05
Tasks: 234 total,   1 running, 232 sleeping,   1 stopped,   0 zombie
%Cpu(s):  2.1 us,  0.3 sy,  0.0 ni, 97.6 id,  0.0 wa,  0.0 hi,  0.0 si,  0.0 st
KiB Mem :  1866992 total,   546308 free,   709708 used,   610976 buff/cache
KiB Swap:  2097148 total,  2097148 free,        0 used.   940212 avail Mem

  PID USER      PR  NI    VIRT    RES    SHR S %CPU %MEM     TIME+ COMMAND
 1522 root      20   0  325664  25100  10964 S  1.7  1.3   0:02.77 X
 2537 root      20   0  727308  28072  16064 S  1.3  1.5   0:01.83 gnome-terminal-
 1949 root      20   0 1588204 114112  44492 S  0.7  6.1   0:04.43 gnome-shell
  756 root      20   0  305292   6292   4912 S  0.3  0.3   0:01.18 vmtoolsd
    1 root      20   0  129504   6844   2716 S  0.0  0.4   0:01.27 systemd
    2 root      20   0       0      0      0 S  0.0  0.0   0:00.00 kthreadd
    3 root      20   0       0      0      0 S  0.0  0.0   0:00.02 ksoftirqd/0
    4 root      20   0       0      0      0 S  0.0  0.0   0:00.07 kworker/0:0
    5 root       0 -20       0      0      0 S  0.0  0.0   0:00.00 kworker/0:0H
    7 root      rt   0       0      0      0 S  0.0  0.0   0:00.00 migration/0
    8 root      20   0       0      0      0 S  0.0  0.0   0:00.00 rcu_bh
    9 root      20   0       0      0      0 S  0.0  0.0   0:00.10 rcu_sched
   10 root      rt   0       0      0      0 S  0.0  0.0   0:00.00 watchdog/0
```

图 3-5　top 命令动态显示当前的进程

②只显示用户 user01 的进程（利用 U 键），如图 3-6 所示。

```
top - 00:09:14 up 20 min,  2 users,  load average: 0.04, 0.06, 0.05
Tasks: 234 total,   1 running, 232 sleeping,   1 stopped,   0 zombie
%Cpu(s):  0.3 us,  0.3 sy,  0.0 ni, 99.3 id,  0.0 wa,  0.0 hi,  0.0 si,  0.0 st
KiB Mem :  1866992 total,   546292 free,   709724 used,   610976 buff/cache
KiB Swap:  2097148 total,  2097148 free,        0 used.   940196 avail Mem
Which user (blank for all) U
   PID USER      PR  NI    VIRT    RES    SHR S %CPU %MEM     TIME+ COMMAND
   756 root      20   0  305292   6292   4912 S  0.3  0.3   0:01.19 vmtoolsd
  1949 root      20   0 1588204 114112  44492 S  0.3  6.1   0:04.45 gnome-shell
  2128 root      20   0  385764  19496  15284 S  0.3  1.0   0:01.34 vmtoolsd
     1 root      20   0  129504   6844   2716 S  0.0  0.4   0:01.27 systemd
     2 root      20   0       0      0      0 S  0.0  0.0   0:00.00 kthreadd
     3 root      20   0       0      0      0 S  0.0  0.0   0:00.02 ksoftirqd/0
     4 root      20   0       0      0      0 S  0.0  0.0   0:00.07 kworker/0:0
     5 root       0 -20       0      0      0 S  0.0  0.0   0:00.00 kworker/0:0H
     7 root      rt   0       0      0      0 S  0.0  0.0   0:00.00 migration/0
```

图 3-6　只显示用户 user01 的进程

③利用 K 键杀死指定进程号的进程。

3. 挂起和恢复进程

①执行命令 cat。

```
[root@Server1 ~]# cat
```

②按 Ctrl + Z 组合键，挂起进程 cat。

```
^Z
[4] +  已停止              cat
```

③输入 jobs 命令，查看作业。

```
[root@Server1 ~]# jobs
[1]    已停止              cat
[2]    已停止              cat
[3] -  已停止              cat
[4] +  已停止              cat
```

④输入 bg，把 cat 切换到后台执行。

```
[root@Server1 ~]# bg
[4] + cat &
[4] +  已停止              cat
```

⑤输入 fg，把 cat 切换到前台执行。

```
[root@Server1 ~]# fg
cat
```

⑥按 Ctrl + C 组合键，结束进程 cat。

```
^C
[root@Server1 ~]#
```

任务 3 – 5　输出重定向、附加输出重定向和管道命令

（1）以列表形式显示/usr 目录下的所有内容，并将结果保存在文件 file1 中，在屏幕输出 file1 的内容。

```
[root@Server1 ~]# ls -R /usr > file1
[root@Server1 ~]# cat file1
……
_systemd - nspawn
_systemd - run
_systemd - tmpfiles
_timedatectl
_udevadm
/usr/src:
debug
kernels
/usr/src/debug:
/usr/src/kernels:
```

（2）新建一个文件 file2，echo 输出 “hello world”。利用附加输出重定向在 file2 末尾增加重复写入信息 “hello world”。在屏幕输出 file2 的内容。

```
[root@Server1 ~]# touch file2                              #新建文件
[root@Server1 ~]# echo hello world                         #echo 输出
hello world
[root@Server1 ~]# echo hello world > > file2               #附加输出
[root@Server1 ~]# echo hello world > > file2               #重复写入
[root@Server1 ~]# cat file2                                #输出
hello world
hello world
```

（3）将文件/etc/login. defs 和/etc/default/useradd 合并为文件/root/file3，在屏幕输出 file3 的内容。

```
[root@Server1 ~]# cat /etc/login.defs /etc/default/useradd > file3
[root@Server1 ~]# cat file3
#
# Please note that the parameters in this configuration file control the
# behavior of the tools from the shadow - utils component. None of these
# tools uses the PAM mechanism, and the utilities that use PAM (such as the
# passwd command) should therefore be configured elsewhere. Refer to
# /etc/pam.d/system - auth for more information.
#

# * REQUIRED *
#   Directory where mailboxes reside, _or_ name of file, relative to the
```

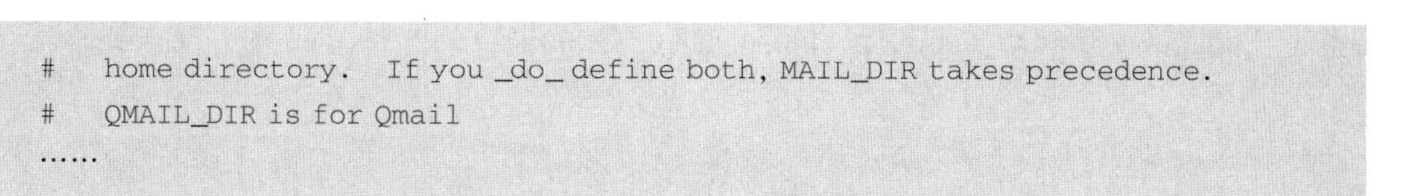

```
#   home directory.  If you _do_ define both, MAIL_DIR takes precedence.
#   QMAIL_DIR is for Qmail
......
```

（4）以递归形式显示/root 目录下的所有内容，要求分屏显示。

```
[root@Server1 ~]# ls -R /root |more
/root:
anaconda-ks.cfg
file2
file3
initial-setup-ks.cfg
公共
模板
视频
图片
文档
下载
音乐
桌面

/root/公共:
......
```

（5）查找/etc 目录下名称以 a 开头的所有文件和目录，并将结果保存在文件 file5 中，在屏幕输出 file5 的内容。

```
[root@Server1 ~]# ls -R /etc/a* >file5
[root@Server1 ~]# cat file5
/etc/adjtime
/etc/aliases
/etc/aliases.db
/etc/anacrontab
/etc/asound.conf
/etc/at.deny
......
```

（6）获得当前登录系统的用户信息和时间信息，将信息写到文件 file6 中，并在屏幕输出 file6 的内容。

```
[root@Server1 ~]# (who;date) >file6
[root@Server1 ~]# cat file6
root     :0            2023-10-16 23:09 (:0)
root     pts/0         2023-10-16 23:09 (:0)
2023年  10月16日    星期一 23:16:36 CST
```

（7）搜索/etc/inittab 文件中包含 user 的行，将结果写到文件 file7 中，并在屏幕输出 file7 的内容。

```
[root@Server1 ~]# grep user /etc/inittab >file7
[root@Server1 ~]# cat file7
# multi -user.target: analogous to runlevel 3
```

任务 3－6　企业实战

系统上的主硬盘在使用的时候有可怕的噪声，但是它上面有有价值的数据。系统在两年半以前备份过，你决定备份几个紧要的文件，如/root 根目录下的文件，以及/etc 目录下的所有的 conf 配置文件。

（1）在根目录下建立一个目录 temp，将/root 下所有文件打包压缩成 backup. tar，文件的保存位置设置为/temp，需要的命令是：

```
[root@Server1 ~]# tar -zcvf backup.tar *
[root@Server1 ~]# cp -i backup.tar /temp
[root@Server1 ~]# cd /temp
[root@Server1 temp]# ll
总用量 4
-rw-r--r--.1 root root 3937 11 月 28 15:26 backup.tar
```

（2）打包压缩/etc 目录下的所有 conf 文件到/temp 目录下，压缩后文件名称为 confbackup. tar，需要的命令是：

```
[root@Server1 ~]# cd /etc
[root@Server1 etc]# find . -name "*.conf" -exec tar -zcvf /temp/confbackup.
tar {} \;
```

（3）查看/temp 目录，可以看到两个打包压缩好的文件。

```
[root@Server1 etc]# cd /temp
[root@Server1 temp]# ls
backup.tar confbackup.tar
```

3.7　信创拓展

国产操作系统，无论是麒麟还是统信，它们的服务器操作系统或者桌面操作系统已经广泛应用于工业生产和科学研究领域。国产操作系统中的终端命令是一个强大而实用的工具，可以帮助用户更好地管理电脑。通过掌握这些命令，在日常的使用过程中，运用终端命令能够提高工作和学习效率，让电脑管理更加便捷和灵活。因为国产操作系统的内核是 Linux 系统内核，无论是对文件和目录进行操作、查看系统信息、管理软件包，还是进行网络操作，

绝大多数 Linux 命令适用于国产操作系统。

请在项目 2 “信创拓展” 模块安装好的国产操作系统中启动终端，完成如下任务：

(1) 在根目录下建立自己的目录，如 zs，通过查看目录位置命令保证当前目录是在自己账号的家目录中。

(2) 在/zs 目录下建立 pc 目录。

(3) 在 zs/pc 目录下完成以下目录结构创建：ceshi、ceshi/ceshi1、ceshi/ceshi1/ceshi1 -1。

(4) 在 zs/pc/目录下分别建立以下文件：1 2 3。

(5) 将 zs/pc/1 文件复制到 ceshi/ceshi1 目录下。

(6) 将 zs/pc/2 文件移动到 ceshi 目录下。

(7) 访问目录到 zs/pc/ceshi 目录下。

(8) 在 zs/pc/ceshi/目录下复制 zs/pc 目录下的 4 文件到当前目录下。

(9) 一个命令完成建立 zs/pc/test/test1/test2 目录操作。

(10) 一个命令完成删除 zs/pc/test/test1/test2 目录操作。

(11) 一个命令完成建立 zs/pc/class/class1/目录操作，并在此建立 1 和 2 两个文件。

3.8 巩固提升

一、选择题

1. (　　) 命令能用来查找文件 test 中包含 4 个字符的行。

A. grep '????' test　　B. grep '….' test

C. grep '^????$' test　　D. grep '^….$' test

2. (　　) 命令用来显示/home 及其子目录下的文件名。

A. ls -a /home　　B. ls -R /home

C. ls -l /home　　D. ls -d /home

3. 如果忘记了 ls 命令的用法，可以采用 (　　) 命令获得帮助。

A. ? ls　　B. help ls

C. man ls　　D. get ls

4. 查看系统当中所有进程的命令是 (　　)。

A. ps -all　　B. ps aix

C. ps auf　　D. ps aux

5. Linux 中有多个查看文件的命令，如果希望在查看文件内容过程中通过上下移动光标来查看文件内容，则下列符合要求的命令是 (　　)。

A. cat　　B. more

C. less　　D. head

二、实操题

在家目录下建立自己的目录，如 zs，通过查看目录位置命令保证当前目录是在自己账号的家目录中。注：zs 为考生目录。

1. 在/zs 目录下建立 pc 目录。
2. 在 zs/pc 目录下完成以下目录结构创建：ceshi、ceshi/ceshi1、ceshi/ceshi1/ceshi1 -1。
3. 在 zs/pc/目录下分别建立以下文件：1　2　3
4. 将 zs/pc/1 文件复制到 ceshi/ceshi1 目录下。
5. 将 zs/pc/2 文件移动到 ceshi 目录下。
6. 访问目录到 zs/pc/ceshi 目录下。
7. 在 zs/pc/ceshi/目录下复制 zs/pc 目录下的 4 文件到当前目录下。
8. 一个命令完成建立 zs/pc/test/test1/test2 目录操作。
9. 一个命令完成删除 zs/pc/test/test1/test2 目录操作。
10. 一个命令完成建立 zs/pc/class/class1/目录操作，并在此建立 1 和 2 两个文件。
11. 将目录切换到 zs/pc 下，将 class 做成档案文件（要求打包过程显示，新档案文件名为 student，保存在当前目录下）。
12. 递归删除 class 目录。
13. 将 student. tar. gz 解压缩（要求在当前目录下解档）。
14. 查看 student 目录所占用的系统空间数。
15. 设置当前系统时间为 2024 年 3 月 30 日。

3.9　项目评价

本项目采用基于目标导向的“多主体、多维度、全过程”评价方式。

多主体采用智慧职教云课堂、教师、学生、企业兼职教师多主体评价；多维度从知识、能力、素质目标三个维度评价；全过程按照课前、课后、课中三个阶段全过程评价。

项目 3　熟练使用 Linux 常用命令评分表

考核方向	考核内容	分值	考核标准	评价方式
相关知识（30 分）	认识 Shell	3	答案准确规范，能有自己的理解为优	教师提问和学生进行课程平台自测
	了解 Linux 命令的特点	2	答案准确规范，能有自己的理解为优	
	常用的 Linux 命令	15	答案准确规范，能有自己的理解为优	
	通配符与特殊符号以及管道命令	7	答案准确规范，能有自己的理解为优	
	Linux 命令的学习方法	3	答案准确规范，能有自己的理解为优	

续表

项目3 熟练使用 Linux 常用命令评分表				
考核方向	考核内容	分值	考核标准	评价方式
项目实施（50分）	任务3-1 进入 Shell	5	能够在规定时间内完成，有具体清晰的截图，各配置步骤正确，测试结果准确	客户评、学生评、教师评
	任务3-2 熟悉文件和目录类命令的使用	15	能够在规定时间内完成，有具体清晰的截图，各配置步骤正确，测试结果准确	客户评、学生评、教师评
	任务3-3 系统信息类命令的使用	10	能够在规定时间内完成，有具体清晰的截图，各配置步骤正确，测试结果准确	
	任务3-4 熟悉文件和目录类命令的使用	10	能够在规定时间内完成，截图清晰明确	
素质考核（20分）	职业精神（操作规范、吃苦耐劳、团队合作）	10	操作规范、吃苦耐劳、团队合作愉快	学生评、组内评、教师评
	工匠精神（作品质量、创新意识）	5	作品质量好，有一定的创新意识	客户评、教师评
	信息安全意识	5	有自主安全可控的信创意识	客户评、教师评

项目4

熟练使用vim编辑器

4.1 学习导航

4.2 学习目标

知识目标：

- 认识 vim 编辑器
- 熟悉 vim 文本编辑器特点
- 掌握 vim 常用的三种模式

能力目标：

- 熟练 vim 编辑器的启动与退出
- 熟练 vim 编辑器的三种模式及使用方法
- 熟练使用 vim 编辑器

素质目标：

- 树立诚实守信、细心规范的工作态度
- 增强沟通与协调能力、团队合作精神
- 提升自主安全可控的信创意识

4.3 项目描述

随着公司业务的发展，服务器资源日趋紧张，有些主机出现了各种问题，需要给新买的服务器做一些基础的环境配置，这需要管理员尽快学会使用一种以上文字接口的文本编辑器。

4.4　项目分析

系统管理员的一项重要工作就是修改与设定某些重要软件的配置文件，因此，系统管理员至少要学会使用一种以上文字接口的文本编辑器。所有的 Linux 发行版本都内置有 vim，vim 不但可以用不同颜色显示文本内容，还能够进行诸如 shell script、C program 等程序的编辑，因此，可以将 vim 视为一种程序编辑器。掌握 Linux 常用命令和 vim 编辑器是学好 Linux 的必备基础。

4.5　相关知识

4.5.1　什么是 vim

vi 是 UNIX 操作系统和类 UNIX 操作系统中最通用的文本编译器，vim 编译器是从 vi 编译器发展出来的一个性能更强大的文本编译器，可以主动以字体颜色辨别语法的正确性，方便程序设计。

4.5.2　vim 文本编辑器的特点

vim 具有程序编辑的能力，可以主动以字体颜色辨别语法的正确性，方便程序设计；vim 会根据文件的扩展名或者文件内的开头信息判断该文件的内容而自动调用该程序的语法判断式，再以颜色来显示程序代码与一般信息。

4.5.3　vim 常用的操作

1. vim 的三种模式

vim 具有多种工作模式，常用的工作模式有命令模式、插入模式、末行模式。

命令模式：控制光标移动，可对文本进行删除、复制、粘贴等工作。

输入模式：正常的文本录入。

末行模式：保存、退出与设置编辑环境。

每次运行 vim 编辑器后，都默认是“命令模式”。需要先进入“输入模式”，再进行编写文档的工作，每次编辑完成后，需先返回“命令模式”，再进入“末行模式”对文本的保存或退出操作。

直接输入 vim 命令，即可开启该文本编辑器，默认将创建一个新的文档（保存时需要指定文件名）。另外，如果 vim 命令后跟了文件名参数，则需要看该文件是否存在，如果存在，vim 将打开该文件；如果不存在，vim 将创建该文件。

vim 编辑器默认会进入命令模式，插入模式可以通过以下按键进入，见表 4－1。

表 4－1　进入插入模式的方法

类型	命令	说明
进入插入模式	i	从光标所在位置前开始插入文本
	I	该命令是将光标移到当前行的行首，然后插入文本
进入插入模式	a	用于在光标当前所在位置之后追加新文本
	A	将光标移到所在行的行尾，从那里开始插入新文本
	o	在光标所在行的下面插入一行，并将光标置于该行行首，等待输入
	O	在光标所在行的上面插入一行，并将光标置于该行行首，等待输入
	Esc	回到命令模式

当需要退回到命令模式或不知道自己当前处于什么模式时，可以通过 Esc 键返回到命令模式。

最后，在命令模式下输入“:”，即可进入末行模式；在“:”后输入指令，即可实现特定的功能。

2. vim 光标操作

vim 中最简单的移动光标的方式是使用方向键（上、下、左、右）操作，但这种方式效率低下，更高效的方式是使用快捷键，常用的快捷键见表 4－2。需要注意的是，所有的快捷键均在命令模式下直接使用。

表 4－2　vim 光标操作快捷键

快捷键	功能描述
h	光标向左移动一位
j	光标向下移动一行（以回车为换行符）
k	光标向上移动一位
l	光标向右移动一位
gg	移动光标至文件首行
G	移动光标至文件末尾
nG	移动光标至第 n 行（n 为数字，如 n 为 10 时表示第 10 行）
^	光标移至当前行的首字符
$	光标移至当前行的尾字符
fx	光标移至当前行的下一个 x 字符处（x 为任意字符）
Fx	光标移至当前行的上一个 x 字符处
w	光标向右移动一个单词

续表

快捷键	功能描述
nw	光标向右移动 n 个单词（n 为数字）
b	光标向左移动一个单词
nb	光标向左移动 n 个单词（n 为数字）

3. vim 编辑文档

在 vim 编辑器中编辑文档内容主要有两种常用的方式：进入编辑模式操作和快捷键操作。进入编辑模式后，即可通过光标进行增加、删除、修改的基本操作，这种方式也是最简单的方式，另外，快捷键操作方式是在命令模式下输入相应的快捷键实现对应的功能，快捷键具体见表 4 - 3。

表 4 - 3　vim 编辑文档常用快捷键

操作快捷键	功能描述
dd	删除 1 行
ndd	删除 n 行
d $	删除光标至行尾的内容
J	删除换行符，可以将两行合并为一行
u	撤销上一步操作，可以多次使用 uu 表示撤销两步操作
rx	将光标当前字符替换为 x（x 为任何键盘单个输入）
yy	复制当前行
nyy	复制 n 行内容
p	粘贴至当前行之后
P	粘贴至当前行之前

4. vim 保存并退出

一般情况下，会通过命令模式输入特定的命令实现保存与退出功能，具体见表 4 - 4。

表 4 - 4　实现保存与退出

指令	功能描述
:q!	不保存并退出（强制退出）
:wq	保存并退出
:x	保存并退出
:w	只保存，不退出
:w b. txt	另存为 b. txt（这里可以跟上路径）

5. vim 扩展小知识

1）显示行号

显示当前行是第几行的方式有很多，可以通过为文档添加行号来实现，添加行号的方法是在命令模式下输入:set number 或者简写为:set nu 即可。

2）忽略大小写

在 vim 中查找时，可能不清楚所要找的关键词的大小写，而 vim 默认是区分大小写的，这时可以通过在命令模式下输入:set ignorecase 实现忽略大小写。

4.6 项目实施

（1）在/tmp 目录下建立一个名为 mytest 的目录，进入 mytest 目录当中。

```
[root@Server1 ~]# mkdir /tmp/mytest
[root@Server1 ~]# cd /tmp/mytest
```

（2）将/etc/man_db.conf 复制到上述目录下面，使用 vim 打开目录下的 man_db.conf 文件。

```
[root@Server1 mytest]# cp /etc/man_db.conf .
[root@Server1 mytest]# vim man_db.conf
```

（3）在 vim 中设定行号，移动到第 58 行，向右移动 15 个字符，请问你看到的该行前面 15 个字母组合是什么？

设置行号是在编辑器里面 esc + : + set nu（输入英文），如图 4-1 所示。

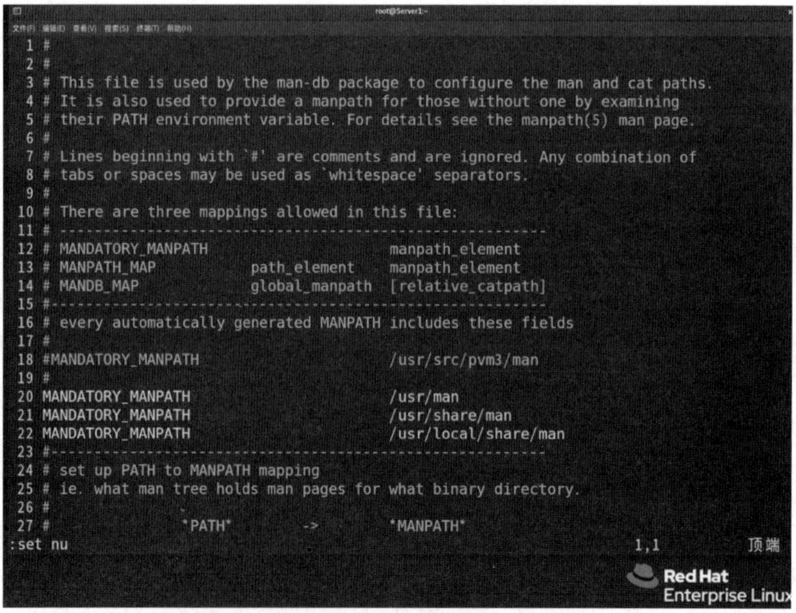

```
  1 #
  2 #
  3 # This file is used by the man-db package to configure the man and cat paths.
  4 # It is also used to provide a manpath for those without one by examining
  5 # their PATH environment variable. For details see the manpath(5) man page.
  6 #
  7 # Lines beginning with `#' are comments and are ignored. Any combination of
  8 # tabs or spaces may be used as `whitespace' separators.
  9 #
 10 # There are three mappings allowed in this file:
 11 # --------------------------------------------------------
 12 # MANDATORY_MANPATH                     manpath_element
 13 # MANPATH_MAP           path_element    manpath_element
 14 # MANDB_MAP             global_manpath  [relative_catpath]
 15 #---------------------------------------------------------
 16 # every automatically generated MANPATH includes these fields
 17 #
 18 #MANDATORY_MANPATH                      /usr/src/pvm3/man
 19 #
 20 MANDATORY_MANPATH                       /usr/man
 21 MANDATORY_MANPATH                       /usr/share/man
 22 MANDATORY_MANPATH                       /usr/local/share/man
 23 #---------------------------------------------------------
 24 # set up PATH to MANPATH mapping
 25 # ie. what man tree holds man pages for what binary directory.
 26 #
 27 #               *PATH*        ->        *MANPATH*
:set nu                                                  1,1          顶端
```

图 4-1　设定行号

输入“:58”并按 Enter 键移动到第 58 行，输入“15”会向右移动 15 个字符，按住右方键就会出现高光。该行前面 15 个字母为 on privileges.，如图 4－2 所示。

```
47 # given manpath.
48 #
49 # You *must* provide all system manpaths, including manpaths for alternate
50 # operating systems, locale specific manpaths, and combinations of both, if
51 # they exist, otherwise the permissions of the user running man/mandb will
52 # be used to manipulate the manual pages. Also, mandb will not initialise
53 # the database cache for any manpaths not mentioned below unless explicitly
54 # requested to do so.
55 #
56 # In a per-user configuration file, this directive only controls the
57 # location of catpaths and the creation of database caches; it has no effect
58 # on privileges.
59 #
60 # Any manpaths that are subdirectories of other manpaths must be mentioned
61 # *before* the containing manpath. E.g. /usr/man/preformat must be listed
62 # before /usr/man.
63 #
64 #              *MANPATH*     ->         *CATPATH*
65 #
66 MANDB_MAP       /usr/man                /var/cache/man/fsstnd
67 MANDB_MAP       /usr/share/man          /var/cache/man
68 MANDB_MAP       /usr/local/man          /var/cache/man/oldlocal
69 MANDB_MAP       /usr/local/share/man    /var/cache/man/local
:58                                                          58,16          42%
```

图 4－2　第 58 行

（4）移动到第一行，并且向下查找“gzip”字符串，请问它在第几行？

先输入 gg，直接移动到第一行，再输入/gzip，即发现在 93 行，如图 4－3 所示。

```
80 #DEFINE          tr      tr '\255\267\264\327' '\055\157\047\170'
81 #DEFINE          grep    grep
82 #DEFINE          troff   groff -mandoc
83 #DEFINE          nroff   nroff -mandoc
84 #DEFINE          eqn     eqn
85 #DEFINE          neqn    neqn
86 #DEFINE          tbl     tbl
87 #DEFINE          col     col
88 #DEFINE          vgrind
89 #DEFINE          refer   refer
90 #DEFINE          grap
91 #DEFINE          pic     pic -S
92 #
93 #DEFINE          compressor      gzip -c7
94 #---------------------------------------------------------
95 # Misc definitions: same as program definitions above.
96 #
97 #DEFINE          whatis_grep_flags               -i
98 #DEFINE          apropos_grep_flags              -iEw
99 #DEFINE          apropos_regex_grep_flags        -iE
100 #--------------------------------------------------------
101 # Section names. Manual sections will be searched in the order listed here;
102 # the default is 1, n, l, 8, 3, 0, 2, 5, 4, 9, 6, 7. Multiple SECTION
103 # directives may be given for clarity, and will be concatenated together in
104 # the expected way.
105 # If a particular extension is not in this list (say, 1mh), it will be
106 # displayed with the rest of the section it belongs to. The effect of this
/gzip                                                    93,21-33       75%
```

图 4－3　向下查找“gzip”字符串

（5）将第 50～100 行的 man 字符串改为大写 MAN 字符串，并且逐个询问是否需要修改，如何操作？如果在筛选过程中一直按 y 键，则会在最后一行出现改变了多少个 man 的说明，请回答一共替换了多少个 man。

注意：先按 Esc 键回到命令模式，然后输入“:”进入末行模式，在末行模式下输入

50，100 s/man/MAN/gc，按 Enter 键，之后一直按 y 键确定替换，最后会显示替换了多少个 man。如图 4－4 和图 4－5 所示，共替换 26 次。

```
37 MANPATH_MAP     /usr/X11R6/bin          /usr/X11R6/man
38 MANPATH_MAP     /usr/bin/X11            /usr/X11R6/man
39 MANPATH_MAP     /usr/games              /usr/share/man
40 MANPATH_MAP     /opt/bin                /opt/man
41 MANPATH_MAP     /opt/sbin               /opt/man
42 #---------------------------------------------------------
43 # For a manpath element to be treated as a system manpath (as most of those
44 # above should normally be), it must be mentioned below. Each line may have
45 # an optional extra string indicating the catpath associated with the
46 # manpath. If no catpath string is used, the catpath will default to the
47 # given manpath.
48 #
49 # You *must* provide all system manpaths, including manpaths for alternate
50 # operating systems, locale specific manpaths, and combinations of both, if
51 # they exist, otherwise the permissions of the user running man/mandb will
52 # be used to manipulate the manual pages. Also, mandb will not initialise
53 # the database cache for any manpaths not mentioned below unless explicitly
54 # requested to do so.
55 #
56 # In a per-user configuration file, this directive only controls the
57 # location of catpaths and the creation of database caches; it has no effect
58 # on privileges.
59 #
60 # Any manpaths that are subdirectories of other manpaths must be mentioned
61 # *before* the containing manpath. E.g. /usr/man/preformat must be listed
62 # before /usr/man.
63 #
替换为 MAN (y/n/a/q/l/^E/^Y)?                                    50,38        34%
```

图 4－4　输入命令准备替换

```
62 # before /usr/MAN.
63 #
64 #               *MANPATH*     ->         *CATPATH*
65 #
66 MANDB_MAP       /usr/MAN                 /var/cache/MAN/fsstnd
67 MANDB_MAP       /usr/share/MAN           /var/cache/MAN
68 MANDB_MAP       /usr/local/MAN           /var/cache/MAN/oldlocal
69 MANDB_MAP       /usr/local/share/MAN     /var/cache/MAN/local
70 MANDB_MAP       /usr/X11R6/MAN           /var/cache/MAN/X11R6
71 MANDB_MAP       /opt/MAN                 /var/cache/MAN/opt
72 #
73 #---------------------------------------------------------
74 # Program definitions.  These are commented out by default as the value
75 # of the definition is already the default.  To change: uncomment a
76 # definition and modify it.
77 #
78 #DEFINE         pager   less
79 #DEFINE         cat     cat
80 #DEFINE         tr      tr '\255\267\264\327' '\055\157\047\170'
81 #DEFINE         grep    grep
82 #DEFINE         troff   groff -MANdoc
83 #DEFINE         nroff   nroff -MANdoc
84 #DEFINE         eqn     eqn
85 #DEFINE         neqn    neqn
86 #DEFINE         tbl     tbl
87 #DEFINE         col     col
88 #DEFINE         vgrind
26 次替换，共 15 行                                      y        83,1         58%
```

图 4－5　将 man 替换为 MAN

（6）修改完之后，突然反悔了，要全部复原，有哪些方法？

方法一是多次按 u 键，方法二是直接强制退出，不保存文件。

（7）需要复制第 65～73 行这 9 行的内容，并且粘贴到最后一行之后。

输入“:65”，移动到 65 行，然后输入 9yy（复制 9 行），之后下面会出现“9 lines yanked”文字，如图 4－6 所示。

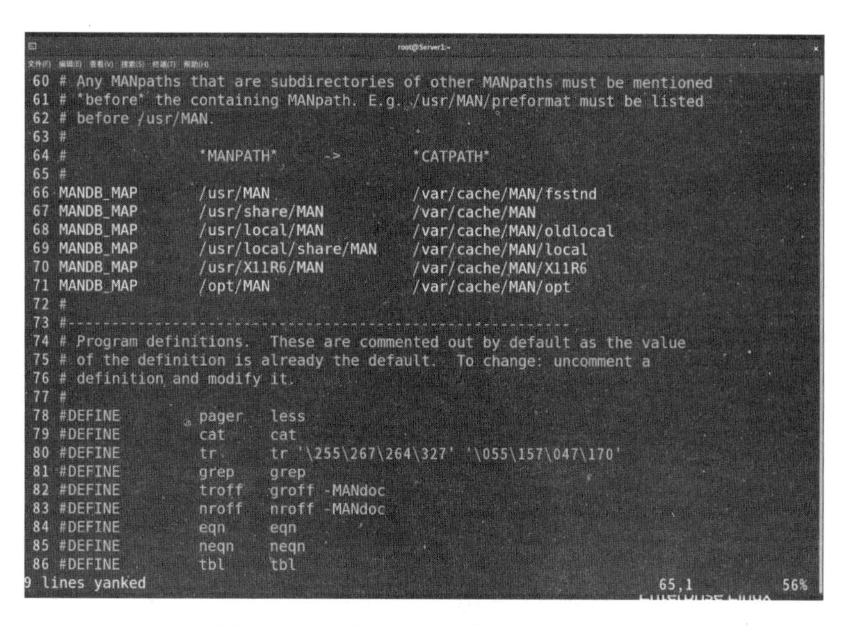

图4－6　复制第65～73行这9行的内容

按下G键移动到最后一行，再按p键，就会粘贴刚刚复制的9行内容，出现“多了9行”的文字，如图4－7所示。

```
110 #
111 SECTION         1 1p 8 2 3 3p 4 5 6 7 9 0p n l p o 1x 2x 3x 4x 5x 6x 7x 8x
112 #
113 #----------------------------------------------------------
114 # Range of terminal widths permitted when displaying cat pages. If the
115 # terminal falls outside this range, cat pages will not be created (if
116 # missing) or displayed.
117 #
118 #MINCATWIDTH    80
119 #MAXCATWIDTH    80
120 #
121 # If CATWIDTH is set to a non-zero number, cat pages will always be
122 # formatted for a terminal of the given width, regardless of the width of
123 # the terminal actually being used. This should generally be within the
124 # range set by MINCATWIDTH and MAXCATWIDTH.
125 #
126 #CATWIDTH       0
127 #
128 #----------------------------------------------------------
129 # Flags.
130 # NOCACHE keeps man from creating cat pages.
131 #
132 MANDB_MAP       /usr/MAN                /var/cache/MAN/fsstnd
133 MANDB_MAP       /usr/share/MAN          /var/cache/MAN
134 MANDB_MAP       /usr/local/MAN          /var/cache/MAN/oldlocal
135 MANDB_MAP       /usr/local/share/MAN    /var/cache/MAN/local
136 MANDB_MAP       /usr/X11R6/MAN          /var/cache/MAN/X11R6
多了 9 行                                                    131,1        96%
```

图4－7　出现“多了9行”的文字

（8）删除第23～28行的开头为#符号的批注数据，如何操作？

输入“Esc:23”会到第23行，然后输入6 dd（删除行）之后，就出现“少了6行”的文字，如图4－8所示。

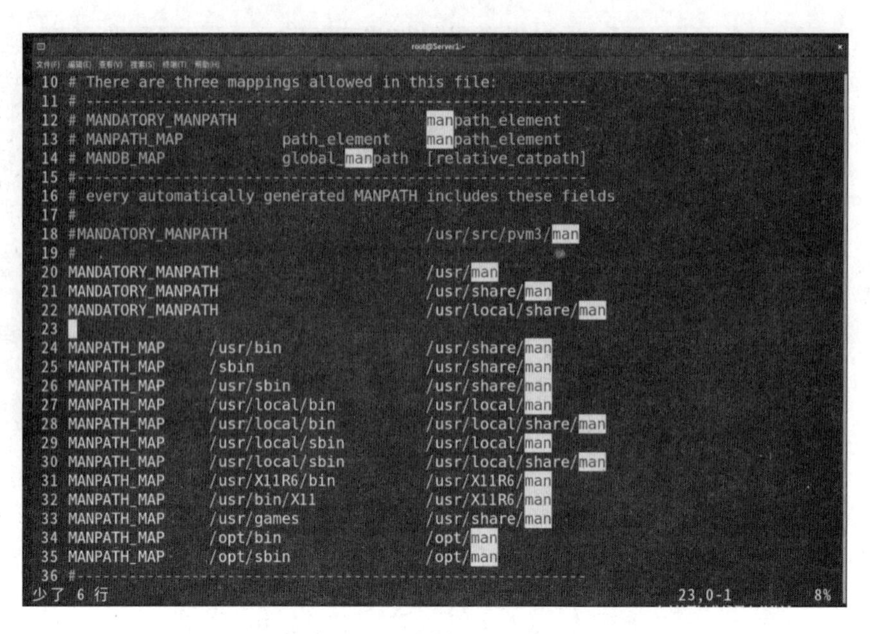

图 4-8 删除第 23～28 行的开头为#符号的批注数据

(9) 将这个文件另存为一个 man. test. config 的文件。

先按 Esc 键回到命令模式，然后输入“:”进入末行模式，在末行模式下输入 w man. test. config（另存为 man. test. config 的文件），会出现“"man. test. config"[新]134L, 5277C 已写入”的文字，如图 4-9 所示。

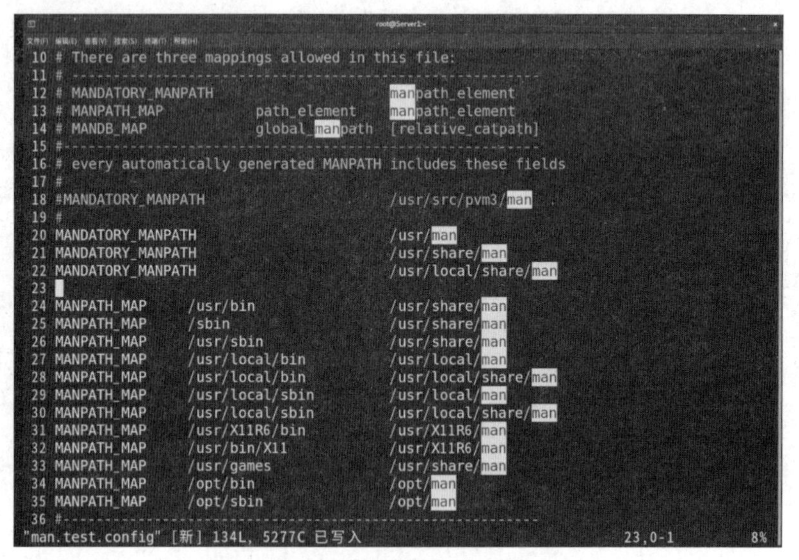

图 4-9 另存为一个文件

(10) 在第一行新增一行，该行内容输入“I am a student. . …”，存盘后离开。

先按 Esc 键回到命令模式，然后输入“:”进入末行模式，在末行模式下输入数字 1 即进入第 1 行，再输入大写字母“O”，即可进入插入模式且新增了 1 行，此时便可输入“I am a student”，最后保存退出即可，如图 4-10 所示。

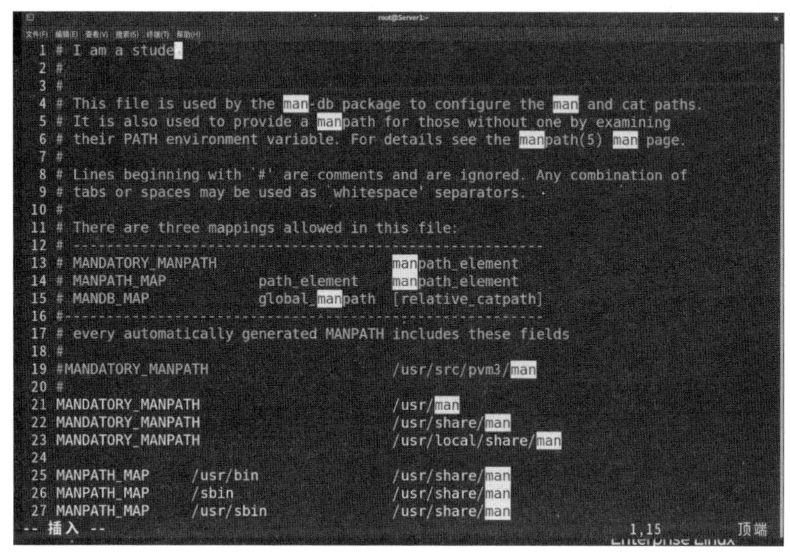

图 4－10　第一行新增一句话

4.7　信创拓展

在项目 2 “信创拓展” 模块安装好的国产操作系统中启动终端，完成如下任务：

（1）启动 vim 编辑器。

（2）利用 vim 编辑器完成 4.6 节的项目实施。

4.8　巩固提升

一、选择题

1. 在命令模式下，要实现在当前光标所在字符后面开始输入内容，使用的命令是（　　）。

A. i　　B. I　　C. a　　D. A

2. 在 vim 中退出但不保存的命令是（　　）。

A. :q　　B. :wq

C. ;wq!　　D. :q!

3. 下列关于 vim 的说法，不正确的是（　　）。

A. 使用 D 命令可以删除从当前光标位置到行尾的所有字符

B. 快捷键 z 可以保存文件并退出

C. 使用 yy 命令可以复制当前行

D. 使用 i 命令可以在当前光标所在字符前面插入文本

4. 在当前 vim 编辑文件中要导入另一个文件的内容，需要使用的命令是（　　）。

A. :s　　B. :r　　C. :uS　　D. :R

5. 在 vim 中，直接与 Shell 交互执行命令使用（　　）方式。

A. dos2unix 命令　　B. $命令

C. :! 命令　　D. R 命令

6. 在/home/stud1/wang 目录下有一文件 file，使用（　　）可实现在后台执行命令，此命令将 file 文件中的内容输出到 file. copy 文件中。

A. cat file >file. copy　　B. cat >file. copy

C. cat file file. copy &　　D. cat file >file. copy &

二、填空题

1. vim 编辑器具有三种工作模式：________和________、编辑模式。

2. vi 编辑器中要想定位到文件中的第 10 行，按________键；删除一个字母后，按________键可以恢复。

三、简答题

1. vim 如何插入字符？

2. vim 如何快速定位到某行？

3. vim 如何搜索字符串？

4.9 项目评价

本项目采用基于目标导向的“多主体、多维度、全过程”评价方式。

多主体采用智慧职教云课堂、教师、学生、企业兼职教师多主体评价；多维度从知识、能力、素质目标三个维度评价；全过程按照课前、课后、课中三个阶段全过程评价。

项目4　熟练使用 vim 编辑器评分表

考核方向	考核内容	分值	考核标准	评价方式
相关知识（30 分）	什么是 vim	3	答案准确规范，能有自己的理解为优	教师提问和学生进行课程平台自测
	vim 文本编辑器特点	2	答案准确规范，能有自己的理解为优	
	vim 常用的三种模式	15	答案准确规范，能有自己的理解为优	
项目实施（50 分）	任务按照项目实施的步骤完成该项目实施	50 分	能够在规定时间内完成，有具体清晰的截图，各配置步骤正确，测试结果准确	客户评、学生评、教师评

续表

项目4　熟练使用 vim 编辑器评分表				
考核方向	考核内容	分值	考核标准	评价方式
素质考核 (20分)	职业精神（操作规范、吃苦耐劳、团队合作）	10	操作规范、吃苦耐劳、团队合作愉快	学生评、组内评、教师评
	工匠精神（作品质量、创新意识）	5	作品质量好，有一定的创新意识	客户评、教师评
	信息安全意识	5	有自主安全可控的信创意识，有信息安全意识	客户评、教师评

项目 5

管理信息中心的用户和组

5.1 学习导航

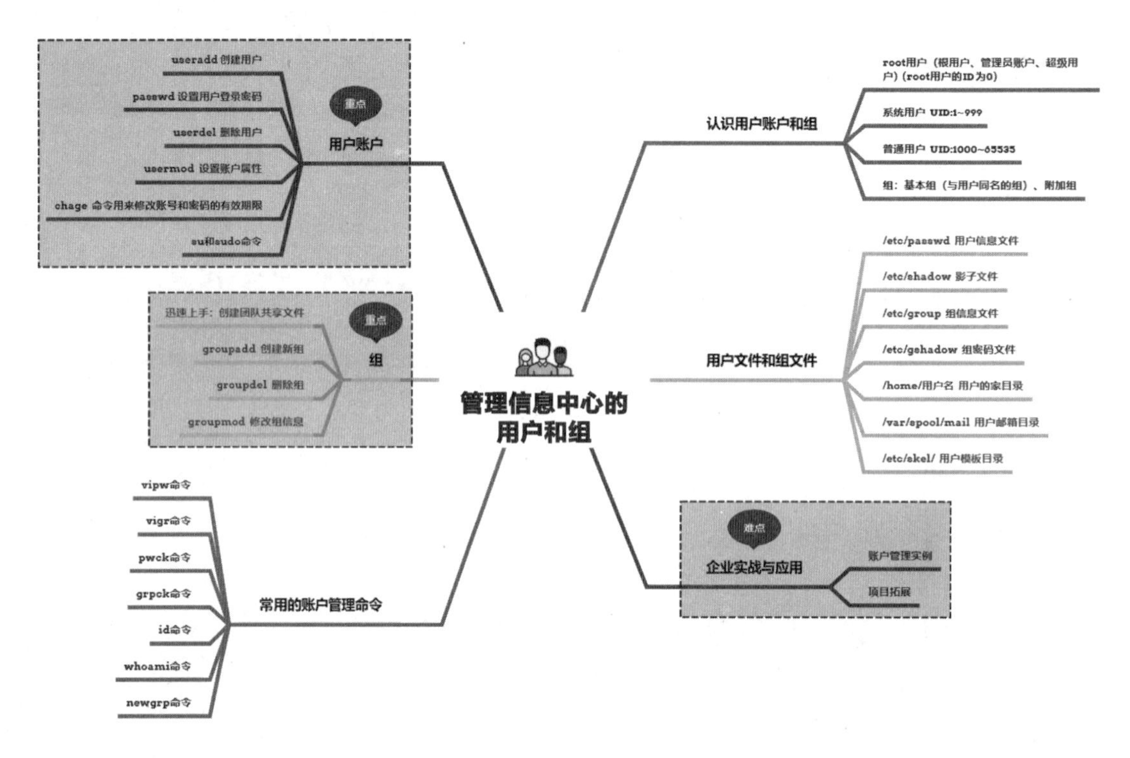

5.2 学习目标

知识目标：

- 了解用户和组群配置文件
- 了解常用的账户和组管理命令

能力目标：

- 熟练掌握 Linux 操作系统下用户的创建与管理的方法
- 熟练掌握 Linux 操作系统下组群的创建与管理的方法
- 熟悉控制中心用户账户管理器的使用方法

素质目标：

● 理解到学习是一个持续的过程，无论年龄大小，都会保持学习的热情和动力，不断更新自己的知识和技能

● 愿意与人交往，发展良好的人际关系，善于倾听和表达，能够处理复杂的人际关系

● 渴望深入了解各种文化和观念，通过阅读、旅行等方式丰富自己的精神世界

5.3　项目导入

某公司新购置了服务器，并安装了 Linux 操作系统，Linux 操作系统是多用户任务的操作系统。作为该系统的网络管理员，必须掌握用户和组的创建与管理。数据中心负责人利用命令行和图形工具对用户和组群进行创建和管理等操作。

公司有 10 名员工，分别在销售科、财务科和办公室 3 个部门工作，sales 销售科 5 人、finance 财务科 2 人、office 办公室 3 人，每个人的工作内容不同。需要在服务器上为每个人创建不同的账户，把相同部门的用户放在一个组中，每个用户都有自己的工作目录。

5.4　项目分析

作为企业的系统管理员，一项重要的工作就是创建和管理公司内部员工的组、账号和密码等配置，因此，系统管理员至少要学会在 Linux 系统中创建与管理用户和组的方法，能够通过反复练习熟练掌握 Linux 用户与组的主要命令，最后能够熟练使用并解决实际问题。完成该项目主要分为以下几个任务。

（1）认识用户和组的相关文件。

（2）迅速上手：创建团队共享文件。

（3）useradd 创建用户，usermod 设置账户属性，passwd 设置用户登录密码。

（4）chage 命令用来修改账号和密码的有效期限。

（5）usermod 修改用户信息。

（6）userdel 删除用户。

（7）创建组、修改组信息、删除组、为组添加用户。

（8）使用 su 和 sudo 命令。

（9）使用常用的账户管理命令。

（10）企业实战：管理用户与组。

5.5　相关知识

5.5.1　认识用户账户和组

用户的身份在我们平时中就很常见，比如我们要登录百度网盘，微信都是以一个用户的身份进行登录，那么在 Linux 系统中也一样，我们也是需要一个用户来登录到服务器里面，然后做相关的操作，一个进程也需要以一个用户的身份运行。

Linux 系统对用户与组的管理是通过 ID 号来实现的。我们在登录系统时，输入用户名与对应密码，操作系统会将用户名转化为 ID 号后再判断该账号是否存在，并对比密码是否匹配。

用户包括 root 用户（根用户、管理员账户、超级用户）（root 用户的 ID 为 0）、系统用户（UID：1 ~ 999）、普通用户（UID：1000 ~ 65535）。

在 Linux 操作系统中，root 用户拥有的 root 权限代表着最高权限，它能实施一切特权行为；然而，这种模式有着相当大的安全风险。比如，如果有一个 root 用户执行了 rm - rf / * 命令（这种情况时有发生），那么整个系统就会瘫痪。在现实工作中，root 的密码非常重要，密码泄露或者密码太简单，都会给企业或单位造成不可挽回的巨大损失。

在 Linux 操作系统中创建用户账户的同时，也会创建一个与用户同名的组，该组是用户的主组。

Linux 操作系统中的组分为基本组与附加组，一个用户仅可以加入一个基本组中，但可以同时加入多个附加组。在创建用户时，系统默认会自动创建同名的组，并设置用户加入该基本组中。

5.5.2 理解用户账户文件和组文件

在 Linux 中，用户账户、用户密码、用户组信息和用户组密码均是存放在不同的配置文件中的。

例如，在 Linux 系统中，所创建的用户账户和其相关信息（密码除外）均存放在/etc/passwd 配置文件中。由于所有用户对 passwd 文件均有读取的权限，因此密码信息并未保存在该文件中，而是保存在了/etc/shadow 的配置文件中。

在 passwd 文件中，一行定义一个用户账号，每行均由多个不同的字段构成，各字段值间用“:”分隔，每个字段均代表该账号某方面的信息。

在 passwd 配置文件中，从左至右，各字段的对应关系及其含义如图 5 - 1 所示。

用户账号	用户密码	用户 ID	用户组 ID	用户名全称	用户主目录	用户所使用的 shell
root	x	0	0	root	/root	/bin/bash

图 5 - 1　/etc/passwd 配置文件对应关系

由于 passwd 不再保存密码信息，所以用 x 占位代表。

若要使某个用户账户不能登录 Linux，只需设置该用户所使用的 Shell 为/sbin/nologin 即可。比如，对于 FTP 账户，一般只允许登录和访问 FTP 服务器，不允许登录 linux 操作系统。若要让某用户没有 telnet 权限，即不允许该用户利用 telnet 远程登录和访问 Linux 操作系统，则设置该用户所使用的 Shell 为/bin/true 即可。若要让用户没有 telnet 和 ftp 登录权限，则可设置该用户的 Shell 为/bin/false。

在/etc/shells 文件中，若没有/bin/true 或/bin/false，则需要手动添加：

```
[root@Server1 ~]# echo "/bin/false" >> /etc/shells
[root@Server1 ~]# echo "/bin/true" >> /etc/shells
```

5.5.3　/etc/passwd 用户信息文件

Linux 系统中的/etc/passwd 文件是系统用户信息文件，存储了系统中所有用户的基本信息，并且所有用户都可以对此文件执行读操作。使用命令 vim/etc/passwd 打开并查看文件，内容格式如图 5－2 所示。

图 5－2　/etc/passwd 用户信息文件内容

可以看到，/etc/passwd 文件中的内容非常规律，每行记录对应一个用户。这些用户中的绝大多数是系统或服务正常运行所必需的用户，这种用户通常称为系统用户或伪用户。系统用户无法用来登录系统，但也不能删除，因为一旦删除，依赖这些用户运行的服务或程序就不能正常执行，会导致系统问题。

每行用户信息都以“:”作为分隔符，划分为 7 个字段，以 root:x:0:0:root:/root:/bin/bash 为例，见表 5－1。

表 5－1　/etc/passwd 用户信息文件详细说明

列号	详细说明
第一列	用户名。为了方便用户记忆，Linux 系统是通过 UID 来识别用户身份，分配用户权限的。/etc/passwd 文件中定义了用户名和 UID 之间的对应关系

续表

列号	详细说明
第二列	密码位，“x”表示此用户设有密码，但不是真正的密码，真正的密码保存在/etc/shadow 文件中
第三列	用户 ID。 0 超级用户 UID。如果用户 UID 为 0，代表这个账号是管理员账号。那么 Linux 中是如何把普通用户升级成为管理员的呢？就是把其他用户的 UID 修改为 0 就可以了，这点和 Windows 是不同的。不过不建议建立多个管理员账号。 1～999 为系统用户（伪用户）UID。这些 UID 账号是系统保留给系统用户的 UID，也就是说，UID 是 1～999 的用户是不能登录系统的，而是用来运行系统或服务的。 1000～65535 为普通用户 UID。建立的普通用户 UID 从 500 开始，最大到 65535。这些用户足够使用了，但是如果不够，也不用害怕，2.6.x 内核以后的 Linux 系统用户 UID 已经可以支持 2^{32} 这么多了
第四列	组 ID（GID）。添加用户时，如果不指定用户所属的初始组，那么会建立和用户名相同的组
第五列	用户说明。解释这个用户的意义
第六列	用户家目录。也就是用户登录后有操作权限的访问目录。root 超级管理员账户的主目录为/root
第七列	登录 Shell。Shell 就是 Linux 的命令解释器，是用户和 Linux 内核之间沟通的桥梁。Linux 系统默认使用的命令解释器是 bash（/bin/bash）。可以理解为用户登录过后所拥有的权限

注意：要把普通用户变成超级用户，把用户 UID 改为 0 即可。

5.5.4 /etc/shadow 影子文件

/etc/shadow 文件用于存储 Linux 系统中用户的密码信息，又称为“影子文件”。/etc/shadow 文件只有 root 用户拥有读权限，其他用户没有任何权限，这样就保证了用户密码的安全性。使用命令 vim/etc/shadow 打开并查看文件，内容格式如图 5－3 所示。

同/etc/passwd 文件一样，文件中每行代表一个用户，同样使用“:”作为分隔符，不同之处在于，每行用户信息被划分为 9 个字段。每个字段的含义见表 5－2。

图5-3　/etc/shadow影子文件内容

表5-2　/etc/shadow影子文件详细说明

列号	详细说明
第一列	用户名
第二列	加密密码 也可以在密码前人为地加入“!”或“*”来改变加密值，让密码暂时失效，使这个用户无法登录，达到暂时禁止用户登录的效果。 所有伪用户的密码都是“!!”或“*”，代表没有密码是不能登录的。新创建的用户如果不设定密码，密码项也是“!!”，代表这个用户没有密码，不能登录
第三列	密码最近更改时间距离1970年1月1日作为标准时间的时间戳（单位：天）
第四列	两次密码的修改间隔时间（和第三列相比）。如果是0，则密码可以随时修改；如果是10，则代表密码修改后10天之内不能再次修改密码
第五列	密码有效期（和第三列相比）。默认值为99999，也就是273年，可认为是永久生效。如果改为90，则表示密码被修改90天之后必须再次修改，否则该用户即将过期。管理服务器时，通过这个字段强制用户定期修改密码
第六列	密码修改到期前的警告天数（和第五列相比）。默认值是7，也就是说，距离密码有效期的第7天开始，每次登录，系统都会向该账户发出“修改密码”的警告信息

续表

列号	详细说明
第七列	密码过期后的宽限天数（和第 5 字段相比）。在密码过期后，用户如果还是没有修改密码，则在此字段规定的宽限天数内，用户还是可以登录系统的；如果过了宽限天数，系统将不再让此账户登录，也不会提示账户过期，是完全禁用的；如果是 -1，则代表密码永远不会失效
第八列	密码失效时间，这里同样要写时间戳，也就是用 1970 年 1 月 1 日进行时间换算。如果超过了有效时间，即使密码没有过期，用户也无法使用了
第九列	保留

注意：目前 Linux 的密码采用的是 SHA512 散列加密算法，原来采用的是 MD5 或 DES 加密算法。SHA512 散列加密算法的加密等级更高，也更加安全。

5.5.5 /etc/group 组信息文件

/ect/group 文件是用户组配置文件，即用户组的所有信息都存放在此文件中。前面讲过，etc/passwd 文件中每行用户信息的第四列记录的是用户的初始组 ID，那么，此 GID 的组名到底是什么呢？这就要从/etc/group 文件中查找。使用命令 vim/etc/group 打开并查看文件，内容格式如图 5 -4 所示。

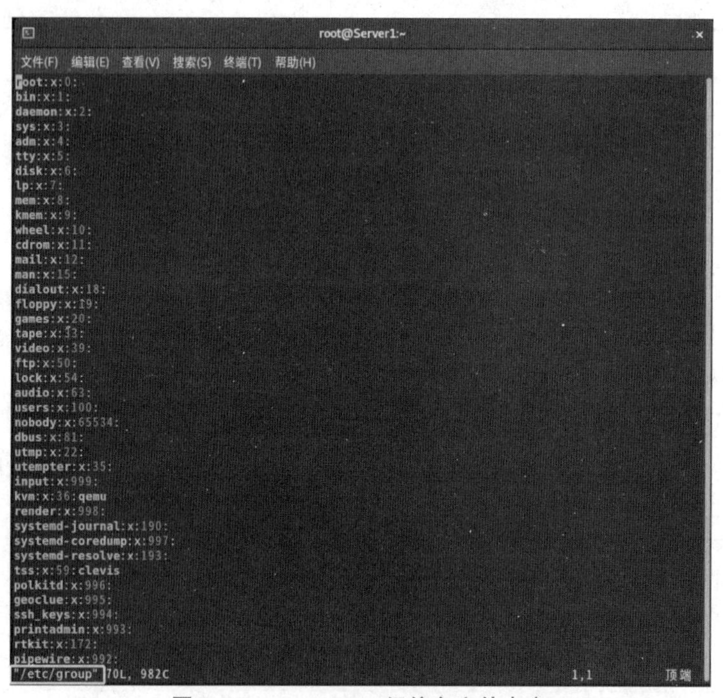

图 5 -4 /etc/group 组信息文件内容

各用户组中，还是以“:”作为字段之间的分隔符，分为 4 个字段，每个字段对应的含义见表 5 -3。

表5-3　/etc/group 组信息文件详细说明

列号	详细说明
第一列	组名
第二列	组密码位。和/etc/passwd 文件一样，这里的“x”仅仅是密码标识，真正加密后的组密码默认保存在/etc/gshadow 文件中
第三列	GID。即群组的 ID 号，Linux 系统是通过 GID 来区分用户组的。同用户名一样，组名也只是为了便于管理员记忆
第四列	此组中支持的其他用户。附加组是此组的用户，如果该用户组是这个用户的初始组，则该用户不会写入这个字段，可以这么理解，该字段显示的用户都是这个用户组的附加用户

注意：

初始组：每个用户初始组只能有一个，且必须有一个，一般都是和用户名相同的组作为初始组。

附加组：每个用户可以属于多个附加组。要把用户加入组，都是加入附加组。

每个用户都可以加入多个附加组，但是只能属于一个初始组。

5.5.6　/etc/gshadow 组密码文件

组用户信息存储在/etc/group 文件中，而将组用户的密码信息存储在/etc/gshadow 文件中。如果给用户组设定了组管理员，并给该用户组设定了组密码，组密码就保存在这个文件当中，那么组管理员就可以利用这个密码管理这个用户组了。使用命令 vim/etc/gshadow 打开并查看文件，内容格式如图5-5所示。

图5-5　/etc/gshadow 组密码文件内容

文件中，每行代表一个组用户的密码信息，各行信息用“:”作为分隔符分为 4 个字段，每个字段的含义见表 5-4。

表 5-4　/etc/gshadow 组密码文件_ 详细说明

列号	详细说明
第一列	组名
第二列	加密密码
第三列	组管理员
第四列	组附加用户列表。该字段显示这个用户组中有哪些附加用户，和/etc/group 文件中附加组显示内容相同

5.5.7　用户的家目录

/home/用户名。使用命令 ls -al /home/查看目录列表，内容格式如图 5-6 所示。

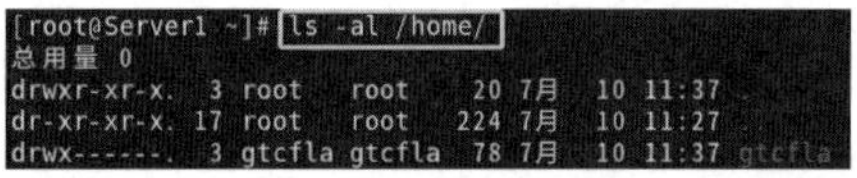

```
[root@Server1 ~]# ls -al /home/
总用量 0
drwxr-xr-x.  3 root   root    20 7月  10 11:37 .
dr-xr-xr-x. 17 root   root   224 7月  10 11:27 ..
drwx------.  3 gtcfla gtcfla  78 7月  10 11:37 gtcfla
```

图 5-6　ls -al /home/查看用户家目录列表

5.5.8　用户邮箱目录

这个邮箱在/var/spool/mail 目录当中，例如 user1 用户的邮箱就是/var/spool/mail/user1 文件。使用命令 ls -al /var/spool/mail 查看目录列表，内容格式如图 5-7 所示。

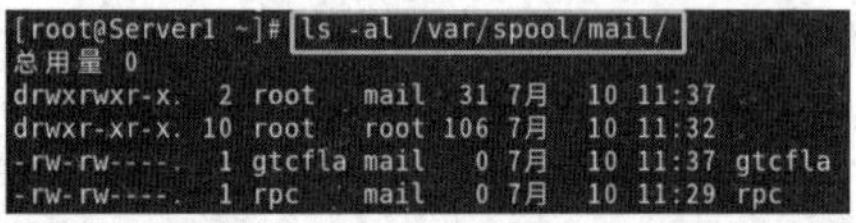

```
[root@Server1 ~]# ls -al /var/spool/mail/
总用量 0
drwxrwxr-x.  2 root   mail  31 7月  10 11:37 .
drwxr-xr-x. 10 root   root 106 7月  10 11:32 ..
-rw-rw----.  1 gtcfla mail   0 7月  10 11:37 gtcfla
-rw-rw----.  1 rpc    mail   0 7月  10 11:29 rpc
```

图 5-7　ls -al /var/spool/mail 查看用户邮箱目录列表

5.5.9　/etc/skel/用户模板目录

/etc/skel/目录里的文件内容为每新建一个用户，其家目录里所包含的内容。使用命令 ls -al /etc/skel 查看目录列表，内容格式如图 5-8 所示。

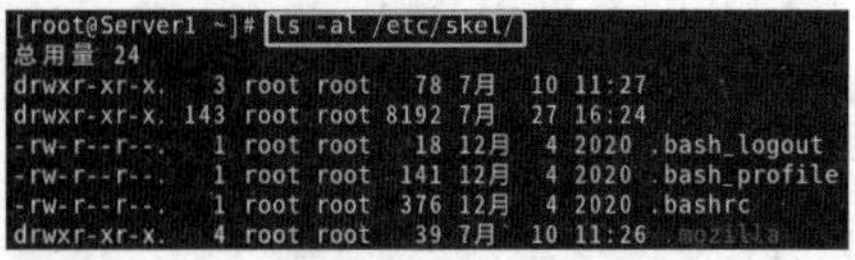

```
[root@Server1 ~]# ls -al /etc/skel/
总用量 24
drwxr-xr-x.   3 root root   78 7月   10 11:27 .
drwxr-xr-x. 143 root root 8192 7月   27 16:24 ..
-rw-r--r--.   1 root root   18 12月   4 2020 .bash_logout
-rw-r--r--.   1 root root  141 12月   4 2020 .bash_profile
-rw-r--r--.   1 root root  376 12月   4 2020 .bashrc
drwxr-xr-x.   4 root root   39 7月   10 11:26 .mozilla
```

图 5-8　ls -al /etc/skel 查看用户模板目录列表

5.6　项目实施

任务5-1　认识用户和组的相关文件

（1）使用命令 vim /etc/passwd 查看用户信息文件。

（2）使用命令 vim /etc/shadow 查看影子文件。

（3）使用命令 vim /etc/group 查看组信息文件。

（4）使用命令 vim /etc/gshadow 查看组密码文件。

（5）使用命令 ls -al /home/查看用户的家目录。

（6）使用命令 ls -al /var/spool/mail 查看用户邮箱目录。

（7）使用命令 ls -al /etc/skel 查看用户模板目录。

任务5-2　迅速上手：创建团队共享文件

```
[root@Server1 ~]# groupadd workgroup #创建新工作组 workgroup
[root@Server1 ~]# useradd -G workgroup mike #创建工作组成员 mike
[root@Server1 ~]# useradd -G workgroup lucy #创建工作组成员 lucy
[root@Server1 ~]# useradd -G workgroup rose #创建工作组成员 rose
[root@Server1 ~]# useradd -G workgroup jack #创建工作组成员 jack
[root@Server1 ~]# useradd user1 #创建普通用户 user1,用于测试
[root@Server1 ~]# passwd mike #设置 mike 账户的密码
更改用户 mike 的密码。
新的 密码:
无效的密码: 密码少于 8 个字符
重新输入新的 密码:
passwd:所有的身份验证令牌已经成功更新。
[root@Server1 ~]# passwd lucy #设置 lucy 账户的密码
更改用户 lucy 的密码。
新的 密码:
无效的密码: 密码少于 8 个字符
重新输入新的 密码:
passwd:所有的身份验证令牌已经成功更新。
[root@Server1 ~]# passwd rose #设置 rose 账户的密码
更改用户 rose 的密码。
新的 密码:
无效的密码: 密码少于 8 个字符
重新输入新的 密码:
passwd:所有的身份验证令牌已经成功更新。
[root@Server1 ~]# passwd jack #设置 jack 账户的密码
更改用户 jack 的密码。
新的 密码:
无效的密码: 密码少于 8 个字符
```

```
重新输入新的 密码:
passwd:所有的身份验证令牌已经成功更新。
[root@Server1 ~]# passwd user1 #设置 user1 账户的密码
更改用户 user1 的密码。
新的 密码:
无效的密码: 密码少于 8 个字符
重新输入新的 密码:
passwd:所有的身份验证令牌已经成功更新。
[root@Server1 ~]# mkdir /work #创建工作组共享目录
[root@Server1 ~]# ls -l -d /work/#查看共享目录的权限
drwxr-xr-x 2 root root 6 12 月  8 14:38 /work/
[root@Server1 ~]# chmod 770 /work/#设置组内成员及主用户才能使用
[root@Server1 ~]# ls -l -d /work/
drwxrwx--- 2 root root 6 12 月  8 14:38 /work/
[root@Server1 ~]# chown jack:workgroup /work/#设置 jack 用户为目录拥有者,目录为
workgroup 所属
[root@Server1 ~]# ll -d /work/#查看配置后的权限
drwxrwx--- 2 jack workgroup 6 12 月  8 14:38 /work/
[root@Server1 ~]# su - user1  #切换 user1 账号,尝试使用/work 目录
[user1@Server1 ~] $ cd /work/
-bash: cd: /work/: 权限不够
[user1@Server1 ~] $ su - jack #切换成员内账号登录
密码:
[jack@Server1 ~] $ cd /work/
[jack@Server1 work] $ touch jackfile #尝试在共享目录里创建新文件
[jack@Server1 work] $ su - rose
密码:
[rose@Server1 ~] $ cd /work/
[rose@Server1 work] $ touch rosefile #尝试在共享目录里创建新文件
[rose@Server1 work] $ ll
总用量 0
-rw-rw-r-- 1 jack jack 0 12 月  8 14:47 jackfile
-rw-rw-r-- 1 rose rose 0 12 月  8 14:49 rosefile
[rose@Server1 work] $ su - lucy
密码:
[lucy@Server1 ~] $ cd /work/
[lucy@Server1 work] $ touch lucyfile #尝试在共享目录里创建新文件
[lucy@Server1 work] $ su - mike
密码:
[mike@Server1 ~] $ cd /work/
[mike@Server1 work] $ touch mikefile #尝试在共享目录里创建新文件
[mike@Server1 work] $ ll
总用量 0
-rw-rw-r-- 1 jack jack 0 12 月  8 14:47 jackfile
-rw-rw-r-- 1 lucy lucy 0 12 月  8 14:50 lucyfile
-rw-rw-r-- 1 mike mike 0 12 月  8 14:51 mikefile
-rw-rw-r-- 1 rose rose 0 12 月  8 14:49 rosefile
[mike@Server1 work] $ rm lucyfile #尝试在共享目录里删除同组其他人文件
rm:是否删除有写保护的普通空文件'lucyfile'? y
```

```
[mike@Server1 work]$ ll
总用量 0
-rw-rw-r-- 1 jack jack 0 12 月  8 14:47 jackfile
-rw-rw-r-- 1 mike mike 0 12 月  8 14:51 mikefile
-rw-rw-r-- 1 rose rose 0 12 月  8 14:49 rosefile
```

任务5-3　useradd、usermod、passwd命令使用

命令：useradd

语法：useradd 用户名字

例子：useradd student

#创建用户的另外一个命令

adduser 用户

命令：passwd

语法：passwd 用户密码

若指定了账户名称，则设置指定账户的登录密码，原密码自动被覆盖。只有root用户才有权设置指定账户的密码。一般用户只能设置或修改自己账户的密码（不带参数）。

#创建用户执行的操作

（1）在/etc/passwd中添加用户信息。

（2）如果使用passwd命令创建密码，则将密码加密保存在/etc/shadow中。

（3）为用户建立一个新的家目录/home/student。

（4）将/ect/skel中的文件复制到用户的主目录中。

（5）建立一个与用户名相同的组，新建用户默认属于这个同名组。

```
#useradd [option] username
```

该命令的选项较多，常用的见表5-5。

表5-5　useradd命令选项详细说明

选项	详细说明
-c	注释。用户设置对账户的注释说明文字
-d	主目录。指定用来取代默认的/home/username的主目录
-m	若主目录不存在，则创建它。-r与-m相结合，可为系统账户创建主目录
-M	不创建主目录
-e	date。指定账户过期的日期。日期格式为MM/DD/YY
-f	days。账号过期几日后永久停权。若指定为-，则立即被停权，若为-1，则关闭此功能
-g	用户组。指定将用户加入哪个用户组，该用户组必须存在

续表

选项	详细说明
-G	用户组列表。指定用户同时加入的用户组列表，各组用逗号分隔
-n	不为用户创建私有用户组
-s	Shell。指定用户登录时使用的 Shell，默认为/bin/bash
-r	创建一个用户 ID 小于 500 的系统账户，默认不创建对应的主目录
-u	用户 ID。手动指定新用户的 ID 值，该值必须唯一，且大于 499
-p	password。为新建用户指定登录密码。此处的 password 是对应登录密码经 SHA512 加密后所得的密码值，不是真实密码原文，因此，在实际应用中，该参数选项使用较少，通常单独使用，passwd 命令来为用户设置登录密码

#例子

（1）指定 Shell 创建，如图 5-9 所示。

```
[root@Server1 ~]#useradd -s /bin/bash test #创建新用户 test 并指定 Shell
[root@Server1 ~]#cat /etc/passwd|grep test #查看 test 用户信息
test:x:1001:1001::/home/test:/bin/bash
```

图 5-9　指定 Shell 创建

设置密码，如图 5-10 所示。

```
[root@Server1 ~]#passwd test #设置 test 密码
```

图 5-10　设置 test 密码

（2）指定 userid 创建，如图 5-11 所示。

```
[root@Server1 ~]#useradd -u 1050 test1 #创建新用户 test1,并指定 userid 为 1005
[root@Server1 ~]#cat /etc/passwd |grep test1 #查看 test1 用户信息
test1:x:1050:1050::/home/test1:/bin/bash
```

图 5-11　指定 userid 创建

（3）指定所属组创建，如图 5-12 所示。

```
[root@Server1 ~]# groupadd sales #创建新组 sales
[root@Server1 ~]# useradd -g sales test20 #创建新用户 test20,并加进 sales 组
[root@Server1 ~]# id test20 #查看 test20 用户信息
uid=1051(test20) gid=1051(sales) groups=1051(sales)
```

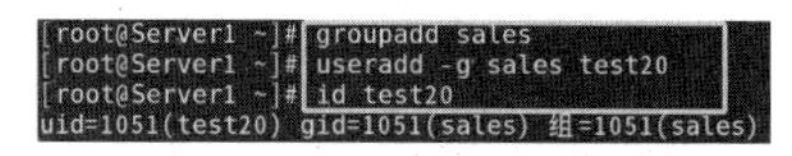

图 5-12　指定所属组创建

(4) 指定属于多个组，如图 5-13 所示。

```
[root@Server1 ~]# groupadd work
[root@Server1 ~]# useradd -G sales,work test3
[root@Server1 ~]# id test3
uid=1052(test3) gid=1053(test3) 组=1053(test3),1051(sales),1052(work)
```

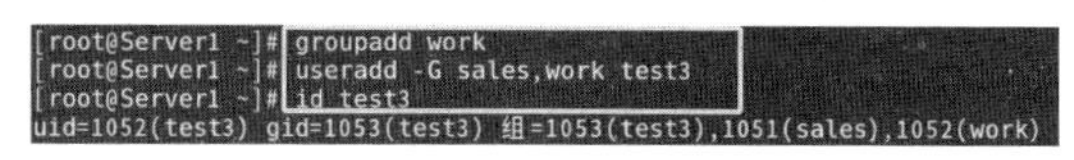

图 5-13　指定属于多个组

#passwd [option] username

常用选项见表 5-6。

表 5-6　passwd 命令选项详细说明

选项	详细说明
-l	锁定账号，仅 root 可使用此选项
--stdin	从文件或管道读取密码
-u	解锁密码
-d	快速清空账号密码。这与未设置口令的账户不同，未设置口令的账户无法登录系统，而口令为空的账户可以，仅 root 可使用此选项
-f	强迫用户下次登录时必须更改密码
-n	设置密码的最短存活期
-x	设置密码的最长存活期
-w	密码到期前警告的天数
-i	密码过期后多少天停用账户
-S	显示账户密码的简短状态信息

#例子

(1) 锁定/解锁账户密码及查询密码状态、删除账户密码，如图 5-14 所示。

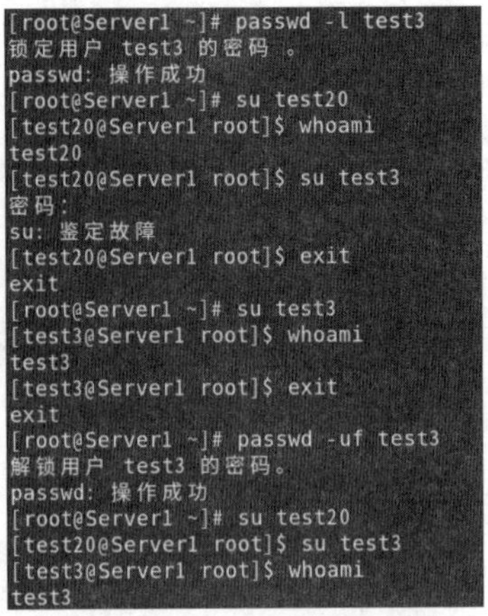

```
[root@Server1 ~]# passwd -l test3
锁定用户 test3 的密码 。
passwd: 操作成功
[root@Server1 ~]# su test20
[test20@Server1 root]$ whoami
test20
[test20@Server1 root]$ su test3
密码:
su: 鉴定故障
[test20@Server1 root]$ exit
exit
[root@Server1 ~]# su test3
[test3@Server1 root]$ whoami
test3
[test3@Server1 root]$ exit
exit
[root@Server1 ~]# passwd -uf test3
解锁用户 test3 的密码。
passwd: 操作成功
[root@Server1 ~]# su test20
[test20@Server1 root]$ su test3
[test3@Server1 root]$ whoami
test3
```

图 5-14　锁定/解锁账户密码

在 Linux 中，除了用户账户可被锁定外，账户密码也可被锁定，任何一方被锁定后，都将无法登录系统。只有 root 用户才有权执行该命令，锁定账户密码使用带 -l 选项的 passwd 命令，账户锁定（停用）后，只有 root 用户可以登录被锁定账户，用户密码解锁后，其他用户才能正常使用被锁定账户。其用法为：

```
passwd -l 账户名
passwd -u 账户名      #解锁账户密码
```

首先设置好 test3、test20 密码：

```
[root@Server1 ~]#passwd test3
密码:
[root@Server1 ~]#passwd test20
密码:
[root@Server1 ~]#passwd -l test3 #锁定用户 test3
锁定用户 test3 的密码
passwd:操作成功
[root@Server1 ~]#su test20 #切换登录用户 test20
[test20@Server1 ~]$ whoami
test20
[test20@Server1 ~]$ su test3 #尝试切换登录用户 test3
密码:
su:鉴定故障
[test20@Server1 ~]$ exit
exit
[root@Server1 ~]#su test3
[test3@Server1 ~]$ whoami
test3
[test3@Server1 ~]$ exit
exit
[root@Server1 ~]#passwd -uf test3 #解锁 test3 用户
解锁用户 test3 的密码。
```

```
passwd:操作成功
[root@Server1 ~]# su test20 #切换登录用户 test20
[test20@Server1 ~]$ su test3 #切换登录用户 test3
密码:
[test3@Server1 ~]$ whoami
test3
```

查看（被锁定的用户密码栏前面会加上!!），如图5-15所示。

```
[root@Server1 ~]#cat /etc/shadow grep test3
```

```
[root@Server1 ~]# passwd -l test3
锁定用户 test3 的密码 。
passwd: 操作成功
[root@Server1 ~]# cat /etc/shadow |grep test3
test3:!!:19566:0:99999:7:::
```

图5-15　锁定账户密码

（2）查询test账户是否被锁定，如图5-16所示。

```
[root@Server1 ~]# passwd -S test
test PS 2022-10-10 0 99999 7 -1 (密码已设置,使用 SHA512 算法。)
```

```
[root@Server1 ~]# passwd -S test
test PS 2023-07-27 0 99999 7 -1 (密码已设置, 使用 SHA512 算法。)
```

图5-16　查询test账户是否被锁定

（3）清除test20账户密码，并尝试在tty2（终端2）登录，如图5-17所示。

```
[root@Server1 ~]# passwd -d test20
```

```
[root@Server1 ~]# passwd -d test20
清除用户的密码 test20。
passwd: 注: 删除密码也就是将该密码解锁。
passwd: 操作成功
```

图5-17　清除test20账户密码

按Ctrl+Alt+F3组合键进入终端3，并登录test20，可以不用输入密码直接登录系统，如图5-18所示。

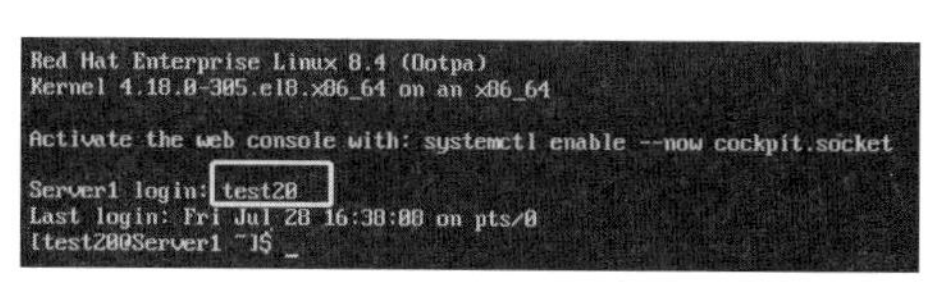

图5-18　尝试在tty3（终端3）登录

任务5-4　chage命令用来修改账号和密码的有效期限

语法格式见表5-7。

```
#chage [option] username
```

表 5-7　chage 命令选项详细说明

选项	详细说明	
-d	--lastday 最近日期	将最近一次密码设置时间设为“最近日期”
-E	--expiredate 过期日期	将账户过期时间设为“过期日期”
-h	--help	显示此帮助信息并推出
-I	--inactive INACITVE	口令过期后多少天停用账户
-l	--list	显示账户年龄信息
-m	--mindays 最小天数	指定口令最短存活期
-M	--maxdays MAX_DAYS	指定口令最长存活期
-R	--root CHROOT_DIR	chroot 到的目录
-W	--warndays 警告天数	将过期警告天数设为“警告天数”

#例子

设置 test3 用户的最短口令存活期为 6 天，最长口令存活期为 60 天，口令到期前 5 天提醒用户修改口令，如图 5-19 所示。

```
[root@server1 ~]# chage -m 6 -M 60 -W 5 test3
[root@Server1 ~]# chage -l test3
```

```
[root@Server1 ~]# chage -m 6 -M 60 -W 5 test3
[root@Server1 ~]# chage -l test3
最近一次密码修改时间                        : 7月 28, 2023
密码过期时间                                : 9月 26, 2023
密码失效时间                                : 从不
帐户过期时间                                : 从不
两次改变密码之间相距的最小天数              : 6
两次改变密码之间相距的最大天数              : 60
在密码过期之前警告的天数                    : 5
```

图 5-19　设置 test3 的账号和密码的有效期限

设置完成后查看各属性值。

任务 5-5　usermod 修改用户信息

语法：usermod 参数 username

#常用参数，见表 5-8。

表 5-8　usermod 命令选项详细说明

选项	详细说明
-l	新用户名
-u	新 userid
-d -m	两个参数连用，重新指定主目录，并自动把旧数据转移到新目录

续表

选项	详细说明
-g	用户所属主组
-G	用户所属附属组
-L	锁定用户使其不能登录
-U	解除锁定
-f	强制

#例子

(1) 修改用户 UID，如图 5-20 所示。

```
[root@Server1 ~]# id test
uid=1005(test) gid=1006(test) 组=1006(test)
[root@Server1 ~]# usermod -u 1300 test
[root@Server1 ~]# id test
uid=1300(test) gid=1006(test) 组=1006(test)
```

```
[root@Server1 ~]# id test
uid=1005(test) gid=1006(test) 组=1006(test)
[root@Server1 ~]# usermod -u 1300 test
[root@Server1 ~]# id test
uid=1300(test) gid=1006(test) 组=1006(test)
```

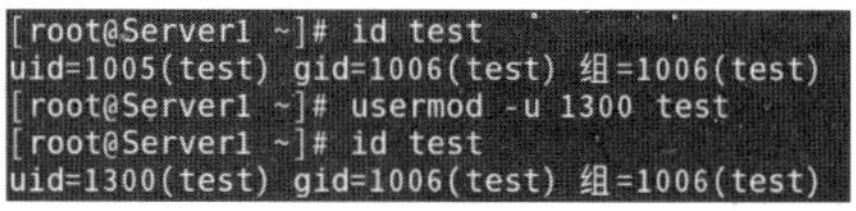

图 5-20　修改用户 UID

(2) 修改 Shell，如图 5-21 所示。

```
[root@Server1 ~]# usermod -s /sbin/nologin test #变更默认终端
[root@Server1 ~]# cat /etc/passwd |grep test #查看更改后信息
test:x:1300:1001::/home/test:/sbin/nologin
[root@Server1 ~]# su test #尝试登录 test 用户
此账户目前不可用。
```

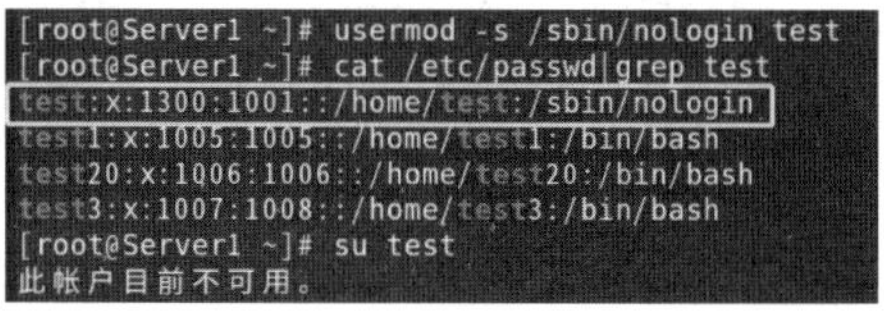

```
[root@Server1 ~]# usermod -s /sbin/nologin test
[root@Server1 ~]# cat /etc/passwd|grep test
test:x:1300:1001::/home/test:/sbin/nologin
test1:x:1005:1005::/home/test1:/bin/bash
test20:x:1006:1006::/home/test20:/bin/bash
test3:x:1007:1008::/home/test3:/bin/bash
[root@Server1 ~]# su test
此帐户目前不可用。
```

图 5-21　修改 Shell

特别注意：在刚安装完成的 Linux 系统中，passwd 配置文件已有很多账号信息了，这些账号是由系统自动创建的，是 Linux 进程或部分服务程序正常工作所需使用的账户，这些账户的最后一个字段的值一般为/sbin/nologin，表示该账号不能用来登录 Linux 系统。

(3) 更改用户主目录，如图 5-22 所示。

```
[root@Server1 ~]# mkdir /data #创建新目录
[root@Server1 ~]# usermod -m -d /data/test test #更改并转移用户主目录
[root@Server1 ~]# cat /etc/passwd |grep test #test 主目录是否已更改
test:x:1300:1001::/data/test:/sbin/nologin
```

-m：会自动创建新目录并且移动内容到新目录里面。

```
[root@Server1 ~]# mkdir /data
[root@Server1 ~]# usermod -m -d /data/test test
[root@Server1 ~]# cat /etc/passwd|grep test
test:x:1300:1001::/data/test:/sbin/nologin
test1:x:1005:1005::/home/test1:/bin/bash
test20:x:1006:1006::/home/test20:/bin/bash
test3:x:1007:1008::/home/test3:/bin/bash
```

图 5-22　更改用户主目录

任务 5-6　userdel 删除用户

要删除一个账户，可以直接删除/etc/passwd 和 etc/shadow 文件中要删除的用户对应的行，或者使用 useradd 命令删除。

语法：userdel 用户名

对应选项见表 5-9。

表 5-9　对应选项

选项	详细说明
-r	同时删除用户的家目录

#例子，如图 5-23 所示。

```
userdel test #删除 test 用户
userdel test1 #删除 test1 用户
userdel  -rf test20 #强制删除 test20 用户,同时删除用户的主目录
userdel  -rf user1 #强制删除 user1 用户,同时删除用户的主目录
```

```
[root@Server1 ~]# userdel test
[root@Server1 ~]# userdel test1
[root@Server1 ~]# userdel -r test20
userdel: user test20 is currently used by process 5605
[root@Server1 ~]# userdel -rf test20
userdel: user test20 is currently used by process 5605
[root@Server1 ~]# cat /etc/passwd|grep test
test3:x:1052:1053::/home/test3:/bin/bash
```

图 5-23　userdel 删除用户

任务 5-7　认识组

几乎所有操作系统都有组的概念，通过组，可以更加方便地归类、管理用户。

（1）每个组有一个组 ID。

（2）组信息保存在/etc/group 中。

（3）每个用户拥有一个主组，同时还可以拥有多个附属组。

#组的创建、修改、删除

groupadd：创建组。

语法：groupadd 组名

groupmod：修改组信息。

语法：groupmod -n newname 原来组名

groupdel：删除组。

语法：groupdel 组名

#例子

任务5-7-1　创建组（图5-24）

```
[root@Server1 ~]# groupadd sales1 #创建新组 sales1
[root@Server1 ~]# groupadd sales2 #创建新组 sales1
[root@Server1 ~]# tail -2 /etc/group #查看最新创建的组
sales1:x:1009:
sales2:x:1010:
```

```
[root@Server1 ~]# groupadd sales1
[root@Server1 ~]# groupadd sales2
[root@Server1 ~]# tail -2 /etc/group
sales1:x:1009:
sales2:x:1010:
```

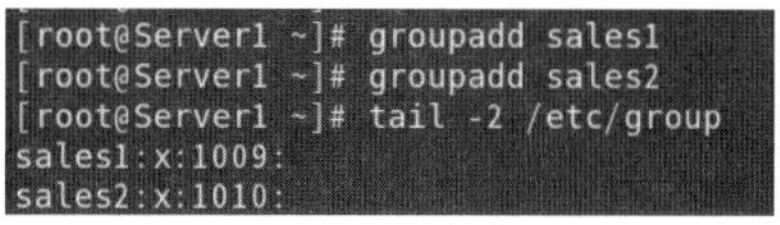

图5-24　创建组

任务5-7-2　修改组信息

#将 sales1 的组名修改成 newsales，如图5-25所示。

```
[root@Server1 ~]# groupmod -n newsales sales1 #修改 sales1 组名为 newsales
[root@Server1 ~]# tail -1 /etc/group #查看修改后的组名
newsales:x:1009:
```

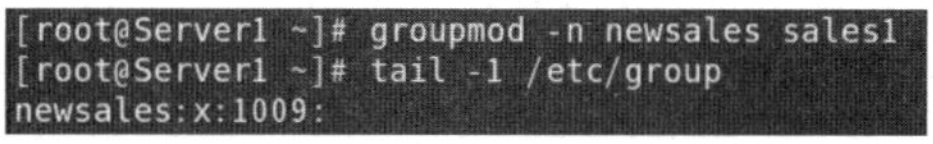

```
[root@Server1 ~]# groupmod -n newsales sales1
[root@Server1 ~]# tail -1 /etc/group
newsales:x:1009:
```

图5-25　修改组名

任务5-7-3　删除组

删除组：如图5-26所示。

```
[root@Server1 ~]# groupdel sales2 #删除 sales2 组
[root@Server1 ~]# cat /etc/group |grep sales2 #查看是否还有 sales2 组
```

```
[root@Server1 ~]# groupdel sales2
[root@Server1 ~]# cat /etc/group|grep sales2
```

图5-26　删除组

任务5-7-4　为组添加用户

为组添加用户，使其成为该组的成员。其实现命令为：

语法：gpasswd 参数 groupname

#常用参数，见表 5－10。

表 5－10　gpasswd 命令选项详细说明

选项	详细说明
－a	可以将用户添加到指定的组
－d	把用户从组中删除
－r	取消组的密码
－A	给组指派管理员

#例子，如图 5－27 所示。

```
[root@Server1 ~]# groupadd student #创建新组 student
[root@Server1 ~]# gpasswd -a test3 student #把用户加入 student 组
正在将用户"test3"加入"student"组中
[root@Server1 ~]# gpasswd -A test3 student #指派 test3 为 student 组管理员。只能对授权的用户组进行用户管理(添加用户到组或从组中删除用户),无权对其他用户组进行管理。
[root@Server1 ~]# id test3 #查看 test3 用户 id 信息
uid=1052(test3) gid=1053(test3) 组=1053(test3),1051(sales),1052(work),1055(student)
[root@Server1 ~]# gpasswd -d test3 student
正在将用户"test3"从"student"组中删除
[root@Server1 ~]# id test3
uid=1052(test3) gid=1053(test3) 组=1053(test3),1051(sales),1052(work)
[root@Server1 ~]# groups test3 #查看 test3 用户属于哪些组
test3 : test3 sales work
```

图 5－27　为组添加用户

任务 5－8　使用 su 和 sudo 命令

su 命令用于切换当前用户身份到其他用户身份。

普通用户之间切换以及普通用户切换至 root 用户，都需要知晓对方的密码，只有正确输入密码，才能实现切换；从 root 用户切换至其他用户，无须知晓对方密码，直接可切换成功。

语法格式：

```
su [ options ] [ username ]
```

su 命令选项见表 5－11。

表 5－11　su 命令选项详细说明

选项	详细说明
－	当前用户不仅切换为指定用户的身份，而且所用的工作环境也切换为此用户的环境（包括 PATH 变量、MAIL 变量等），使用－选项可省略用户名，默认会切换为 root 用户
－c <指令>	执行完指定的指令后，即恢复原来的身份
－f	使 Shell 不用去读取启动文件
－l	切换身份时，同时变更工作目录
－m	切换身份时，不变更环境变量
－s	指定要执行的 Shell
－－help	打印帮助信息
－－version	打印版本信息

#例子

任务 5－8－1　从普通用户切换到 root 用户

从普通用户切换到 root 用户，如图 5－28 所示。

```
[test3@Server1 ~]$ su - root
密码:
[root@Server1 ~]#
```

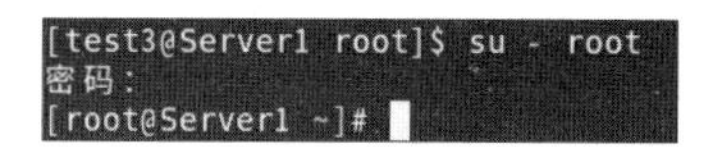

图 5－28　从普通用户切换到 root 用户

#“－”代表连带环境变量一起切换，不能省略。

任务 5－8－2　普通用户添加 user1 用户

普通用户添加 user1 用户，如图 5－29 所示。

```
[root@Server1 ~]# su - test3
[test3@Server1 ~]$ whoami
test3
[test3@Server1 ~]$ su - -c "useradd user1" root
密码:
[test3@Server1 ~]$ whoami
test3
[test3@Server1 ~]$ grep "user1" /etc/passwd
user1:x:1008:1011::/home/user1:/bin/bash
```

```
[root@Server1 ~]# su - test3
[test3@Server1 ~]$ whoami
test3
[test3@Server1 ~]$ su - -c "useradd user1" root
密码:
[test3@Server1 ~]$ whoami
test3
[test3@Server1 ~]$ grep "user1" /etc/passwd
user1:x:1008:1011::/home/user1:/bin/bash
```

图 5－29　普通用户添加 user1 用户

注意，使用 su 命令时，有－和没有－是完全不同的，－选项表示在切换用户身份的同时，连当前使用的环境变量也切换成指定用户的。环境变量是用来定义操作系统环境的，因此，如果系统环境没有随用户身份切换，很多命令无法正确执行。

任务 5－8－3　使用 sudo 命令

sudo 命令用于切换用户执行权限，这个命令可使其他非 root 用户具有 root 权限。默认情况下，sudo 要求用户使用密码进行身份验证，这是用户密码，不是 root 密码。

语法格式：

```
sudo [ options ] [ command ]
```

sudo 命令选项见表 5－12。

表 5－12　sudo 命令选项详细说明

选项	详细说明
－b	在后台执行指令
－h	打印帮助信息
－H	将 HOME 环境变量设为新身份的 HOME 环境变量
－k	结束密码的有效期限，也就是下次再执行 sudo 时便需要输入密码
－l	列出目前用户可执行与无法执行的指令
－s <shell>	执行指定的 Shell
－u <用户>	以指定的用户作为新的身份
－v	延长密码有效期限 5 分钟
－V	打印版本信息

#例子，如图 5－30 所示。

```
[test3@Server1 ~] $ sudo passwd user1
[sudo] test3 的密码:
test3 不在 sudoers 文件中。此事将被报告。
```

[test3@Server1 ~]$ sudo passwd user1
我们信任您已经从系统管理员那里了解了日常注意事项。
总结起来无外乎这三点：
#1) 尊重别人的隐私。
#2) 输入前要先考虑(后果和风险)。
#3) 权力越大，责任越大。
[sudo] test3 的密码：
test3 不在 sudoers 文件中。此事将被报告。

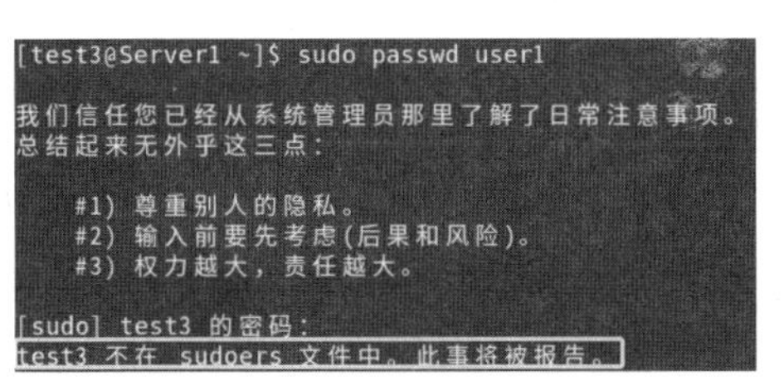

图 5－30　普通用户尝试使用命令 sudo passwd user1

修改/etc/sudoers 文件需要获得 root 权限，如图 5－31 所示。

```
su root
```

使用 vim 打开/etc/sudoers 文件，找到 root ALL ＝（ALL）　ALL 行，并在下方添加当前用户如下：

```
test3 ALL = (ALL) ALL
```

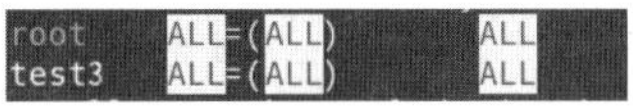

root　ALL=(ALL)　ALL
test3　ALL=(ALL)　ALL

图 5－31　修改/etc/sudoers 文件普通用户 test3 需要获得 root 权限

因本文件默认没有编辑权限，请使用强制保存即可！（:wq!），如图 5－32 所示。

```
[test3@Server1 ~]$ sudo passwd user1
[sudo] test3 的密码:
更改用户 user1 的密码。
新的 密码:
无效的密码: 密码少于 8 个字符
重新输入新的 密码:
passwd:所有的身份验证令牌已经成功更新。
```

[root@Server1 ~]# su - test3
[test3@Server1 ~]$ sudo passwd user1
[sudo] test3 的密码：
更改用户 user1 的密码 。
新的 密码：
无效的密码： 密码少于 8 个字符
重新输入新的 密码：
passwd: 所有的身份验证令牌已经成功更新。

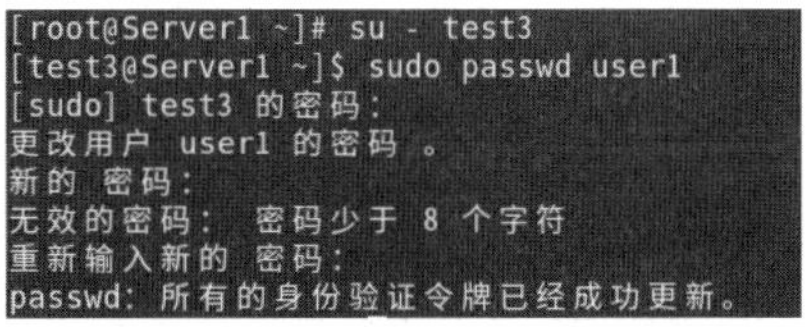

图 5－32　切换普通用户 test3 并尝试修改 user1 密码

```
[test3@Server1 ~]$ sudo -l #查看当前用户可执行的命令,如图 5-33 所示。
```

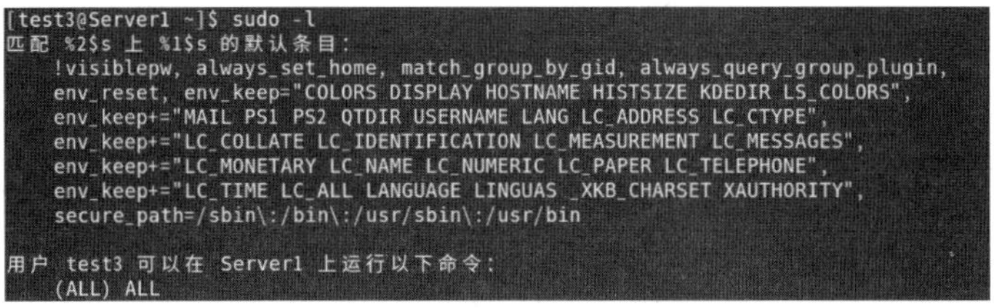

[test3@Server1 ~]$ sudo -l
匹配 %2$s 上 %1$s 的默认条目：
!visiblepw, always_set_home, match_group_by_gid, always_query_group_plugin,
env_reset, env_keep="COLORS DISPLAY HOSTNAME HISTSIZE KDEDIR LS_COLORS",
env_keep+="MAIL PS1 PS2 QTDIR USERNAME LANG LC_ADDRESS LC_CTYPE",
env_keep+="LC_COLLATE LC_IDENTIFICATION LC_MEASUREMENT LC_MESSAGES",
env_keep+="LC_MONETARY LC_NAME LC_NUMERIC LC_PAPER LC_TELEPHONE",
env_keep+="LC_TIME LC_ALL LANGUAGE LINGUAS _XKB_CHARSET XAUTHORITY",
secure_path=/sbin\:/bin\:/usr/sbin\:/usr/bin
用户 test3 可以在 Server1 上运行以下命令：
(ALL) ALL

图 5－33　查看当前用户可执行的命令

任务5-9　使用常用的账户管理命令

使用账户管理命令可以在非图形化操作中对账户进行有效的管理。

1. vipw 命令

vipw 命令用于直接对用户账户文件/etc/passwd 进行编辑，使用的默认编辑器是 vi。在用 vipw 命令对/etc/passwd 文件进行编辑时，将自动锁定该文件，编辑结束后对该文件进行解锁，保证了文件的一致性。vipw 命令在功能上等同于“vi/etc/passwd”命令，但是比直接使用 vi 命令更安全。vipw 命令的格式为：

```
[rooteServer1 ~]# vipw
```

2. vigr 命令

vigr 命令用于直接对组文件/etc/group 进行编辑。在用 vigr 命令对/etc/group 文件进行编辑时，将自动锁定该文件，编辑结束后对该文件进行解锁，保证了文件的一致性。vigr 命令在功能上等同于“vi /etc/group”命令，但是比直接使用 vi 命令更安全。vigr 命令的格式为：

```
[root@Server1 ~]# vigr
```

3. pwck 命令

pwck 命令用于验证用户账户文件认证信息的完整性。该命令检测/etc/passwd 文件和/etc/shadow 文件每行中字段的格式和值是否正确。pwck 命令的格式为：

```
[root@Server1 ~]# pwck
```

4. grpck 命令

grpck 命令用于验证组文件认证信息的完整性。该命令可检测/etc/group 文件和/etc/shadow 文件每行中字段的格式和值是否正确。grpck 命令的格式为：

```
[root@Server1 ~]# grpck
```

5. id 命令

id 命令用于显示一个用户的 UID 和 GID 以及用户所属的组列表。在命令行输入“id”并直接按 Enter 键将显示当前用户的 ID 信息。id 命令的格式为：

```
id [选项]用户名
```

显示 user1 用户的 UID、GID 信息的示例如下：

```
[root@Server1 ~]# id user1
uid=1008(user1) gid=1011(user1) 组=1011(user1)
```

6. whoami 命令

whoami 命令用于显示当前用户的名称。whoami 命令与“id -un”命令的作用相同。

```
[root@Server1 ~]# su - user1
[user1@Server1 ~]$ whoami
user1
[user1@Server1 ~]$ exit
注销
```

7. newgrp 命令

newgrp 命令用于转换用户的当前组到指定的主组，对于没有设置组口令的组账户，只有组的成员才可以使用 newgrp 命令改变主组身份到该组。如果组设置了口令，则其他组的用户只要拥有组口令，就可以将主组身份改变到该组。应用示例如图 5 – 34 所示。

```
[root@Server1 ~]# id #显示当前用户的 gid
uid=0(root) gid=0(root) 组=0(root)
[root@Server1 ~]# newgrp user1 #改变用户的主组
[root@Server1 ~]# id
uid=0(root) gid=1058(user1) 组=1058(user1),0(root)
[root@Server1 ~]# newgrp # newgrp 命令不指定组时转换为用户的私有组
[root@Server1 ~]# id
uid=0(root) gid=0(root) 组=0(root),1058(user1)
```

使用 groups 命令可以列出指定用户的组。例如：

```
[root@Server1 ~]# whoami
root
[root@Server1 ~]# groups
root user1
```

```
[root@Server1 ~]# id
uid=0(root) gid=0(root) 组=0(root) 环境=unconfined_u:unconfined_r:unconfined_t:s0-s0:c0.c1023
[root@Server1 ~]# newgrp user1
[root@Server1 ~]# id
uid=0(root) gid=1058(user1) 组=1058(user1),0(root) 环境=unconfined_u:unconfined_r:unconfined_t:s0-s0:c0.c1023
[root@Server1 ~]# newgrp
[root@Server1 ~]# id
uid=0(root) gid=0(root) 组=0(root),1058(user1) 环境=unconfined_u:unconfined_r:unconfined_t:s0-s0:c0.c1023
[root@Server1 ~]# whoami
root
[root@Server1 ~]# groups
root user1
```

图 5 – 34　newgrp 命令

任务 5 – 10　企业实战——管理用户与组

某公司有 10 名员工，分别在销售科、财务科和办公室 3 个部门工作，sales 销售科 5 人、finance 财务科 2 人、office 办公室 3 人，每个人的工作内容不同。需要在服务器上为每个人创建不同的账户，把相同部门的用户放在一个组中，每个用户都有自己的工作目录。

要求：使用脚本批量新建用户，另外，需要根据不同用户分配不同的初始密码，并要求用户第一次成功登录后修改密码。

```
[root@Server1 ~]# vim user.sh          #编辑代码,如图 5 – 35 所示
#!/bin/bash
groupadd sales
groupadd finance
```

```
groupadd office
for (( i =1;i <=5;i ++))
do
            useradd sales $i  -G sales
            echo "sales $i" |passwd  --stdin &> /dev/null
            chage  -d0 sales $i
done

for (( j =1;j <=2;j ++))
do
            useradd finance $j  -G finance
            echo "finance $j" |passwd  --stdin &> /dev/null
            chage  -d0 finance $j
done

for (( k =1;k <=3;k ++))
do
            useradd office $k  -G office
            echo "office $k" |passwd  --stdin &> /dev/null
            chage  -d0 office $k
done
```

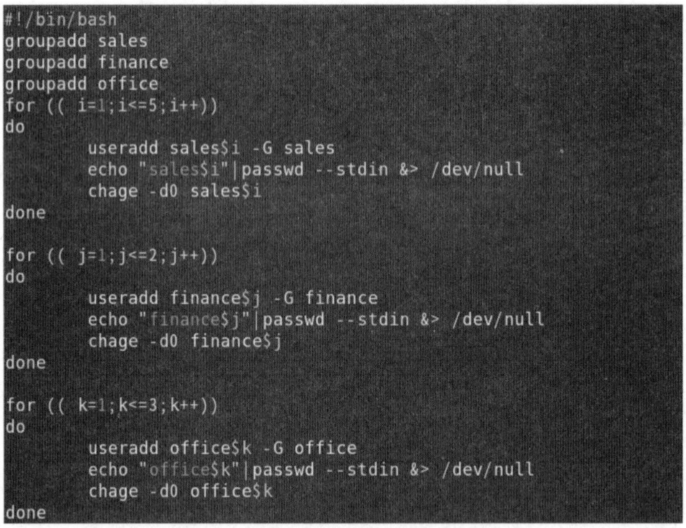

```
#!/bin/bash
groupadd sales
groupadd finance
groupadd office
for (( i=1;i<=5;i++))
do
        useradd sales$i -G sales
        echo "sales$i"|passwd --stdin &> /dev/null
        chage -d0 sales$i
done

for (( j=1;j<=2;j++))
do
        useradd finance$j -G finance
        echo "finance$j"|passwd --stdin &> /dev/null
        chage -d0 finance$j
done

for (( k=1;k<=3;k++))
do
        useradd office$k -G office
        echo "office$k"|passwd --stdin &> /dev/null
        chage -d0 office$k
done
```

图 5－35　编辑 user. sh 脚本

```
[root@Server1 ~]# chmod a +x user.sh          #增加脚本执行权限
[root@Server1 ~]# ./user.sh                   #运行脚本文件
[root@Server1 ~]# tail  -10 /etc/passwd       #查看新账户是否已生成,如图 5 -36 所示
sales1:x:1056:1056::/home/sales1:/bin/bash
sales2:x:1057:1061::/home/sales2:/bin/bash
sales3:x:1058:1062::/home/sales3:/bin/bash
sales4:x:1059:1063::/home/sales4:/bin/bash
```

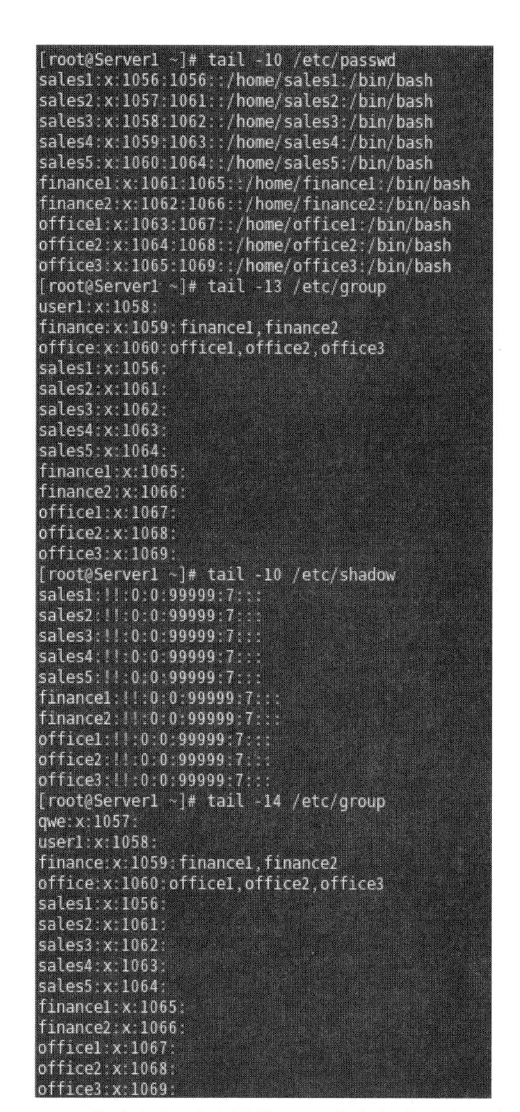

图5-36　user.sh脚本运行后查看是否已成功生成对应账户、密码和组

```
sales5:x:1060:1064::/home/sales5:/bin/bash
finance1:x:1061:1065::/home/finance1:/bin/bash
finance2:x:1062:1066::/home/finance2:/bin/bash
office1:x:1063:1067::/home/office1:/bin/bash
office2:x:1064:1068::/home/office2:/bin/bash
office3:x:1065:1069::/home/office3:/bin/bash
[root@Server1 ~]# tail -10 /etc/shadow #查看新账户的密码是否已生成
sales1:!!:0:0:99999:7:::
sales2:!!:0:0:99999:7:::
sales3:!!:0:0:99999:7:::
sales4:!!:0:0:99999:7:::
sales5:!!:0:0:99999:7:::
finance1:!!:0:0:99999:7:::
finance2:!!:0:0:99999:7:::
```

```
office1:!!:0:0:99999:7:::
office2:!!:0:0:99999:7:::
office3:!!:0:0:99999:7:::
[root@Server1 ~]# tail -13 /etc/group #查看新组是否已生成
sales:x:1058sales1,sales2,sales3,sales4,sales5
finance:x:1059:finance1,finance2
office:x:1060:office1,office2,office3
sales1:x:1056:
sales2:x:1061:
sales3:x:1062:
sales4:x:1063:
sales5:x:1064:
finance1:x:1065:
finance2:x:1066:
office1:x:1067:
office2:x:1068:
office3:x:1069:
```

5.7 信创扩展

在麒麟操作系统主机上创建脚本，实现如下要求：

（1）创建用户组 st。

（2）使用循环语句创建用户 u1 ~ u3，将其加入 st 组。

使用 vim user02. sh 编辑脚本，如图 5 – 37 和图 5 – 38 所示。

```
[root@Server1 ~]# vim user02.sh
```

图 5 – 37 使用 vim user02. sh 编辑脚本

```
#!/bin/bash
i=1
groupadd st
while [ $i -le 3 ]
do
useradd u$i -G st
#echo "123" |passwd --stdin u$i &> /dev/null
let i++
done
```

图 5 – 38 编写 user02. sh 脚本

增加 user02. sh 脚本执行权限，如图 5 – 39 所示。

```
[root@Server1 ~]# chmod a+x user02.sh
```

图 5 – 39 增加 user02. sh 脚本执行权限

运行 user02. sh 脚本，如图 5 – 40 所示。

```
[root@Server1 ~]# ./user02.sh
```

图 5 – 40 运行 user02. sh 脚本

5.8　巩固提升

一、选择题

1. (　　) 可以限制用户密码的最大有效天数为15天。(选择两项)

A. 修改/etc/login. defs 文件

B. 修改宿主目录下的 login. defs 文件

C. chage －M 15 用户名

D. chage －d 15 用户名

2. (　　) 可以达到基本的安全防护。(选择三项)

A. 删除系统中不使用的用户和组

B. 限制用户密码的最小长度

C. 不限制用户密码的有效期

D. 要求用户在第一次登录时必须修改密码

3. su 命令与 sudo 命令的区别是 (　　)。

A. 在切换用户时候 Shell 变量不同

B. 可以执行的命令不同

C. 在要求输入密码的时候，两者的密码不一样

D. 严格说来，两者没有本质区别

4. 在使用 su 命令时，(　　)。(选择一项)

A. su－表示环境变量也转换了

B. su 表示环境变量也转换了

C. 只用管理员可以使用 su－

D. 只有在 wheel 组中的用户才能使用 su－

5. 配置 sudo 服务的时候，有 (　　) 方法。(选择两项)

A. vi/etc/sudoers

B. visudo

C. vi/usr/sudoers

D. vi/usr/etc/sudoers

二、实操题

1. 实现用户的管理。

(1) 创建一个新用户 user1，设置其主目录为/home/user3。

(2) 查看/etc/passwd 文件的最后一行，看看是如何记录的。

(3) 查看/etc/shadow 文件的最后一行，看看是如何记录的。

(4) 给用户 user1 设置密码。

(5) 再次查看/etc/shadow 文件的最后一行，看看有什么变化。

(6) 使用 user1 用户登录系统。

(7) 锁定用户 user1，看看能否登录成功。

(8) 查看/ete/shadow 文件的最后一行，看看有什么变化。

(9) 解除对用户 user1 的锁定。

(10) 更改用户 userl 的账户名为 user2。

(11) 查看/etc/pssd 文件的最后一行，看看有什么变化。

(12) 删除用户 user2。

2. 实现组的管理。

(1) 创建一个新组 newgp。

(2) 查看/etc/group 文件的最后一行，看看是如何设置的。

(3) 创建一个新账户 user2，并把它的起始组和附属组都设为 newgp。

(4) 查看/etc/group 文件中的最后一行，看看有什么变化。

(5) 给组 newgp 设置组密码。

(6) 在组 newgpt 中删除用户 user2。

(7) 再次查看/etc/group 文件中的最后一行，看看有什么变化。

(8) 删除组 newgp。

5.9 项目评价

本项目采用基于目标导向的“多主体、多维度、全过程”评价方式。

多主体采用智慧职教云课堂、教师、学生、企业兼职教师多主体评价；多维度从知识、能力、素质目标三个维度评价；全过程按照课前、课后、课中三个阶段全过程评价。

项目 5 管理信息中心的用户和组评分表

考核方向	考核内容	分值	考核标准	评价方式
相关知识（30 分）	认识用户账户和组	3	答案准确规范，能有自己的理解为优	教师提问和学生进行课程平台自测
	理解用户账户文件和组文件	3	答案准确规范，能有自己的理解为优	
	/etc/passwd 用户信息文件	4	答案准确规范，能有自己的理解为优	
	/etc/shadow 影子文件	4	答案准确规范，能有自己的理解为优	
	/etc/group 组信息文件	4	答案准确规范，能有自己的理解为优	
	/etc/gshadow 组密码文件	3	答案准确规范，能有自己的理解为优	
	用户的家目录	3	答案准确规范，能有自己的理解为优	
	用户邮箱目录	3	答案准确规范，能有自己的理解为优	
	/etc/skel/ 用户模板目录	3	答案准确规范，能有自己的理解为优	

续表

项目5　管理信息中心的用户和组评分表				
考核方向	考核内容	分值	考核标准	评价方式
项目实施（50分）	任务5-1　认识用户和组的相关文件	3	能根据实际情况选择开源或者闭源的操作系统，形成方案	客户评、学生评、教师评
	任务5-2　迅速上手创建团队共享文件	5	能根据客户要求正确选择合适的Linux操作系统，形成方案	客户评、学生评、教师评
	任务5-3　useradd创建用户，usermod设置账户属性，passwd设置用户登录密码	3	能够在规定时间内完成，有具体清晰的截图，各配置步骤正确，测试结果准确	客户评、学生评、教师评
	任务5-4　chage命令用来修改帐号和密码的有效期限	3	能够在规定时间内完成，有具体清晰的截图，各配置步骤正确，测试结果准确	客户评、学生评、教师评
	任务5-5　usermod修改用户信息	3	能够在规定时间内完成，有具体清晰的截图，各配置步骤正确，测试结果准确	客户评、学生评、教师评
	任务5-6　userdel删除用户	3	能够在规定时间内完成，有具体清晰的截图，各配置步骤正确，测试结果准确	客户评、学生评、教师评
	任务5-7-1　创建组	3	能够在规定时间内完成，有具体清晰的截图，各配置步骤正确，测试结果准确	客户评、学生评、教师评
	任务5-7-2　修改组信息	3	能够在规定时间内完成，有具体清晰的截图，各配置步骤正确，测试结果准确	客户评、学生评、教师评

续表

项目5　管理信息中心的用户和组评分表				
考核方向	考核内容	分值	考核标准	评价方式
项目实施（50分）	任务 5-7-3　删除组	3	能够在规定时间内完成，有具体清晰的截图，各配置步骤正确，测试结果准确	客户评、学生评、教师评
	任务 5-7-4　为组添加用户	3	能够在规定时间内完成，有具体清晰的截图，各配置步骤正确，测试结果准确	客户评、学生评、教师评
	任务 5-8-1　从普通用户切换到 root 用户	3	能够在规定时间内完成，有具体清晰的截图，各配置步骤正确，测试结果准确	客户评、学生评、教师评
	任务 5-8-2　不切换成 root，但是执行 useradd 命令添加 user1 用户	3	能够在规定时间内完成，有具体清晰的截图，各配置步骤正确，测试结果准确	客户评、学生评、教师评
	任务 5-8-3　使用 sudo 命令	3	能够在规定时间内完成，有具体清晰的截图，各配置步骤正确，测试结果准确	客户评、学生评、教师评
	任务 5-9　使用常用的账户管理命令	3	能够在规定时间内完成，有具体清晰的截图，各配置步骤正确，测试结果准确	客户评、学生评、教师评
	任务 5-10　企业实战管理用户与组	6	能够在规定时间内完成，有具体清晰的截图，各配置步骤正确，测试结果准确	客户评、学生评、教师评

续表

项目 5　管理信息中心的用户和组评分表				
考核方向	考核内容	分值	考核标准	评价方式
素质考核（20 分）	自学精神（坚持学习的热情和动力，不断更新自己的知识和技能）	10	能通过线上自学平台，学习相关知识	学生评、组内评、教师评
	人际交往（愿意与人交往，善于倾听和表达）	5	发展良好的人际关系，能够处理复杂的人际关系	客户评、教师评
	丰富自己	5	深入了解各种文化和观念，通过阅读、旅行等方式丰富自己的精神世界	客户评、教师评

项目6

磁盘管理

6.1 学习导航

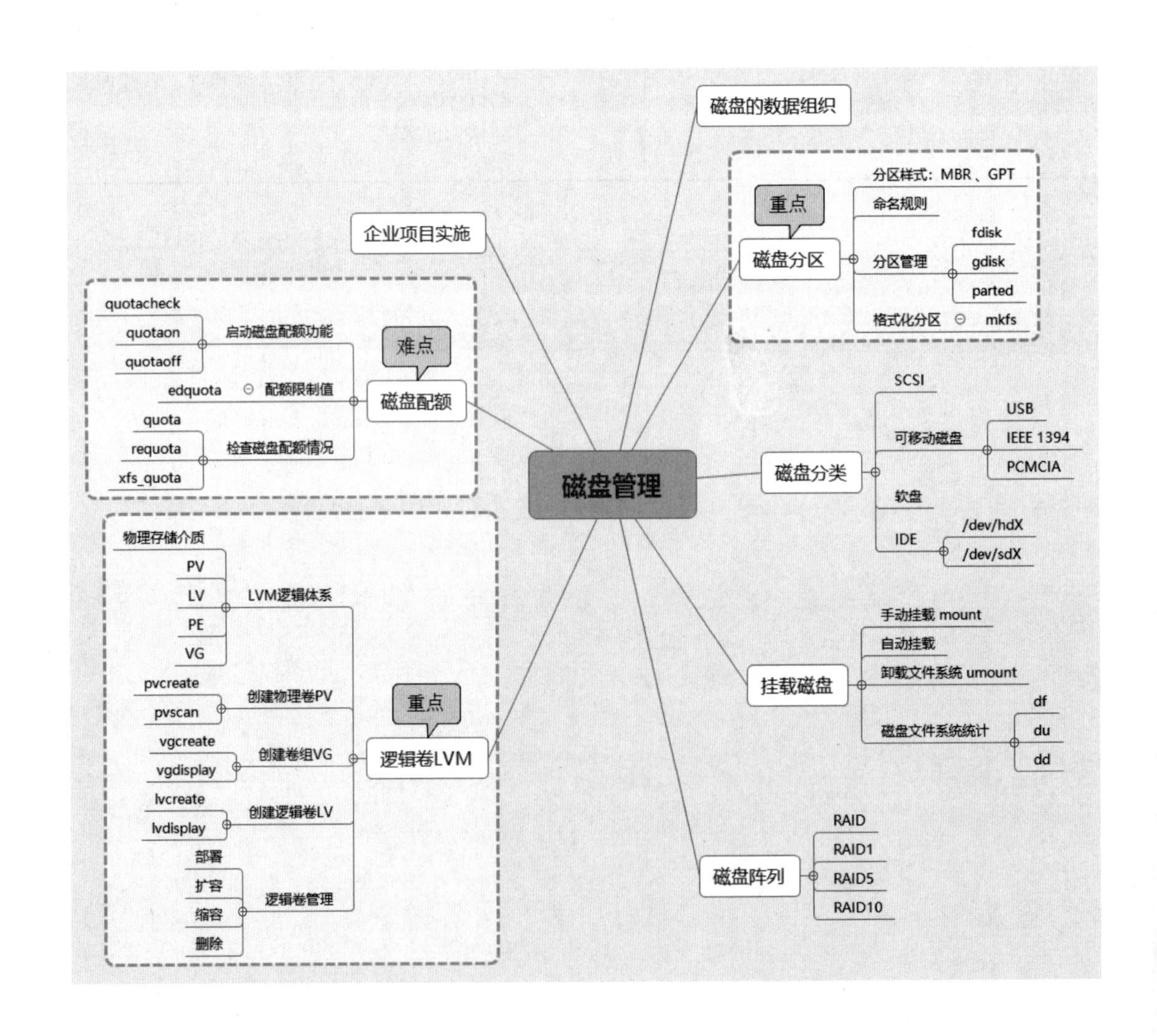

6.2 学习目标

知识目标：

- 熟悉 Linux 分区管理
- 掌握 LVM 分区的类型
- 熟练 LVM 逻辑卷管理的方法

能力目标：

- 掌握 Linux 系统下的磁盘管理工具的使用方法
- 掌握 Linux 系统下的软 RAID 和 LVM 逻辑卷管理器的使用方法
- 掌握设置磁盘限额的使用方法

素质目标：

- 树立诚实守信、细心规范的工作态度
- 增强沟通与协调能力、团队合作精神
- 培养提升创新意识

6.3 项目引入

公司为了保护重要数据，购买了四块同一厂家的 SCSI 硬盘。要求在这四块硬盘上创建 RAID5 卷，以实现磁盘容错。后来公司又在 Linux 系统中新增了一块硬盘 sdb，要求 Linux 的分区能够自动调节磁盘容量。具体操作需要在创建过程中使用到 fdisk 命令，在 sdb 这个磁盘上建立四个分区，分别为 sdb1、sdb2、sdb3、sdb4，并将这些分区设置为 LVM 类型。然后建立 LVM 的物理卷、卷组和逻辑卷，最后将逻辑卷挂载使用。

6.4 项目分析

作为 Linux 系统的网络管理员，学习 Linux 的磁盘管理是至关重要的。假如公司的服务器有多个用户经常执行存取数据操作，为了维护全体用户对磁盘容量的公平、合理使用，磁盘配额是非常有用的一个工具，同时，包括磁盘阵列以及逻辑卷管理等工具都可以帮助管理人员更好地管理和维护公司用户可用的磁盘容量。本项目结合实际应用，重点介绍 Linux 操作系统下磁盘管理的基本方法。本项目主要分为以下几个任务：

（1）磁盘分区及相关操作。

（2）磁盘配额配置。

（3）磁盘阵列实现。

（4）LVM 逻辑卷管理。

6.5 相关知识

文件与目录都需要存储到各类存储设备中，而磁盘作为存储数据的重要载体，在如今逐渐庞大的软件资源面前显得特别重要。操作系统必须以特定的方式对磁盘进行操作，随着各种存储器的容量越来越大，磁盘管理的难度也不断在增加。磁盘管理建立起原始的数据存储，然后借助文件系统将原始的数据存储转换为能够存储和检索数据的可用格式。

Linux 操作系统用来存储数据的设备主要包括内存与磁盘两种。磁盘用来存储需要永久保存的数据，包括磁盘（Hard Disk，HD）、软盘（Floppy Disk，FD）、光盘（Compact Disk，CD）、磁带（Tape）与闪存（Flash Memory）等。

6.5.1 磁盘的数据组织

一块磁盘由若干张磁盘构成，每张磁盘的表面都会涂上一层薄薄的磁粉。磁盘提供一个或多个读写磁头，读写磁头改变磁盘上磁性物质的方向，由此存储计算机中的 0 或 1 的数据。

一块磁盘由磁头、磁道、扇区、磁柱等逻辑组件组成。每个组件在磁盘中都有一个编号。每一个扇区也都会有一个编号，磁道、磁柱也会有自己的编号。格式化将空白磁盘划分出柱面和磁道，再将磁道划分为若干扇区，每个扇区又划分出标识区、间隔区（GAP）和数据区等。目前几乎所有的磁盘都支持 LBA（Logic Block Address，逻辑块地址）寻址方式，将所有的物理扇区都统一编号，按照从 0 到某个最大值排列，这样只用一个序数就确定了唯一的物理扇区。

6.5.2 磁盘分类

Linux 操作系统会为不同的磁盘提供一个设备文件，当调用某一个设备文件时，系统就可以知道需要调用哪个磁盘设备。依照连接的接口种类，分成四类：IDE 磁盘、SCSI 磁盘、软盘、可移动磁盘。

1. IDE 磁盘

IDE 磁盘是个人计算机中最常见的磁盘类型。Linux 操作系统也支持 IDE 磁盘，目前 Linux 操作系统为 ATA 与 SATA 两种规格的 IDE 磁盘提供不同的设备文件。

/dev/hdX

在 Linux 操作系统中，ATA 接口的 IDE 磁盘设备识别名称为 hd，即在/dev/目录下，ATA 接口的 IDE 磁盘文件名是以 hd 开头的。

一台终端设备中可以安装多个 ATA IDE 磁盘，为了区分这些 ATA IDE 磁盘，Linux 操作系统会为每一块磁盘提供一个英文字母代号，作为每个不同的 ATA IDE 磁盘的识别名，例如：第 1 块 ATA IDE 磁盘的设备文件是/dev/had，而/dev/hdb 是第 2 块 ATA IDE 磁盘，依此类推。

/dev/sdX

SATA 接口的 IDE 磁盘在 Linux 操作系统中则以 sd 作为其设备文件识别名。与 ATA IDE 磁盘一样，Linux 操作系统会为每一块 SATA IDE 磁盘提供一个独一无二的识别英文字母，例如：第 1 块 SATA IDE 磁盘就是/dev/sda，而/dev/sdb 就是第 2 块 SATA IDE 磁盘，依此类推。

至于计算机中的哪一块磁盘使用/dev/hda 或/dev/sda，哪一块磁盘使用/dev/hdb 或/dev/sdb，Linux 操作系统会按照相关流程来决定其设备文件。

（1）启动系统时指定：可以在“启动加载器”程序的操作系统启动参数中设置，当启

动 Linux 操作系统时，告知 Linux 内核要以哪一块磁盘作为/dev/sda，哪一块磁盘使用/dev/sdb。

（2）由 Linux 操作系统自行检测：如果在启动 Linux 操作系统时没有特别指定设备 IDE 磁盘的设备文件名，那么 Linux 操作系统内核就会以检测硬件设备时所得的结果作为依据，自动为 IDE 磁盘编排设备文件。此时，Linux 操作系统会根据 BIOS 中设置的磁盘顺序，或 IDE 数据线所连的位置决定。例如：IDE0 的 Master 磁盘就会使用/dev/hda、IDE1 的 Slave 磁盘就是/dev/hdd，依此类推。

2. SCSI 磁盘

SCSI 磁盘是使用 SCSI 接口连接到计算机的磁盘，通常应用于较高级的服务器系统上。由于 SCSI 磁盘会由 SCSI 控制卡上独立的处理器执行调用磁盘的动作，比起 IDE 是由主机板上的 CPU 处理的情况而言，使用 SCSI 磁盘可以获得较高的性能。

Linux 操作系统的 SCSI 磁盘的识别名为 sd，在/dev/目录中使用 sd 开头的设备文件，都是提供给 SCSI 磁盘使用的设备文件。每一块 SCSI 磁盘与 IDE 磁盘都会被赋予一个磁盘代号，只是与 IDE 磁盘代号的不同在于，IDE 磁盘代号只有一个字母，而 SCSI 磁盘代号则有两个字母。一台计算机可以安装多块 SCSI 控制卡，而每一块 SCSI 控制卡中可以安装多个 SCSI 磁盘，一台个人计算机往往可以安装数十个甚至上百个 SCSI 磁盘，例如：/dev/sda 是第 1 块 SCSI 磁盘，/dev/sdad 则是第 30 块 SCSI 磁盘。

至于哪一块 SCSI 磁盘使用/dev/sda，哪一块磁盘使用/dev/sdad，依照相关顺序决定。

（1）启动系统时指定：与 IDE 磁盘方式一样，在启动 Linux 操作系统时，通过 Linux 内核的启动参数，指定 Linux 操作系统哪一块 SCSI 磁盘使用/dev/sda，哪一块磁盘使用/dev/sdad。

（2）SCSI 控制卡的顺序：一台计算机可以安装多块 SCSI 控制卡。Linux 操作系统会根据驱动的 SCSI 控制卡的顺序，决定该 SCSI 控制卡上的 SCSI 磁盘的设备文件号。

（3）SCSI 磁盘设置的序号：每一块 SCSI 设备都能设置序号，同一块 SCSI 控制卡中的设备序号是独一无二的。

3. 可移动磁盘

目前，还有一些可以在 Linux 操作系统执行期间安装、卸载的磁盘，而不需要关闭 Linux 操作系统，这些磁盘统称为可移动磁盘。目前可以热插拔的移动磁盘通常使用以下 3 种接口连接到计算机系统上。

（1）USB：USB 外接式磁盘、U 盘。

（2）IEEE 1394：支持 IEEE 1394 接口的数字相机。

（3）PCMCIA：通过 PCMCIA 接口连接到计算机的磁盘。

不同的移动磁盘，在 Linux 操作系统中会使用不同的设备文件。因为 Red Linux 操作系统是以接口来区分磁盘的，不同接口的磁盘设备会使用不同的设备文件。

Linux 操作系统的 USB 接口，即使用/dev/sdX 的设备文件，代表是 USB 的磁盘，因此，使用 USB 方式连接到计算机的移动式磁盘，不管是 USB 外接磁盘、U 盘、USB 光驱还是其他移动磁盘等，都使用/dev/sdX 的设备文件。

6.5.3　磁盘分区

磁盘在系统中使用都必须先进行分区，然后建立文件系统，才可以存储数据。分区能更有效地使用磁盘空间。每一个分区在逻辑上都可以视为一个磁盘。

每一个磁盘都可以划分若干分区，每一个分区有一个起始扇区和终止扇区，中间的扇区数量决定了分区的容量。分区表用来存储这些磁盘分区的相关数据，如每个磁盘分区的起始地址、结束地址、是否为活动磁盘分区等。

6.5.3.1　分区样式

磁盘中的分区表用来存储磁盘分区的相关数据。传统的解决方案是将分区表存储在主引导记录（MBR）内。MBR 全称 Master Boot Record。另一种分区样式称为 GUID 分区表（GPT），GUID 全称 Globally Unique Identifier。这两种分区样式有所不同，但与分区相关的配置管理任务差别并不大。

1. MBR 分区

传统的 PC 架构采用“主板 BIOS 加磁盘 MBR 分区”的组合模式，基于 x86 处理器的操作系统通过 BIOS 与硬件进行通信，BIOS 使用 MBR 分区样式来识别所配置的磁盘。MBR 包含一个分区表，该表说明分区在磁盘中的位置。MBR 分区的容量限制是 2 TB，最多可支持 4 个磁盘分区，可通过扩展分区来支持更多的逻辑分区。MBR 分区又称为 DOS 分区。DOS 分区是最常见也是最复杂的分区体系。

一个 MBR 磁盘内最多可以创建 4 个主分区。可使用扩展分区来突破这一限制，可以在扩展分区上划分任意数量的逻辑分区。因为扩展分区也会占用一条磁盘分区记录，所以，一个 MBR 磁盘内最多可以创建 3 个主分区与 1 个扩展分区。必须先在扩展分区中建立逻辑分区，才能存储文件。每一个磁盘上只能够有一个扩展分区，它本身不能被赋予一个驱动器号。MBR 磁盘分区如图 6－1 所示。

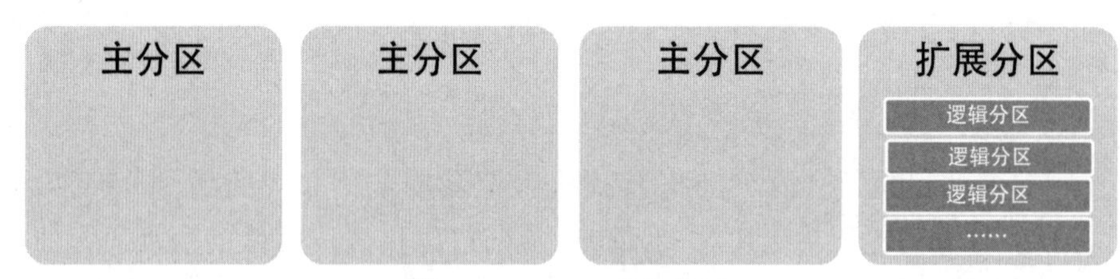

图 6－1　MBR 磁盘分区

MBR 即主引导记录，作用是检查分区表是否正确，确定哪个分区为引导分区，并在程序结束时把该分区的启动程序区调入内存加以执行。MBR 不随操作系统的不同而不同，不同的操作系统可能会存在相同的 MBR，它具有公共引导的特性。

2. GPT 分区

MBR 分区既能识别大于 2 TB 的磁盘空间，也支持大于 2 TB 的分区。随着技术的发展和市场需求，磁盘容量突破 2 TB，出现“主板 EFI 加磁盘 GPT 分区”的组合模式。2004 年，Microsoft 与 Intel 共同推出 EFI（Extensible Firmware Interface，可扩展固件接口）的主板升级换代方案。之后在 EFI 的基础上推出新型的 UEFI 接口标准。UEFI 只是一个接口，位于操作系统与平台固件之间。UEFI 规范还包含 GPT 分区样式的定义。与 MBR 磁盘分区相比，GPT 磁盘分区具有更多优点，例如：GPT 分区容量限制为 18 EB（1 EB＝1 024 PB＝1 048 576 TB），而 MBR 分区最大仅为 2 TB；GPT 最多支持 128 个分区；支持唯一的磁盘和分区 ID（GUID）；与 MBR 分区的磁盘不同，在 GPT 磁盘上，至关重要的平台操作数据位于分区中，而不是位于未分区或隐藏的扇区中。

GPT 是 UEFI 方案的一部分，但并不依赖于 UEFI 主板，在 BIOS 主板的 PC 中也可使用 GPT 分区，但只有基于 UEFI 主板的系统支持从 GPT 启动。GPT 需要操作系统支持。如果没有 EFI 支持，操作系统也只能将 GPT 分区的磁盘当成数据盘，不能从 GPT 分区的磁盘启动。要从 GPT 分区的磁盘启动，必须满足以下条件：

①主板使用 EFI；

②磁盘使用 GPT 分区；

③操作系统支持 GPT 和 EFI。

GPT 作为一种更为灵活、更具优势的分区方式，正在逐步取代 MBR。究竟选择哪种分区样式，可以依据以下原则来决定。

①如果使用 GRUB legacy 作为引导加载器，必须使用 MBR。

②如果使用传统的 BIOS，并且双启动中包含 Windows 操作系统，必须使用 MBR。

③如果使用 UEFI，并且双启动中包含 Windows 64 位系统，必须使用 GPT。

④对 BIOS 不支持 GPT 的计算机，需要使用 MBR。

⑤不属于上述任一情形时，两者都可选择。

注意：建议在使用 UEFI 的情况下选择 GPT，因为部分 UEFI 固件不支持从 MBR 启动。

如果想使 GRUB 从一台有 GPT 分区的基于 BIOS 的系统上启动，需要创建一个 BIOS 启动分区，这个分区与/boot 没关系，仅仅是针对 GRUB 使用，无须建立文件系统并进行挂载。

6.5.3.2　磁盘分区命名

在 Linux 操作系统中，每一个硬件设备都映射到一个系统的文件，包括磁盘、光驱等 IDE 或 SCSI 设备。Linux 操作系统为各种 IDE 设备分配了一个由 hd 前缀组成的文件。而各种 SCSI 设备则被分配了一个由 sd 前缀组成的文件，编号方法为字母表顺序。例如：第 1 块 IDE 设备（如 IDE 磁盘或 IDE 光驱），Linux 操作系统定义为 hda，第 2 块 IDE 设备就定义为 hdb，依此类推；而 SCSI 设备则是 sda、sdb、sdc 等。USB 磁盘通常会被识别为 SCSI 设备，因此其设备名是 sda。

RedHat Linux 下设备命名规则：

1. 设备文件

在 RedHat Linux 操作系统下，设备文件是在/dev/目录下。其命名主要由以下几部分格式所确定。

1）设备类型

设备文件的头两个字母表示某一特定类型的设备。如磁盘驱动器中最常用的有 sd、hd 两种，分别用于表示设备是基于 SCSI 接口还是基于 IDE 接口。

2）单元（unit）

这里的单元并非指磁盘大小的容量，而是紧接着设备类型的英文字母，表示某类型设备的序列信息，如 IDE 第一个硬盘是 hda。

注意： 因为 SCSI 支持多于 26 个设备，第 1 ~ 26 个设备分别命名为 sda ~ sdz，从第 27 个起，分别命名为 sdaa、sdab、…、sdan。

3）分区

磁盘设备一般可以在自身当中建立多个逻辑分区，仿佛每个分区使用起来都是一个独立的硬件。分区号就是表示逻辑分区的整数。

2. 磁盘类型

硬盘类型从接口上分为 IDE、SATA、SCSI 和光纤通道 4 种。在各类别下，又可以分出多种具体的接口类型，各自拥有不同的技术规范，具备不同的传输速度。

①IDE 接口硬盘多用于家用产品中。

②SATA 是比较流行的硬盘接口类型。

③SCSI 接口的硬盘主要应用于服务器市场。

④光纤通道只用在高端服务器上，价格较为高昂。

6.5.3.3 分区管理

对于一个新的磁盘，在使用之前，首先要做的就是对磁盘进行分区。磁盘分区需要根据应用需求、磁盘容量来确定分区规划方案，选择分区工具，做好分区准备。

在安装操作系统的过程中，可以采用 Disk Druid、RAID 和 LVM 等方式进行分区操作。除此之外，在 Linux 操作系统对磁盘分区进行管理，还可以使用 fdisk、gdisk 和 parted 等分区工具。

注意： 由于磁盘分区操作可能会造成数据损失，所以操作需要十分谨慎。

1. 使用 fdisk 进行分区管理

1）fdisk 介绍

fdisk 磁盘分区工具在 DOS、Windows 和 Linux 系统都拥有相应的应用程序。fdisk 使用交互式的方式来进行分区管理的工作。在对磁盘进行分区时，可以在 fdisk 命令后直接加上分区的磁盘作为参数，具体见表 6-1。

表 6-1 fdisk 常用命令参数

命令	功能
a	调整硬盘启动分区
d	删除分区
m	显示帮助命令
l	列出已知分区类型
n	创建新分区

续表

命令	功能
p	列出磁盘分区表
t	更改分区类型
v	检查分区表
u	切换所显示的分区大小的单位
w	将分区表写入磁盘并退出
q	退出而不保存更改
g	新建一份 GPT 分区表
G	新建一份空 GPT（IRIX）分区表
o	新建一份的空 DOS 分区表
s	新建一份空 Sun 分区表
x	高级选项（专家模式）

命令格式：

```
fdisk [参数] 文件名
```

功能：fdisk 是各种 Linux 操作系统发行版本中最常用的分区工具，用于创建分区，其功能强大，能被灵活使用。

2）查看现有分区

利用命令“fdisk -l”可以查看系统所连接的所有磁盘的基本信息，也可获知未分区磁盘的信息。

3）创建分区

通常使用“fdisk”命令来对磁盘进行分区操作。一般先执行命令“p”来显示磁盘分区表的信息，然后根据分区信息确定新的分区规划，再执行命令“n”创建新的分区。

注意：如果磁盘上有扩展分区，就只能增加逻辑分区，而不是增加扩展分区。在主分区和扩展分区创建完成前，是无法创建逻辑分区的。在创建逻辑分区的时候，就无须另外指定分区序号，系统会自动从 5 开始顺序编号。

4）修改分区类型

新增分区时，系统默认的分区类型为 Linux，对应的代码为 83。如果要把其中的某些分区改为其他类型，如 Linux Swap（对应代码为 82）或 NTFS（对应代码为 86）等，则可以通过 fdisk 命令参数中的“t”命令来完成。执行“t”命令改变分区类型时，系统会提示用户要改变哪个分区，改变为什么类型（输入分区类型号码）。可执行“l”命令查询 Linux 所支持的分区类型号码及其对应的分区类型。改变分区类型结束后，执行“w”命令保存并且退出。

5）删除分区

要删除分区，可以通过 fdisk 命令参数中的“d”命令来完成，指定要删除的分区编号，最后执行“w”命令使之生效。如果删除扩展分区，则扩展分区上的所有逻辑分区都会被自动删除。

6）保存分区修改结果

要使磁盘分区的任何修改（如创建新分区、删除已有分区、更改分区类型）生效，必须执行“w”命令保存修改结果，这样在 fdisk 中所做的所有操作都会生效，且不可回退。如果分区表正忙，需要重启计算机，这样才能使新的分区表生效。只要执行“q”命令退出 fdisk，则当前所有操作均不会生效。正处于使用状态（被挂载）的磁盘分区不能被删除，分区信息也不能被修改。

注意：建议对在用的分区进行修改之前，首先备份分区上的数据。

2. 使用 gdisk 进行分区管理

gdisk 以非交互式方式运行时，主要显示指定磁盘设备的分区表信息；以交互式方式运行时，列出可用的子命令，以及需要执行相应的子命令。gdisk 必须指定要操作的磁盘。进入交互状态后，可执行“?”指令获得交互命令的帮助信息。gdisk 常用命令参数见表 6－2。

表 6－2　gdisk 常用命令参数

命令	功能
b	备份 GPT 数据到一个文件
D	删除磁盘分区
N	添加一个新的磁盘分区
P	列出磁盘分区表
r	恢复和转换选项（仅专家）
t	改变磁盘分区类型
w	把分区表写入磁盘并退出（保存退出）
c	改变一个分区的名字
i	显示一个分区的详细信息。列出已知分区的类型
o	创建一个新的空 GUID 分区列表（GPT）
q	退出，不保存修改的内容
s	分类分区
V	校验磁盘
X	高级选项功能（专家模式）

命令格式：

```
gdisk [参数] 文件名
```

功能：gdisk 是 RedHat Enterprise Linux 中常用的分区工具，用于创建 GPT 分区。

3. 使用 parted 进行分区管理

安装了 RedHat Linux 系统后，如果想要查看现存的分区表，改变分区的大小，删除分区，以及从空闲空间或附加的硬盘驱动器上添加分区，可以使用 parted 工具完成，具体见表 6-3。

表 6-3 parted 常用命令参数

命令	功能
Check minor - num	执行一个简单的文件系统检查
Cp form to	从一个分区复制文件系统到另一个分区，其中，from、to 是分区号
Help	显示所有可用的操作
Mklabel lable	检查文件分区的标签
Mkfs minor - num fle - system - type	用 file - system - type 文件系统类型号产生新文件系统
Mkpart part - type fs - type start - mb end - mb	从 start - mb 到 end - mb，创建某一文件系统类型的分区，但是不创建文件系统
Mkpartfs part - type fs - type start - mb end - mb	从 start - mb 到 end - mb，创建某一文件系统类型的分区，并且创建文件系统
Move minor - num start - mb end - mb	移动分区
Print	显示分区表信息
Quit	退出 parted 命令
Resize minor - num start - mb end - mb	改变分区大小
Rm minor - num	删除分区
Select device	选择另一个设备进行配置
Set minor - num flag state	在分区上设置标志：state 的状态只能是 on 或者 off 其中一种

命令格式：

```
parted [选项] [设备名 [命令 [选项…] …]]
```

功能：创建、删除、调整、移动和复制 ext2、ext3、ext4、linux - swap、FAT、FAT32、reiserfs、HFS、jfs、ntfs、ufs、xfs 分区。

6.5.3.4 格式化分区

完成了磁盘分区创建之后，还不能直接使用，必须经过格式化才能使用，因为操作系统需要按照一定的方式来管理磁盘并让其被系统识别，因此，格式化的作用就是在分区中创建文件系统。Linux 操作系统中的文件系统为 ext，其中包含 ext3、ext4 等。

mkfs 只是不同文件系统创建工具的一个前端，本身并不会执行建立文件系统的工作，而是通过调用其他相关的程序来执行，具体使用方法见表 6－4。

表 6－4 mkfs 命令常用参数

命令	功能
t	指定要创建的文件系统类型
c	建立文件系统前首先检查坏块
l 文件名	从文件中读取磁盘坏块列表
V	输出建立文件系统详细信息
v	提供版本信息

命令格式：

```
mkfs [选项] [-t 文件系统类型] [文件系统选项] 磁盘设备名 [大小]
```

功能：在磁盘上创建 Linux 文件系统；设备名是分区的文件名（如分区/dev/sdal、/dev/sdb2），大小是指块数量（blocks），即指在文件系统中所使用的块的数量。

6.5.4 挂载磁盘

挂载是指定系统中的一个目录作为挂载点，用户通过访问这个目录来实现对磁盘分区的数据存取操作，该目录为进入该文件系统的入口。

在安装 Linux 操作系统的过程中，系统会自动建立或识别分区，通常会有系统自动完成挂载工作（根分区、boot 分区等）。除了磁盘分区之外，对于后期新增的磁盘分区、U 盘等其他各种存储设备，也需要进行挂载才能使用，但需要由管理员手动进行挂载。

在进行挂载之前，必须要注意以下几点：

①一个文件系统不应该被重复挂载在不同的挂载点（目录）中。

②一个目录不应该重复挂载多个文件系统。

③作为挂载点的目录通常应是空目录，因为挂载文件系统后，该目录下的内容暂时消失。

Linux 操作系统中提供了两个默认的挂载点目录，分别为：

/media：用于系统自动挂载点。

/mnt：用于手动挂载点。

注意：理论上，Linux 操作系统中任何目录均可作为挂载点，但实际中，/bin、/sbin、/

etc、/lib、/lib64 几个目录不能作为挂载点使用。

6.5.4.1　手动挂载

建立了文件系统之后，需要将文件系统连接到 Linux 目录的某个位置上方能使用。该命令常见参数见表6－5。

表6－5　mount 命令常用参数

命令	功能
t	指定要挂载的文件系统的类型
r	如果不想修改要挂载的文件系统，可以使用该选项以只读方式挂载
w	以可写的方式挂载文件系统
a	挂载/etc/fstab 文件中记录的设备

命令格式：

```
mount [ -t 文件系统类型] [ -L 卷标] [ -o 挂载选项] 设备名 挂载点目录
```

功能：将一个存储设备挂载到一个已存在的目录上，访问该目录即访问该存储设备。

注意： 执行不带任何选项和参数的 mount 命令，将显示当前所挂载的文件系统信息。mount 命令不会创建挂载点目录，如果挂载点目录不存在，就要先创建。手动挂载的设备在系统重启后需要重新挂载，对于像磁盘等长期使用的设备，最好在系统启动时能自动挂载。

6.5.4.2　自动挂载

通过 mount 命令挂载的文件系统在 Linux 操作系统关机或重启时就会自动被卸载，一般情况下，手动挂载磁盘之后，都必须把挂载信息写入/etc/fstab 文件中，在系统开机时会自动读取/etc/fstab 文件中的信息，从而实现自动挂载。自动挂载命令常用参数见表6－6。

表6－6　自动挂载命令常用参数

命令	功能
fs_spec	将要挂载的设备文件
fs_file	文件系统的挂载点
fs_vfstype	文件系统类型
fs_mntops	挂载选项，决定传递给 mount 命令时如何挂载，各选项之间用逗号隔开
fs_freq	由 dump 程序决定文件系统是否需要备份，0 表示不备份，1 表示备份
fs_passno	由 fsck 程序决定引导时是否检查磁盘以及检查次序，取值可以为 0~2

注意： 修改完/etc/fstab 文件之后，可以通过执行“mount －a”命令自动挂载系统中的所有文件系统。

6.5.4.3 卸载文件系统

文件系统可以被挂载，也可以被卸载。一般情况下，文件系统使用完毕后，需要进行卸载，执行 umount 命令即可。该命令常见参数见表 6-7。

表 6-7 umount 命令常用参数

命令	功能
n	表示卸载时不要将信息存入/etc/mtab 文件中
r	表示如果无法成功卸载，则尝试以只读方式重新挂载
f	表示强制卸载，对一些网络共享目录很有用

命令格式：

```
umount [选项] [挂载点目录|设备名]
```

功能：用于卸载一个已挂载的文件系统或分区，类似于 Windows 操作系统的弹出设备功能。

注意：在使用 umount 命令卸载文件系统的时候，必须要先确保文件系统此时不能处于"busy"状态。正在使用的文件系统不能被卸载。如果正在访问的某个文件或者当前目录位于要卸载的文件系统上，应该关闭文件或者退出当前目录，然后执行卸载操作。

执行 umount -a（不带任何参数）命令将卸载/etc/ftab 中记录的所有文件系统。

6.5.4.4 磁盘文件系统统计

1. 使用 df 检查文件系统的磁盘空间占用情况

完成挂载后，可以使用 df 命令查看挂载情况（所有文件系统对 i 节点和磁盘块的使用情况）。该命令常见参数见表 6-8。

表 6-8 df 命令常用参数

命令	功能
a	显示所有文件系统磁盘使用情况，包括 0 块的文件系统，如/proc 文件系统
k	以 k 字节为单位显示
i	显示 i 节点信息
t	显示各指定类型的文件系统的磁盘空间使用情况
x	列出不是某一指定类型文件系统的磁盘空间使用情况
T	显示文件系统类型
h	用于查看磁盘的使用情况。这个命令的目的是显示系统上可用的磁盘空间
H	等于"-h"，只是在计算时，1K = 1 000，而不是 1 024

命令格式：

```
df [选项] [文件]
```

功能：用于查看系统中已经挂载的各个文件系统的磁盘使用情况，从而获知磁盘被占用了多少空间，还剩余多少空间等相关情况信息。

以上的显示结果中，第一列代表文件系统对应的设备文件的路径名。第二列给出分区包含的数据块的数目。第三、四列分别表示已用和可用的数据块数目，这两列块数之和不等于第二列中的块数，因为默认的每个分区都留有少量空间供系统管理员使用。第五列表示普通用户空间使用的百分比，假如这一数字达到100%，分区仍然留有系统管理员使用的空间。第六列表示文件系统的安装点。

2. 使用du查看文件和目录的磁盘使用情况

用于统计目录（或文件）所占磁盘空间的大小，该命令常见参数见表6-9。

表6-9　du命令常用参数

命令	功能
s	对每个name参数，只给出占用的数据块总数
a	递归显示指定目录中各文件及子目录中各文件占用的数据块数
b	以字节为单位列出磁盘空间使用情况（AS 4.0中默认以KB为单位）
k	以1 024字节为单位列出磁盘空间使用情况
c	在统计后加上一个总计（系统默认设置）
l	计算所有文件大小，对硬链接文件重复计算

命令格式：

```
du [参数选项] [文件或目录名称]
```

功能：du命令用于显示磁盘空间的使用情况。该命令逐级显示指定目录的每一级子目录占用文件系统数据块的情况。如果指定目录名，那么du会递归地计算指定目录中的每个文件和子目录的大小。

注意：du命令会逐级进入指定目录的每一个子目录，并显示该目录占用文件系统数据块（1 024字节）的情况。若没有给出Names，则对当前目录进行统计。

3. 使用dd复制文件

把指定的输入文件复制到指定的输出文件中，并进行格式转换。该命令常用参数见表6-10。

表 6-10 dd 命令常用参数

命令	功能
i	输入文件（或设备名称）
of	输出文件（或设备名称）
obs	一次写入字节数，即写入缓冲区的字节数
ibs	一次读取的字节数，即读入缓冲区的字节数
skip	跳过读入缓冲区开头的 ibs * skip 块
be	同时设置读/写缓冲区的字节数（等于设置 ibs 和 obs）
cbs	次转换字节数
count	只复制输入的块数
conv	conv = ASCII 时，把 EBCDIC 码转换为 ASCII 码

命令格式：

```
dd [参数选项] [文件或目录名称]
```

功能：把指定的输入文件复制到指定的输出文件中，并在复制过程中进行格式转换。系统默认使用标准输入文件和标准输出文件。

6.5.5 磁盘阵列

6.5.6 逻辑卷 LVM

6.5.7 磁盘配额

6.6 项目实施

任务6-1　Linux 分区和磁盘操作命令

（1）将系统内所有的分区“文件系统”列出来。

```
[root@Server1 ~]#df -a
```

（2）将系统内所有的特殊文件格式及名称都列出来。

```
[root@Server1 ~]#df -aT
```

（3）将/bin 下面的可用磁盘容量以易读的容量格式显示。

```
[root@Server1 ~]#df -h /bin
```

（4）将当前各个分区中可用的 inode 数量列出。

```
[root@Server1 ~]#df -ih
```

（5）列出目前目录下的所有文件容量“大小”。

注意：实际显示时仅显示目录容量。

```
[root@Server1 ~]#du
```

（6）将题（5）中每个文件的大小也显示出来。

```
[root@Server1 ~]#du -a
```

（7）检查根目录下每个目录所占用的容量。

```
[root@Server1 ~]#du -sm /*
```

（8）进入/tmp，将/etc/passwd 复制到/tmp 中，查看新复制文件的链接数目和 in-ode，查看当前目录容量与当前目录所在分区的 inode。

```
[root@Server1 ~]#du -sb ; df -i
```

（9）将/tmp/passwd 创建硬链接成为 passwd-hd 文件，并查看容量和 inode。

```
[root@Server1 ~]#ln passwd passwd-hd
[root@Server1 ~]#du -sb ; df -i
```

（10）将/tmp/passwd 创建符号链接 passwd-so，并查看 passwd-so 文件的 inode，显示 passwd-so 中的内容。

```
[root@Server1 ~]#ln -s passwd passwd-so
[root@Server1 ~]#ls -li passwd*
```

（11）查看当前系统内的所有分区。

```
[root@Server1 ~]#fdisk -i
```

（12）在/mnt 下新建目录 usb，将 U 盘挂载到/mnt/usb 上，卸载 U 盘。

```
[root@Server1 ~]#mkdir /mnt/usb
[root@Server1 ~]#mount /dev/sda1 /mnt/usb
[root@Server1 ~]#mount /mnt/usb
```

（13）挂载光盘到/media/cdrom 下、访问光盘且卸载光盘。

```
[root@Server1 ~]#mkdir /medir/cdrom
[root@Server1 ~]#mount -t iso9660 /dev/cdrom /media/cdrom
[root@Server1 ~]#mmont /medir/cdrom
```

任务 6-2　磁盘配额配置企业案例

任务 6-3　RAID 技术实现磁盘阵列

任务 6-4　LVM 逻辑卷管理器企业案例

环境需求：

企业在 Linux 服务器中新增了一块硬盘/dev/sdb，要求 Linux 系统的分区能自动调整磁盘容量。请使用 fdisk 命令新建/dev/sdb1、/dev/sdb2、/dev/sdb3 和/dev/sdb4 为 LVM 类型，并在这四个分区上创建物理卷、卷组和逻辑卷；最后将逻辑卷挂载。

解决方案：

◆ 任务 6-4-1：创建 LVM 分区

（1）利用 fdisk 命令在/dev/sdb 上创建 LVM 类型的分区。

```
[root@Server1 ~]# fdisk  /dev/sdb
//使用 n 子命令创建分区
Command (m for help):  n
```

```
Command action
e   extended
p   primary partition(1 -4)
p    //创建主分区
Partition number (1 -4): 1
First cylinder (1 -130, default 1):
Using default value 1
Last cylinder or +size or +sizeM or +sizeK (1 -30, default 30): +100M
Command(m for help):P
Disk /dev/sdb: 1073 MB, 1073741824 bytes
255 heads. 63 sectors/track. 130 cylinders
Units = cylinders of 16065 * 512 = 8225280 bytes
Device Boot   Start   End   Blocks   ID   System
/dev/sdb1     1       13    104391   83   Linux
/dev/sdb231       6024097583ILinux
//使用 t 命令修改分区类型
Command (m for help):t
Partition number (1 -4):1
Hex code(type L to list codes):8e //设置分区类型为 LVM 类型
Changed system type of partition 1 to 8e (Linux LVM)
//使用 w 命令保存对分区的修改,并退出 fdisk 命令
Command (m for help): w
```

利用同样的方法创建 LVM 类型的分区/dev/sdb2、/dev/sdb3 和/dev/sdb4。

(2) 创建物理卷。

// 使用 pvcreate 命令创建物理卷

```
[root@Server1 ~]#pvcreate /dev/sdb1
Physical volume " /dev/sdb1" successfully created
```

// 使用 pvdisplay 命令显示指定物理卷的属性

```
[root@Server1 ~]# pvdisplay /dev/sdb1
```

使用同样的方法建立/dev/sdb3 和/dev/sdb4。

(3) 创建卷组。

//使用 vgcreate 命令创建卷组 vg0

```
[root @ Server1 ~] #vgcreate vg0  / dev/ sdb1 Volume group " vg0 " successfully
created
```

//使用 vgdisplay 命令查看 vg0 信息

```
[root@Server1 ~]# vgdisplay vg0
```

（4）创建逻辑卷。

//使用 lvcreate 命令创建卷组

```
[root@Server1 ~]#lvcreate  - L 20M —n lv0  vg0 Logical volume "lvo" created
```

//使用 lvdisplay 命令显示创建的 lv0 的信息

```
[root@Server1 ~]# lvdisplay /dev/vg0/lvo
```

其中，-L 选项用于设置逻辑卷大小，-n 参数用于指定逻辑卷的名称和卷组的名称。

◆ 任务 6-4-2：LVM 逻辑卷的管理

（1）增加新的物理卷到卷组。

```
[root@Server1 ~]# vgextend vg0 /dev/sdb2 Volume group "vg0" successfully
extended
```

（2）动态调整逻辑卷的容量。

//使用 lvextend 命令增加逻辑卷容量

```
[root@Server1 ~]#lvextend -L +10M /dev/vg0/lv0
Rounding up size to full physical extent 12.00 MB
Extending logical volume lv0 to 32.00 MB Logical volume lv0 successfully resized
```

//使用 lvreduce 命令减少逻辑卷容量

```
[root@Server1 ~]#lvreduce -L -10M /dev/vg0/lv0
Rounding up size to full physical extent 8.00 MB WARNING:
Reducing active logical volume to 24.00 MB
THIS MAY DESTROY YOUR DATA (filesysyem etc)
Do you really want to reduce lv0? [y/n]:  y
Reducing logical volume lv0 to 24. 00 MB
Logical volume lv0 successfully resized
```

（3）删除逻辑卷→卷组→物理卷（必须按照先后顺序来执行删除）。

//使用 lvremove 命令删除逻辑卷

```
[root@Server1 ~]#lvremove /dev/vg0/lv0
Do you really want to remove active logical volume "lv0"? [y/n]:  y
Logical volume "lv0" successfully removed
```

//使用 vgremove 命令删除卷组

```
[root@Server1 ~]# vgremove vg0
Volume group“vg0”successfully removed
```

//使用 pvremove 命令删除卷组

```
[root@Server1 ~]# pvremove /dev/sdb1
Labels on physical volume "/dev/sdb1" successfully wiped
```

◆ 任务6-4-3：检查物理卷、卷组和逻辑卷

（1）检查物理卷。

```
[root@Server1 ~]# pvscan
PV /dev/sdb4 VG vg2 lvm2 [624.00 MB/624.00 MB free]
PV /dev/sdb3 VG vg1 lvm2 [100.00 MB/88.00 MB free]
PV /dev/sdb1 VG vg0 lvm2 [232.00 MB/232.00 MB free]
PV /dev/sdb2 VG vg0 lvm2 [184.00 MB/184.00MB free]
Total:4 [1.11 GB] /in use:4[1.11 GB] /in no VG:0[0]
```

（2）检查卷组。

```
[root@Server1 ~]# vgscan
Reading all physical volumes. This may take a while...
Found volume group "vg2" using metadata type lvm2
Found volume group "vg1" using metadata type lvm2
Found volume group "vg0" using metadata type lvm2
```

（3）检查逻辑卷。

```
[root@Server1 ~]# lvscan
ACTIVE      /dev/vg1/lv3 [12. 00 MB] inherit
ACTIVE      /dev/vg0/lv0 [24. 00 MB] inherit
ACTIVE      /dev/vg0/lv1 [20. 00 MB] inherit
ACTIVE      /dev/vg0/lv2 [12. 00 MB] inherit
ACTIVE      /dev/vg0/lv3 [12. 00 MB] inherit
```

6.7 信创拓展

RAID5 是 RAID0 和 RAID1 的折中方案，具有和 RAID0 相近似的数据读取度，只是多了一个奇偶校验信息，读取数据的速度比对单个磁盘进行写入操作慢，同时，由于多个数据对应一个奇偶校验信息，RAID5 的磁盘空间利用率要比 RAID1 高，存储成本相对较低，是运用较多的一种解决方案。国产操作系统的磁盘管理操作与 RedHat 类似，请在安装好的国产操作系统中完成如下任务：

假设服务器上有三块硬盘，分别为/dev/sda、/dev/sdb 和/dev/sdc，请按照以下要求完成磁盘管理（注意：以下操作涉及磁盘分区和格式化操作，请谨慎操作，并备份重要数据）：

（1）将/dev/sda 和/dev/sdb 两块硬盘设置为 RAID1（镜像卷）。

（2）将/dev/sdc 硬盘设置为单独的非 RAID 磁盘。

（3）将 RAID 卷和非 RAID 磁盘进行分区，分别创建名为/data 的文件系统，使用 ext4 格式化。

（4）将 RAID 卷挂载到根目录下的/data 目录下。

（5）将非 RAID 磁盘挂载到根目录下的/mnt 目录下。

提示：使用 blkid 命令获取 RAID 卷和非 RAID 分区的 UUID。

6.8 巩固提升

一、选择题

1. 如果在一个新分区上建立文件系统，使用命令（　　）。

A. makefs　　B. fdisk

C. format　　D. mkfs

2. 如果系统支持 VFAT 分区，则（　　）可以将/dev/hda1 这个 Windows 的分区加载到/win 目录中。

A. mount -t windows /win /dev/hda1　　B. mount -s win /dev/hda1 /win

C. mount -t vfat /dev/hda1 /win　　D. mount -fs = msdos /dev/hda1 /win

3.（　　）是关于/etc/fstab 的正确描述。

A. 启动系统后，由系统自动生成

B. 用于管理文件系统信息

C. 保存硬件信息

D. 用于设置命名规则，是否使用可以利用 Tab 键来命名文件

4. Linux 文件系统的目录结构像是一棵倒挂的树，文件都按其作用分类地存放在相关的目录中。假如现在有一个外部设备文件，应该将其放在（　　）目录中。

A. /bin　　B. /etc

C. /dev　　D. lib

5. 在安装 Linux 操作系统时，必须创建的两个分区是（　　）。

A. /和/boot　　B. /和/swap

C. /home 和/usr　　D. /var 和/trap

6. Linux 下查看磁盘使用情况的命令是（　　）。

A. dd　　B. df

C. top　　D. netstat

7. 磁盘配额是（　　）。

A. 限制系统用户使用磁盘　　B. 限制超级用户使用磁盘

C. 限制普通用户使用磁盘　　D. 限制虚拟用户使用磁盘

8. 将光盘/dev/hdc 卸载的命令是（　　）。

A. umount /dev/hdc　　B. unmount /dev/hdc

C. umount /mnt/cdrom /dev/hdc　　D. unmount /mnt/cdrom /dev/hdc

9. 当使用 mount 进行设备或者文件系统挂载的时候，需要用到的设备名称位于（　　）目录。

A. /home　　B. /bin　　C. /etc　　D. /dev

10. 能够查看存储空间的命令是（　　）。

A. mount　　B. du　　C. df　　D. fdisk

二、简答题

1. Linux 在/mnt 路径下挂载硬盘操作步骤。
2. 如何添加一块新的 50 GB 硬盘到 Linux 服务器系统作为单独的分区，并正确使用？需要哪些操作步骤？
3. 位于 LVM 最底层的是物理卷还是卷组？
4. LVM 对逻辑卷的扩容和缩小容量操作有何区别？
5. 把/dev/sdb1 分区挂载至/mnt/data 目录，并实现每次开机自动挂载。
6. RAID 技术主要是为了解决什么问题？
7. 简述 Linux 操作系统中存储设备的命名规则。
8. 添加磁盘并在上面创建文件系统的主要步骤是什么？

6.9　项目评价

本项目采用基于目标导向的“多主体、多维度、全过程”评价方式。

多主体采用智慧职教云课堂、教师、学生、企业兼职教师多主体评价；多维度从知识、能力、素质目标三个维度评价；全过程按照课前、课后、课中三个阶段全过程评价。

项目 6　磁盘管理评分表

考核方向	考核内容	分值	考核标准	评价方式
相关知识（30 分）	磁盘的分类	5	答案准确规范，能有自己的理解为优	教师提问和学生进行课程平台自测
	磁盘的分区	5	答案准确规范，能有自己的理解为优	
	挂载磁盘的作用和方式	10	答案准确规范，能有自己的理解为优	
	磁盘阵列的常见分类	5	答案准确规范，能有自己的理解为优	
	LVM 的概念	5	答案准确规范，能有自己的理解为优	

续表

项目6　磁盘管理评分表				
考核方向	考核内容	分值	考核标准	评价方式
项目实施（50分）	任务6-1　按照项目实施的步骤完成该项目实施	10	能够在规定时间内完成，有具体清晰的截图，各配置步骤正确，测试结果准确	客户评、学生评、教师评
	任务6-2　按照项目实施的步骤完成该项目实施	10	能够在规定时间内完成，有具体清晰的截图，各配置步骤正确，测试结果准确	
	任务6-3　按照项目实施的步骤完成该项目实施	15	能够在规定时间内完成，有具体清晰的截图，各配置步骤正确，测试结果准确	
	任务6-4　按照项目实施的步骤完成该项目实施	15	能够在规定时间内完成，有具体清晰的截图，各配置步骤正确，测试结果准确	
素质考核（20分）	职业精神（操作规范、吃苦耐劳、团队合作）	10	操作规范、吃苦耐劳、团队合作愉快	学生评、组内评、教师评
	工匠精神（作品质量、创新意识）	5	作品质量好，有一定的创新意识	客户评、教师评
	自主创新意识	5	有自主安全可控的信创意识，有信息安全意识	客户评、教师评

项目7

文件系统的管理

7.1 学习导航

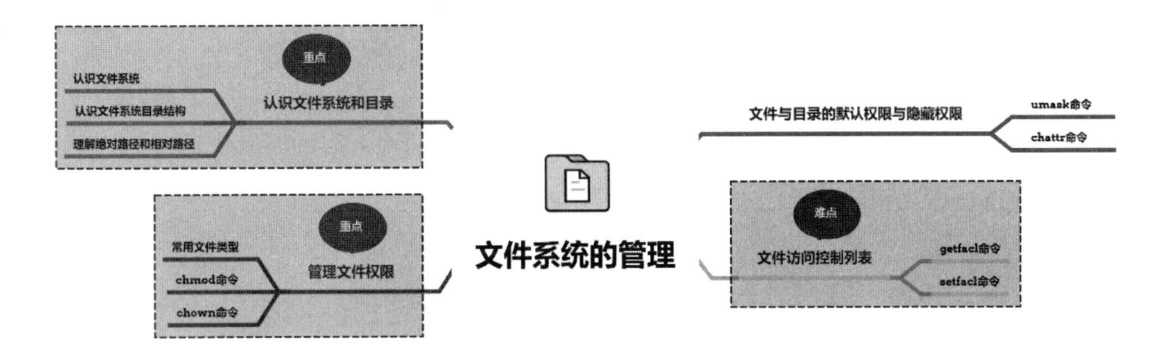

7.2 学习目标

知识目标：

- 理解 Linux 文件系统结构
- 熟悉磁盘和文件系统管理工具

能力目标：

- 掌握 Linux 系统文件管理的方法
- 掌握 Linux 系统权限管理的应用

素质目标：

- 培养学生精益求精的大国工匠精神
- 增强网络安全意识
- 提升自主安全可控的信创意识

7.3 项目导入

随着公司规模的扩大，由于文件权限泛滥，员工操作失误，经常导致文件莫名丢失，现需要刚入职的小新尽快熟悉文件系统的管理，并实现以下目录权限的设定。

系统中有两个账号 lily 和 billy，这两个账号除了支持自己的群组，还共同支持一个 newpj 的群组。现要实现这两个账号共同拥有/srv/savi/目录的开发权，为避免项目资料外传及被误删，要求该目录不允许别的账号进入查看。

7.4 项目分析

根据需求，lily 和 billy 两个账号支持同一群组，并共同拥有目录的使用权，且两个账号需要使用 root 身份运行 chmod、chgrp 等命令。要完成项目，可从以下方面完成：

（1）管理 Linux 文件权限。

（2）修改文件与目录的权限。

（3）文件访问控制列表。

（4）企业实战。

7.5 相关知识

7.5.1 全面认识文件系统和目录

1. 认识文件系统

Linux 系统是典型的多用户系统，它可以满足多个用户同时工作的需求，这就要求 Linux 系统必须具有良好的安全性，因此，Linux 系统对不同用户访问同一文件的权限做了不同的规定。

文件是 Linux 系统中最重要的组成部分，系统下的一切设备都被映射成文件的形式存在。常见的文件系统主要是 ext。

ext4（第四扩展文件系统）是 ext3 的改进版本，具有更高的性能、可靠性和扩展性。在 ext4 上，允许创建无限数量的子目录，并且这些子目录具有可伸缩性，能够批量分配 block 块，从而优化了数据写入性能。另外，ext4 支持的存储容量高达 1 EB（1 EB = 1 073 741 824 GB），且能够有无限多的子目录。ext4 适用于对文件系统的性能、可靠性和扩展性要求较高的应用场景，同时也适用于需要高度保护数据安全和存储效率的应用场景，例如数据库服务器、邮件服务器、文件共享服务器等以及金融、医疗、政府等领域。

xfs 是一种高性能的日志文件系统。它的优势在发生意外宕机后显得尤为明显，即可以快速地恢复可能被破坏的文件，而且强大的日志功能只用花费极低的计算和存储性能。它最大可支持的存储容量为 18 EB，这几乎满足了所有需求。

2. 认识文件系统目录结构

文件系统的目录结构是一种树状结构，其根目录是‘/’。常看到的目录有/usr、/etc、/var 等。这些目录都是有特定用途的。无论哪个版本的 Linux 系统，都有这些目录，这些目录应该是标准的。当然，各个 Linux 发行版本也会存在一些小小的差异，但总体来说还是差不多的。

/b，Linux 文件系统的入口，也是处于最高一级的目录。

/bin，系统所需的那些命令位于此目录，比如 ls、cp、mkdir 等命令；功能和/usr/bin 类似，这个目录中的文件都是可执行的，普通用户都可以使用。基础系统所需的命令就放在这里。

/boot，Linux 的内核及引导系统程序所需的文件目录，比如 vmlinuz initrd. img 文件都位于这个目录中。在一般情况下，GRUB 或 LILO 系统引导管理器也位于这个目录。

/dev，设备文件存储目录，比如声卡、磁盘等。

/etc，系统配置文件的所在地，一些服务器的配置文件也在这里，比如用户账号及密码配置文件。

/home，普通用户家目录，是默认存放目录。

/lib，库文件存放目录。

/lost + found，在 ext2 或 ext3 文件系统中，当系统意外崩溃或机器意外关机时，产生的一些文件碎片放在这里。当系统启动的过程中，fsck 工具会检查这里，并修复已经损坏的文件系统。有时系统发生问题，有很多的文件被移到这个目录中，可能会用手工的方式来修复，或移动文件到原来的位置上。

/mnt，这个目录一般是用于存放挂载存储设备的挂载目录的。有时可以让系统开机时自动挂载文件系统，把挂载点放在这里。

/opt，表示的是可选择的意思，有些软件包也会被安装在这里，也就是自定义软件包。比如在 Fedora Core 5. 0 中，OpenOffice 就是安装在这里。有些我们自己编译的软件包，就可以安装在这个目录中。通过源码包安装的软件，可以使用 ./configure --prefix =/opt/来指定安装路径。

/proc，操作系统运行时，进程信息及内核信息（比如 CPU、硬盘分区、内存信息等）存放在这里。

/root，Linux 超级权限用户 root 的家目录。

/sbin，是超级权限用户 root 的可执行命令存放地，普通用户无权限执行这个目录下的命令。这个目录和/usr/sbin、/usr/X11R6/sbin、/usr/local/sbin 目录是相似的。

/tmp，临时文件目录。用户运行程序的时候，有时会产生临时文件。/var/tmp 目录和这个目录相似。

/usr，是系统存放程序的目录，比如命令、帮助文件等。这个目录下有很多的文件和目录。当安装一个 Linux 发行版官方提供的软件包时，大多安装在这里。如果有涉及服务器配置文件的，会把配置文件安装在/etc 目录中。/usr 目录下包括字体目录/usr/share/fonts，帮助目录/usr/share/man 或/usr/share/doc，普通用户可执行文件目录/usr/bin 或/usr/local/bin 或/usr/X11R6/bin，超级权限用户 root 的可执行命令存放目录，比如/usr/sbin 或/usr/X11R6/sbin 或/usr/local/sbin 等，还有程序的头文件存放目录/usr/include。

/var，这个目录的内容是经常变动的。/var 下有/var/log，用来存放系统日志的目录。/var/www 目录是 Apache 服务器站点存放目录；/var/lib 用来存放一些库文件，比如 MySQL 数据库。

另外，还有一些特别的子目录。

/etc/init. d，用来存放系统或服务器以 System V 模式启动的脚本，这在以 System V 模式启动或初始化的系统中常见。比如 Fedora/RedHat。

/etc/xinit. d，如果服务器是通过 xinetd 模式运行的，它的脚本要放在这个目录下。有些系统没有这个目录，比如 Slackware，有些老的版本也没有。

/etc/rc. d，这是 Slackware 发行版的一个目录，是 BSD 方式启动脚本的存放地。比如定义网卡、服务器开启脚本等。

/etc/X11，这是 X – Windows 相关的配置文件存放地。

/usr/bin，这个目录是可执行程序的目录，普通用户就有权限执行。当从系统自带的软件包安装一个程序时，它的可执行文件大多会放在这个目录下，比如安装 gaim 软件包时。相似的目录是/usr/local/bin。有时/usr/bin 中的文件是/usr/local/bin 的链接文件。

/usr/sbin，这个目录也是可执行程序的目录，但大多存放涉及系统管理的命令。只有 root 权限才能执行。相似目录是/sbin 或/usr/local/sbin 或/usr/X11R6/sbin 等。

/usr/local，这个目录一般用来存放用户自编译安装软件。通过源码包安装的软件，如果没有特别指定安装目录，一般安装在这个目录下。这个目录下面有子目录。

/usr/share，系统共用的东西存放地，比如/usr/share/fonts 是字体目录，/usr/share/doc 和/usr/share/man 是帮助文件目录。

/usr/src，是内核源码存放的目录，比如 linux、linux – 2. xxx. xx 目录等。有的系统也会把源码软件包安装在这里，比如 Fedora/RedHat。当安装 file. src. rpm 时，这些软件包会安装在/usr/src/redhat 相应的目录中。

/var/adm，比如软件包安装信息、日志、管理信息等，在 Slackware 操作系统中是有这个目录的。

/var/log，系统日志存放目录。

/var/spool，打印机、邮件、代理服务器等假脱机目录。

3. 理解绝对路径和相对路径

Linux 中的路径分为绝对路径和相对路径。

绝对路径是指从根目录（/）开始描述文件位置的路径，它的路径名是独一无二的，可以直接定位到文件或目录。例如，/usr/local/bin/myapp 就是一个绝对路径，它描述的是 myapp 在系统中的位置。

相对路径是指相对于当前目录的路径，描述文件位置的方法是从当前目录描述到目标文件或目录的路径，它不以/开头，表示相对于当前路径的相对路径。例如，./myapp 表示当前目录下的 myapp 文件。

以“/”开头的路径表示绝对路径，例如：/home/user1/doc/testfile. txt，表示以系统的根目录为起点。以“./”或者“../”表示的路径为相对路径，例如：./doc/testfile. txt，表示以当前路径为起点，其中，“.”表示当前目录，“..”表示上级目录。

在命令行中，可以直接使用相对路径或绝对路径来访问文件或执行命令，使用绝对路径定位文件比较准确，但路径比较长，不方便操作；使用相对路径比较简单，但需要注意当前目录的位置。

7.5.2　管理 Linux 文件权限

文件是操作系统用来存储信息的基本结构，是一组信息的集合。在 Linux 系统中，一切都是文件，但是每个文件的类型不尽相同。文件会通过文件名来唯一标识，Linux 系统使用了不同的字符来加以区分。

常用文件类型：

- 　普通文件。

d　目录。

c　字符设备文件，如打印机、鼠标、键盘等。

b　块设备文件，如硬盘。

l　链接文件，如快捷方式。

在 Linux 系统中，每一个文件都包含访问权限，每个文件都有所有者和所属组，并且规定了文件的所有者以及其他人对文件所拥有的读（r）、写（w）、执行（x）等权限。文件信息的含义如图 7－1 所示，文件权限如图 7－2 所示。

图 7－1　文件信息的含义

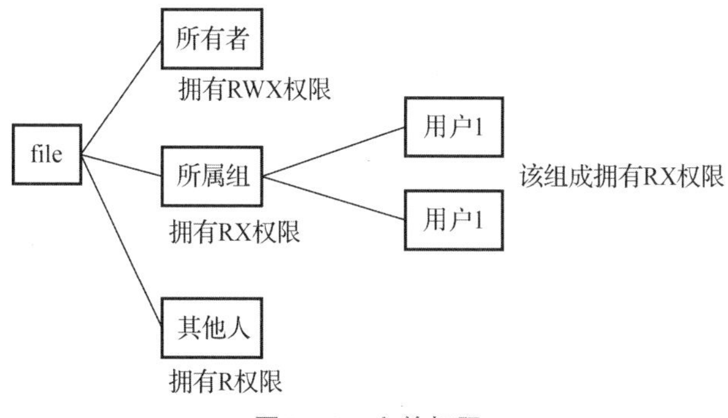

图 7－2　文件权限

文件的读、写、执行权限可以简写为 rwx，也可分别用数字 4、2、1 来表示。文件权限的数字法表示基于字符表示（rwx）的权限计算而来，其目的是简化权限的表示。例如，若某个文件的权限为 5，则代表可读、可执行（4＋1）；若权限为 6，则代表可读、可写（4＋2）。现在有这样一个文件，其所有者拥有可读、可写、可执行的权限，其文件所属组拥有可执行的权限，而其他人只有可读的权限，则这个文件的权限就是 rwx—xr－－，数字表示为 714。大家记得千万不要把这三个数字相加，7＋1＋4＝12 不是 Linux 系统的权限数字表示法，三者之间没有互通关系。文件权限对应的含义见表 7－1。

表 7-1　文件权限对应的含义

权限表示符	权限	文件	目录
R	读	可以查看文件内容	列出目录
W	写	修改文件内容	创建、删除文件和修改文件名
X	执行	可执行文件	切换进目录

下面介绍三个设置或改变文件或目录权限的命令。

命令名称：chmod

命令英文名称：change the permissions mode of a file

语法格式：chmod [权限] [文件或目录]

功能描述：改变文件或目录权限。

范例：

```
[root@localhost home]# touch file      #创建文件
[root@localhost home]# ls -l file        #查看权限,当前权限为:所有者权限是读写,组权限是读,其他人权限是读
-rw-r--r--. 1 root root 0 7 月 16 10:58 file [root@localhost home]# chmod 755 file  #改变文件权限为所有者读写执行,组读写,其他人读写
[root@localhost home]# ls -l file        #查看权限
-rwxr-xr-x. 1 root root 0 7 月 16 10:58 file
[root@localhost home]#
```

命令名称：chown

命令英文名称：change file ownership

语法：chown [用户][文件或目录]

功能描述：改变文件或目录的所有者。

范例：

```
[root@localhost home]# ls -l file                    #当前所有者为 root
-rwxr-xr-x. 1 root root 0 7 月  16 10:58 file
[root@localhost home]# chown test file           #改变所有者为 test
[root@localhost home]# ls -l file
-rwxr-xr-x. 1 test root 0 7 月  16 10:58 file
```

命令名称：chgrp

命令英文名称：change file group ownership

语法：chgrp [用户组][文件或目录]

功能描述：改变文件或目录的所属组。

范例：

```
root@localhost home]# ls -l file
-rwxr-xr-x. 1 test root 0 7 月  16 10:58 file
[root@localhost home]# chgrp test file          #改变所属组为 test
[root@localhost home]# ls -l file
-rwxr-xr-x. 1 test test 0 7 月  16 10:58 file
[root@localhost home]#
```

7.5.3　文件与目录的默认权限与隐藏权限管理

在复杂多变的环境中，只设置文件的 rwx 权限是无法满足我们对安全和灵活性的需求的，因此便会有文件与目录的默认权限和隐藏权限。

文件与目录的默认权限是不一样的。一般文件通常用于数据的记录，因此文件的默认权限不会有执行。但执行权限对于目录是很重要的，所以目录的默认权限一般是 wxr。查阅默认权限的方法有两种：一是加入 -S（Symbolic）选项，则会以符号类型的方式显示权限；二是直接输入 umask，可以看到数字形态的权限设定。

命令名称：umask

语法：umask [-S]

功能描述：显示、设置文件的默认权限。

常用选项：

S，以 rwx 形式显示新建文件或目录默认权限。

范例：

```
[root@localhost home]# umask -S          #查看当前默认权限
u=rwx,g=rx,o=rx
[root@localhost home]#
[root@localhost home]# umask u=rwx,g=rwx,o=rwx          #改变默认权限
[root@localhost home]# umask -S
u=rwx,g=rwx,o=rwx
```

Linux 系统中的文件与目录除了默认权限和 rwx 权限外，还有一种隐藏权限，一般情况下不能直接被用户发现。这个权限在一定程度上保障了 Linux 系统的安全性，因为设置了隐藏权限的文件或目录只能追加内容而不能修改或删除内容，也能防止用户误删文件。chattr 命令用于设置文件的隐藏权限。

命令名称：chattr

语法格式：chattr [+-=] [选项] 文件或目录名

(+增加， -删除， =等于权限)

功能：设置隐藏属性权限。

常用选项：

-i，如果对文件设置 i 属性，那么不允许对文件进行删除、改名，也不能添加和修改

数据；如果对目录设置 i 属性，那么只能修改目录下文件中的数据，但不允许建立和删除文件。

-a，如果对文件设置 a 属性，那么只能在文件中增加数据，不能删除也不能修改数据；如果对目录设置 a 属性，那么只允许在目录中建立和修改文件，不允许删除。

范例：

设置目录 i 属性（若对目录设置了该参数，则无法创建新文件或删除文件，只能修改目录下文件内容）：

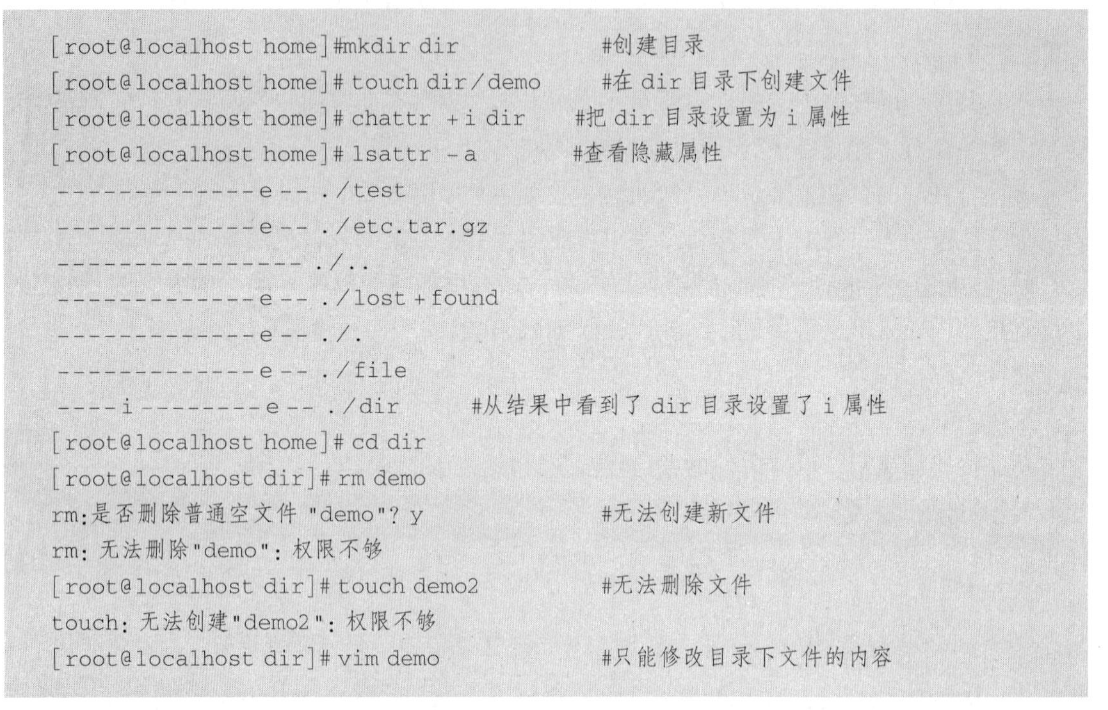

```
[root@localhost home]#mkdir dir                #创建目录
[root@localhost home]# touch dir/demo          #在 dir 目录下创建文件
[root@localhost home]# chattr +i dir        #把 dir 目录设置为 i 属性
[root@localhost home]# lsattr -a            #查看隐藏属性
-------------e-- ./test
-------------e-- ./etc.tar.gz
---------------- ./..
-------------e-- ./lost+found
-------------e-- ./.
-------------e-- ./file
----i--------e-- ./dir      #从结果中看到了 dir 目录设置了 i 属性
[root@localhost home]# cd dir
[root@localhost dir]# rm demo
rm:是否删除普通空文件 "demo"? y                #无法创建新文件
rm:无法删除"demo":权限不够
[root@localhost dir]# touch demo2              #无法删除文件
touch:无法创建"demo2":权限不够
[root@localhost dir]# vim demo                 #只能修改目录下文件的内容
```

设置文件 i 属性（若对文件设置了该参数，则无法删除和修改文件）：

```
[root@localhost home]# chattr -i dir           #取消 dir 目录的属性
[root@localhost home]# lsattr -a
-------------e-- ./test
-------------e-- ./etc.tar.gz
---------------- ./..
-------------e-- ./lost+found
-------------e-- ./.
-------------e-- ./file
-------------e-- ./1
-------------e-- ./dir
[root@localhost home]# lsattr -a dir           #查看 dir 目录下所有文件的隐藏属性
-------------e-- dir/..
-------------e-- dir/.
-------------e-- dir/demo
```

```
[root@localhost home]# chattr +i dir/demo #设置 dir 目录下的 demo 文件为 i 属性
[root@localhost home]# lsattr -a dir #查看 dir 目录的隐藏属性
-------------e-- dir/..
-------------e-- dir/.
----i--------e-- dir/demo
[root@localhost home]# cd dir
[root@localhost dir]# rm demo
rm:是否删除普通文件 "demo"? y #尝试删除 demo 文件
rm: 无法删除"demo": 不允许的操作
[root@localhost dir]# vim demo          #使用 vim 修改 demo 文件内容,发现无法修改
```

设置目录 a 属性（若对目录设置了该参数，则可以修改目录下文件的内容，以及创建新文件即追加内容，却无法删除文件）：

```
[root@localhost home]# chattr -i dir/demo          #取消 demo 文件的 i 属性
[root@localhost home]# chattr +a dir                 #设置 dir 目录为 a 属性
[root@localhost home]# touch dir/demo2             #可以创建文件
[root@localhost home]# rm dir/demo2                #但无法删除文件
rm:是否删除普通空文件 "dir/demo2"? y
rm: 无法删除"dir/demo2": 不允许的操作
[root@localhost home]# vim demo                          #可以修改文件
```

设置文件 a 属性（若对文件设置了该参数，则只能追加或补充内容且只能通过重定向“>>”实现。注意，此时用 vim 是无法添加新内容的，因为系统无法判断 vim 到底是修改还是追加数据）：

```
[root@localhost home]#chattr -a dir            #取消 dir 目录的 a 属性
[root@localhost home]# chattr +a dir/demo     #设置 dir 目录中 demo 文件为 a 属性
[root@localhost home]# echo "hello" >> dir/demo  #用追加的方式向 demo 写入新的数据。注意,此时用 vim 是无法添加新内容的,因为系统无法判断 vim 到底是修改还是追加数据。
[root@localhost home]# more dir/demo           #查看追加的内容
this is test!
hello
[root@localhost home]#
```

7.5.4 文件访问控制列表

当需要对某个指定的用户进行单独的权限控制时，就需要用到文件的访问控制列表（Access Control Lists，ACL）。简单来说，基于普通文件或目录设置 ACL 其实就是针对指定的用户或用户组设置文件或目录的操作权限。如果针对某个目录设置了 ACL，则目录中的文件会继承其 ACL；若针对文件设置了 ACL，则文件不再继承其所在目录的 ACL。

在配置 ACL 前先设置好环境。

方法一：

```
[root@localhost ~]# mount -o remount,acl /hemo  #重新挂载根分区,并挂载加入 ACL 权限
```

方法二：

```
[root@localhost ~]# vi /etc/fstab
UUID = c2ca6f57 - b15c - 43ea - bca0 - f239083d8bd2 /ext4 defaults,acl     #加入 ACL
[root@localhost ~]# mount -o remount /     #重新挂载文件系统或重启系统,使修改生效
```

getfacl 命令用于显示文件上设置的 ACL 信息，格式为“getfacl 文件名称”。

命令名称：getfacl

功能：查看控制列表权限。

语法格式：getfacl 文件名

范例：

```
[root@localhost /]# getfacl /home
getfacl: Removing leading '/' from absolute path names
\# file: home
\# owner: root
\# group: root
user::rwx
group::r-x
other::r-x
```

setfacl 命令用于管理文件的 ACL 规则，格式为“setfacl［参数］文件名称”，使用 setfacl 命令可以针对单一用户或用户组、单一文件或目录来进行 rwx 权限的控制。

命令名称：setfacl

功能：设置访问控制列表权限。

语法格式：setfacl 选项 文件名

常用选项：

-m，设定 ACL 权限。

-x，删除指定的 ACL 权限。

-b，删除所有的 ACL 权限。

-d，设定默认 ACL 权限。

-k，删除默认 ACL 权限。

-R，递归设定 ACL 权限。

范例：

```
[root@localhost ~]# vi /etc/fstab                        #加入 ACL,让分区支持 ACL
UUID = c2ca6f57 - b15c - 43ea - bca0 - f239083d8bd2 /ext4 defaults,acl     #加入 ACL
[root@localhost ~]# mount -o remount /  #重新挂载文件系统或重启系统,使修改生效
```

创建新用户：

```
[root@localhost /]# useradd test2              #创建新用户
[root@localhost /]# passwd test2               #设置 test2 密码
```

```
更改用户 test2 的密码。
新的 密码:
无效的密码:密码少于 8 个字符
重新输入新的 密码:
passwd:所有的身份验证令牌已经成功更新。

[root@localhost /]# cd home     #切换到 home 目录
[root@localhost home]# mkdir tmp                      #在 home 目录创建 tmp 目录
[root@localhost home]# chmod 770 tmp                  #设置 tmp 目录其他人没有权限
[root@localhost home]# setfacl -m u:test2:rx tmp #设置 test2 用户对 tmp 目录读写操作
[root@localhost home]# getfacl tmp                    #查看 tmp 目录 ACL 设置情况
\# file: tmp
\# owner: root
\# group: root
user::rwx
user:test2:r-x
group::rwx
mask::rwx
other::---
```

测试:

```
[root@localhost home]#su -test2    #切换用户
[test2@localhost home]$                #将 test2 的用户切换到/home/tmp
```

设置用户组 ACL:

```
[root@localhost home]gpasswd -a test2 test#系统已存在了 test 组,直接把 test2 的用户
加入该组
[root@localhost home]# setfacl -m g:test:rwx tmp   #现在只设置用户,ACL 命令把用户名
u 修改为用户名 g,把用户组名 test2 改为 test。
```

最大 ACL 权限:

mask 是用来指定最大有效权限的。如果给用户赋予了 ACL 权限,需要和 mask 的权限“相与”才能得到用户的真正权限。例如:用户赋予了 rwx 权限,但实际文件或目录只有 r-x 权限,则该用户的真正权限也只有 r-x 权限。

修改最大权限:

```
[root@localhost home]# setfacl -m m:rx tmp        #设定 mask 权限为 r-x
```

删除 ACL 权限:

```
[root@localhost home]# setfacl -x u:test2 tmp\       #删除指定用户的 ACL 权限
[root@localhost home]# setfacl -x g:test tmp           #删除指定用户组的 ACL 权限
```

通过加 -b 选项来删除目录下的所有 ACL 权限:

```
[root@localhost home]#setfacl -b 目录名称
```

递归 ACL 权限：

递归是父目录在设定 ACL 权限时，所有的子文件和子目录也会拥有相同的 ACL 权限。

```
[root@localhost home]# setfacl -m u:test2 -R  tmp      #在 test2 后面加 -R
```

默认 ACL 权限：

给父目录设置了默认 ACL 权限后，所有新建的子目录都会继承父目录的 ACL 权限。

```
[root@localhost home]# setfacl -m d:u:test2 -R  tmp
```

7.6 项目实施

注意：做权限实验的时候，不能使用 root 用户测试。因为 root 用户是超级用户，即使没有任何权限，root 用户依然可以执行全部操作。

任务 7-1 管理 Linux 文件权限

1. 利用 ls -l 或 ll 命令查看权限信息

利用 touch 命令创建文件 file。

利用 ls -l 命令查看文件 file 的权限。

```
[usera@localhost home]# touch file   #创建文件
[usera@localhost home]# ls -l file    #查看权限,当前权限为:所有者权限是读写,组权限是读,其他人权限是读
-rw-r--r--. 1 usera usera 0 7 月 16 10:58 file
```

2. 利用 chmod 命令修改文件权限

利用 touch 命令创建文件 file。

利用 ls -l 命令查看文件 file 的权限。

输入 chmod 755 file 命令修改文件权限。

利用 ls -l 命令查看权限是否被修改。

```
[usera@localhost home]# touch file   #创建文件
[usera@localhost home]# ls -l file    #查看权限
-rw-r--r--. 1 usera usera 0 7 月 16 10:58 file
[usera@localhost home]# chmod 755 file     #改变文件权限为:所有者读写执行,组读写,其他人读写
[usera@localhost home]# ls -l fileb      #查看权限,已被修改
-rwxr-xr-x. 1 usera usera 0 7 月 16 10:58 fileb
[usera@localhost home]#
```

3. 利用 chown 命令修改文件所有者

利用 ls -l 命令查看文件 file 的所有者。

输入 chown test file 命令修改文件所有者。

利用 ls -l 命令查看文件所有者是否被修改。

```
[usera@localhost home]# ls -l file                  #当前所有者为 usera
-rwxr-xr-x. 1 usera usera 0 7 月  16 10:58 file
[usera@localhost home]# chown test file                 #改变所有者为 test
[usera@localhost home]# ls -l file
-rwxr-xr-x. 1 test usera 0 7 月  16 10:58 file
```

4. 利用 chgrp 命令修改所属组

利用 ls -l 命令查看文件 file 的所属组。

输入 chown test file 命令修改文件所属组。

利用 ls -l 命令查看文件所属组是否被修改。

```
usera@localhost home]# ls -l file
-rwxr-xr-x. 1 test usera 0 7 月  16 10:58 file
[usera@localhost home]# chgrp test file             #改变所属组为 test
[usera@localhost home]# ls -l file
-rwxr-xr-x. 1 test test 0 7 月  16 10:58 file
[usera@localhost home]#
```

任务 7-2　管理 Linux 文件权限

1. 利用 umask 命令设置默认权限

```
[usera@localhost home]# umask -S          #查看当前默认权限
u=rwx,g=rx,o=rx
[usera@localhost home]#
[usera@localhost home]# umask u=rx,g=rwx,o=rwx             #改变默认权限
[usera@localhost home]# umask -S
u=rx,g=rwx,o=rwx
```

2. 利用 chattr 命令设置目录 i 属性

利用 mkdir 命令创建 dir 目录。

利用 touch 命令在 dir 目录下创建文件。

利用 chattr 命令把 dir 目录设置为 i 属性。

输入 lsattr -a 命令查看隐藏属性。

利用 cd 命令打开目录。

利用 rm 命令尝试删除 dir 目录下的 demo 文件。

使用 vim 命令修改 demo 文件内容，发现只能修改目录下文件的内容：

```
[usera@localhost home]#mkdir dir                 #创建目录
[usera@localhost home]# touch dir/demo           #在 dir 目录下创建文件
[usera@localhost home]# chattr +i dir        #把 dir 目录设置为 i 属性
[usera@localhost home]# lsattr -a            #查看隐藏属性
```

```
-------------e-- ./test
-------------e-- ./etc.tar.gz
---------------- ./..
-------------e-- ./lost+found
-------------e-- ./.
-------------e-- ./file
----i--------e-- ./dir#      从结果中看到了 dir 目录设置了 i 属性
[usera@localhost home]# cd dir
[usera@localhost dir]# rm demo
rm:是否删除普通空文件 "demo"? y #无法创建新文件
rm: 无法删除"demo": 权限不够
[usera@localhost dir]# touch demo2 #无法删除文件
touch: 无法创建"demo2": 权限不够
[usera@localhost dir]# vim demo #只能修改目录下文件的内容
```

3. 利用 chattr 命令设置文件 i 属性

输入 chattr -i dir 命令取消 dir 目录的属性。

输入 lsattr -a dir 命令查看 dir 目录下所有文件隐藏属性。

输入 chattr +i dir/demo 命令设置 dir 目录下 demo 文件为 i 属性。

输入 sattr -a dir 命令查看 dir 目录的隐藏属性。

利用 cd 命令打开 dir 目录。

利用 rm 命令尝试删除 dir 目录下的 demo 文件。

使用 vim 命令修改 demo 文件内容，发现无法修改。

```
[usera@localhost home]# chattr -i dir            #取消 dir 目录的属性
[usera@localhost home]# lsattr -a
-------------e-- ./test
-------------e-- ./etc.tar.gz
---------------- ./..
-------------e-- ./lost+found
-------------e-- ./.
-------------e-- ./file
-------------e-- ./1
-------------e-- ./dir
[usera@localhost home]# lsattr -a dir            #查看 dir 目录下所有文件的隐藏属性
-------------e-- dir/..
-------------e-- dir/.
-------------e-- dir/demo
[usera@localhost home]# chattr +i dir/demo  #设置 dir 目录下的 demo 文件为 i 属性
[usera@localhost home]# lsattr -a dir            #查看 dir 目录的隐藏属性
-------------e-- dir/..
-------------e-- dir/.
----i--------e-- dir/demo
[usera@localhost home]# cd dir
[usera@localhost dir]# rm demo
```

```
rm:是否删除普通文件 "demo"? y #尝试删除 demo 文件
rm: 无法删除"demo": 不允许的操作
[usera@localhost dir]# vim demo                    #使用 vim 修改 demo 文件内容,发现无法修改
```

4. 利用 chattr 命令设置目录 a 属性

输入 chattr －i dir/demo 命令取消 demo 文件的 i 属性。

输入 chattr ＋a dir 命令设置 dir 目录为 a 属性。

利用 touch 命令创建文件 demo2，可以创建。

输入 vim demo，发现可以修改。

```
[usera@localhost home]# chattr -i dir/demo           #取消 demo 文件的 i 属性
[usera@localhost home]# chattr +a dir                #设置 dir 目录为 a 属性
[usera@localhost home]# touch dir/demo2                  #可以创建文件
[usera@localhost home]# rm dir/demo2                     #但无法删除文件
rm:是否删除普通空文件 "dir/demo2"? y
rm: 无法删除"dir/demo2": 不允许的操作
[usera@localhost home]# vim demo                             #可以修改文件
```

5. 利用 chattr 命令设置文件 a 属性

输入 chattr －a dir 命令取消 dir 目录的 a 属性。

输入 chattr ＋a dir/demo 命令设置 dir 目录中的 demo 文件为 a 属性。

输入 echo "hello" >> dir/demo 命令，用追加的方式向 demo 写入新的数据（注意，此时用 vim 是无法添加新内容的，因为系统无法判断 vim 究竟是修改还是追加数据。）

输入 more dir/demo 查看追加的内容。

```
[usera@localhost home]#chattr -a dir                 #取消 dir 目录的 a 属性
[usera@localhost home]# chattr +a dir/demo      #设置 dir 目录中 demo 文件为 a 属性
[usera@localhost home]# echo "hello" >> dir/demo #用追加的方式向 demo 写入新的
数据,
[usera@localhost home]# more dir/demo                #查看追加的内容
this is test!
hello
[usera@localhost home]#
```

任务7－3　文件访问控制列表

1. 利用 getfacl 命令显示文件上设置的 ACL 信息

输入 getfac/home 命令显示 home 文件上设置的 ACL 信息。

```
[usera@localhost /]# getfacl /home
getfacl: Removing leading '/' from absolute path names
\# file: home
\# owner: usera
\# group: usera
```

```
user::rwx
group::r-x
other::r-x
```

利用 setfacl 命令设置访问控制列表权限。

输入 vi /etc/fstab 命令加入 ACL，让分区支持 ACL。

输入 mount -o remount 重新挂载文件系统或重启系统，使修改生效。

```
[usera@localhost ~]# vi /etc/fstab                          #加入 ACL,让分区支持 ACL
UUID=c2ca6f57-b15c-43ea-bca0-f239083d8bd2 /ext4 defaults,acl     #加入 ACL
[usera@localhost ~]# mount -o remount /   #重新挂载文件系统或重启系统,使修改生效
```

2. ACL 综合案例

①利用 useradd 命令创建新用户 usera。

②利用 passwd 设置 usera 的密码。

③利用 cd 命令切换到 home。

④利用 mkdir 命令在 home 目录下创建 tmp 目录。

⑤输入 chmod 770 tmp 设置 tmp 目录其他人没有权限。

⑥输入 setfacl 命令设置 usera 用户对 tmp 目录的读写操作。

⑦利用 getfacl 命令查看 tmp 目录下 ACL 设置情况。

```
[usera@localhost /]# useradd test2                  #创建新用户
[usera@localhost /]# passwd test2                   #设置 test2 密码
更改用户 test2 的密码。
新的 密码:
无效的密码:密码少于 8 个字符
重新输入新的 密码:
passwd:所有的身份验证令牌已经成功更新。

[usera@localhost /]# cd home                        #切换到 home 目录
[usera@localhost home]# mkdir tmp                      #在 home 目录创建 tmp 目录
[usera@localhost home]# chmod 770 tmp                  #设置 tmp 目录其他人没有权限
[usera@localhost home]# setfacl -m u:test2:rx tmp    #设置 test2 用户对 tmp 目录的读
写操作
[usera@localhost home]# getfacl tmp                    #查看 tmp 目录下 ACL 设置情况
\# file: tmp
\# owner: usera
\# group: usera
user::rwx
user:test2:r-x
group::rwx
mask::rwx
other::---
```

利用 su 命令切换用户进行测试。

```
[usera@localhost home]#su -test2          #切换用户
[test2@localhost home]$                        #在 test2 用户切换到/home/tmp
```

设置用户组 ACL：

```
[usera@localhost home]gpasswd -a test2 test#系统已存在了 test 组,直接把 test2 的用户加入该组
[usera@localhost home]# setfacl -m g:test:rwx tmp   #现在只设置用户,ACL 命令把用户名 u 修改为用户名 g,把用户组名 test2 改为 test。
```

setfacl -m 命令修改最大权限：

```
[usera@localhost home]# setfacl -m m:rx tmp          #设定 mask 权限为 r-x
```

利用 setfacl -x 删除 ACL 权限：

```
[usera@localhost home]# setfacl -x u:test2 tmp       \#删除指定用户的 ACL 权限
[usera@localhost home]# setfacl -x g:test tmp           #删除指定用户组的 ACL 权限
```

通过加 -b 选项来删除目录下的所有 ACL 权限：

```
[usera@localhost home]#setfacl -b 目录名称
```

递归 ACL 权限：

```
[usera@localhost home]# setfacl -m u:test2 -R  tmp         #在 test2 后面加 -R
```

默认 ACL 权限：

```
[usera@localhost home]# setfacl -m d:u:test2 -R  tmp
```

任务7-4　企业实战

系统中有两个账号 lily 和 billy，这两个账号除了支持自己的群组，还共同支持一个 newpj 的群组。现要实现这两个账号共同拥有/srv/savi/目录的开发权，为避免项目资料外传及被误删，要求该目录不允许别的账号进入查看。

1. 创建账号

①利用 groupadd 命令增加新的组 newpj。

②利用 useradd 命令创建 lily 和 billy 两个账户且支持 newpj。

③查看 lily 和 billy 属性。

```
[usera@localhost /]# groupadd newpj              #创建 newpj 群组
[usera@localhost /]#useradd -G newpj lily          #创建新用户 lily 账号,并支持 newpj
[usera@localhost /]#useradd -G newpj billy          #创建新用户 billy 账号,并支持 newpj
[usera@localhost /]#id lily                                    #查看 lily 账号属性
uid=1008(lily) gid=1012(lily) 组=1012(lily),1011(newpj)  #确定支持 newpj
```

```
[usera@localhost /]#id lily                                    #查看 lily 账号属性
uid=1009(billy) gid=1012(lily) 组=1013(lily),1011(newpj)  #确定支持 newpj
```

2. 建立项目目录

①利用 mkdidr 命令创建 newpj 群组。

②利用 ll 命令查看权限。

```
[usera@localhost /]#mkdir  /srv/savi              #创建 newpj 群组
[usera@localhost /]#ll -d  /srv/savi         #查看权限,不能在该目录内创建文件
drwxr-xr-x 2 usera usera 4096 Sep 29 22:36 /srv/savi
```

3. 修改权限和属性

修改权限和属性，使 lily 和 billy 拥有在项目目录内建立文件的权限，且其他人不能进入该目录。

①利用 chgrp 命令修改所属群组。

②利用 chmod 命令改变目录权限。

```
[usera@localhost /]#chgrp newpj  /srv/savi
[usera@localhost /]#chmod 770 /srv/savi
[usera@localhost /]#ll -d  /srv/savi
drwxrwx--- 2 usera newpj 4096 Sep 29 22:36 /srv/savi #查看权限,lili 和 billy 都支持
newpj。
```

4. 分别用 lily 和 billy 两个账号建立文件来进行测试

①利用 su 命令切换 lily 身份。

②利用 cd 命令切换到群组工作目录。

③利用 touch 命令建立一个空的文件夹。

④利用 exit 命令离开 lily 身份。

⑤利用 su 命令切换 billy 身份。

⑥利用 ll 命令查看权限，发现 billy 不支持。

⑦利用 exit 命令离开 billy 身份。

```
[usera@localhost /]#su - lily
[lily@localhost /]$cd /srv/savi
[lily@localhost savi]$ touch abcd
[lily@localhost /]$exit
[usera@localhost /]#su - billy
[billy@localhost /]$cd /srv/savi
[billy@localhost savi]$ ll abcd
-rw-rw-r-- 1 lily lily 0 Sep 29 22:46 abcd
[billy@localhost /]$exit
```

5. 加入 SGID 的权限

①利用 chmod 命令修改权限。

②利用 ll 命令查看权限。

```
[usera@localhost /]#chmod 2770 /srv/savi
[usera@localhost /]#ll -d  /srv/savi
```

6. 使用 alex 账号建立文件并查看文件权限

①利用 su 命令切换 lily 账号。

②利用 cd 命令切换到群组工作目录。

③利用 touch 命令建立一个空的文件夹。

④利用 ll 命令查看权限，lily 和 billy 新建的文件都属于群组 newpj。

```
[usera@localhost /]#su - lily
[lily@localhost /]$cd /srv/savi
[lily@localhost savi]$ touch 1234
[lily@localhost savi]$ ll 1234
-rw-rw-r—1 lily newpj 0 Sep 29 22:53 1234
[lily@localhost /]$exit
```

7.7　信创拓展

国产操作系统的磁盘管理操作与 RedHat 的类似，请在安装好的国产操作系统中完成如下相关任务：

系统中有两个账号 lily 和 billy，这两个账号除了支持自己的群组，还共同支持一个 newpj 的群组。现要实现这两个账号共同拥有/srv/savi/目录的开发权，为避免项目资料外传及被误删，要求该目录不允许别的账号进入查看。

7.8　巩固提升

一、选择题

1. 存放 Linux 基本命令的目录是（　　）。

A. /bin　　B. /tmp　　C. /lib　　D. /root

2. 对于普通用户创建的新目录，（　　）是默认的访问权限。

A. rwxr - xr - x　　B. rw - rwxrw -

C. rwrwrxr - x　　D. rwxrwxrw -

3. 系统中有用户 user1 和 user2，同属于 users 组。在 user1 用户目录下有一文件 file1，它拥有 644 的权限，如果 user2 想修改 user1 用户目录下的 file1 文件，应拥有（　　）权限。

A. 744　　B. 664　　C. 646　　D. 746

二、实操题

将/root/ca 文件的用户所有者更改为用户 qingyun。

7.9 项目评价

本项目采用基于目标导向的“多主体、多维度、全过程”评价方式。

多主体采用智慧职教云课堂、教师、学生、企业兼职教师多主体评价；多维度从知识、能力、素质目标三个维度评价；全过程按照课前、课后、课中三个阶段全过程评价。

项目7　文件系统的管理评分表

考核方向	考核内容	分值	考核标准	评价方式
相关知识（30分）	全面认识文件系统和目录	4	答案准确规范，能有自己的理解为优	教师提问和学生进行课程平台自测
	管理 Linux 文件权限	6	答案准确规范，能有自己的理解为优	
	文件与目录的默认权限与隐藏权限管理	10	答案准确规范，能有自己的理解为优	
	文件访问控制列表	10	答案准确规范，能有自己的理解为优	
项目实施（50分）	任务7-1　管理 Linux 文件权限	10	能够在规定时间内完成，有具体清晰的截图，各配置步骤正确，测试结果准确	客户评、学生评、教师评
	任务7-2　管理 Linux 文件权限	20	能够在规定时间内完成，有具体清晰的截图，各配置步骤正确，测试结果准确	客户评、学生评、教师评
	任务7-3　文件访问控制列表	20	能够在规定时间内完成，有具体清晰的截图，各配置步骤正确，测试结果准确	客户评、学生评、教师评
素质考核（20分）	职业精神（操作规范、吃苦耐劳、团队合作）	10	操作规范、吃苦耐劳、团队合作愉快	学生评、组内评、教师评
	工匠精神（作品质量、创新意识）	5	作品质量好，有一定的创新意识	客户评、教师评
	信息安全意识	5	有自主安全可控的信创意识	客户评、教师评

项目 8

软件包的安装与管理

8.1 学习导航

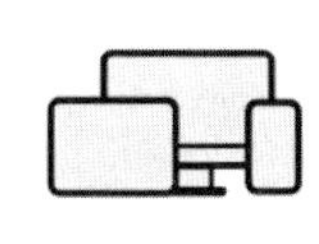

软件包的安装与管理

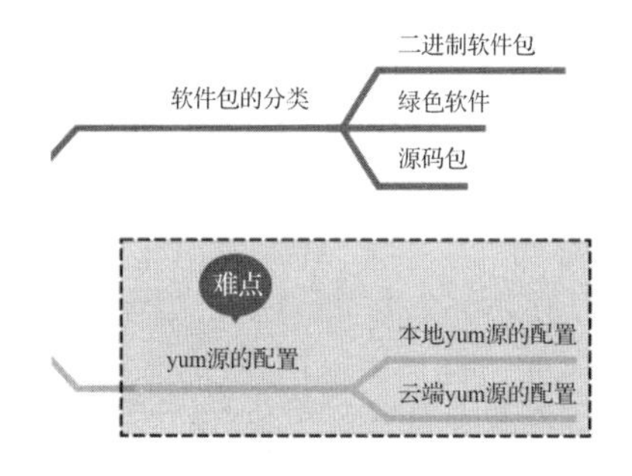

8.2 学习目标

学习目标：

- 了解 rpm 软件包管理器
- 了解 dnf 软件包管理器
- 熟练掌握软件包的安装过程

能力目标：

- 掌握使用 rpm 命令安装软件包
- 熟练使用 dnf 命令安装软件包

素质目标：

- 树立诚实守信、细心规范的工作态度
- 增强沟通与协调能力、团队合作精神
- 提升自主安全可控的信创意识

8.3 项目导入

公司的 Linux 8 操作系统运行了一段时间后，发现有些软件包需要更新或者重新下载，例如 telnet 客户端需要安装，以便更好地实现文件传输；同时，为了提高工作沟通效率，决定安装 QQ 等实时交流软件，现在需要选派一名技术员进行系统的安装。

8.4 项目分析

计算机由硬件和软件组成，软件包括系统软件和应用软件，操作系统属于系统软件，仅有操作系统，计算机只能完成基本的文件管理工作，而要完成各种特定的工作，还得安装各种应用较件才行，比如在 Windows 中，若要看电影，就得安装一个视频播放器，若要编辑 Word 文档，就得安装相关办公软件。Linux 也一样，要学习服务器配置，首先要安装各种服务，相当于要安装各种应用软件，本项目将详细讲解 Linux 中安装软件的方法，以及软件的卸载、升级与查询等软件管理问题。因此，要了解 Linux 下软件包的相关概念并学会管理软件包。完成本项目主要分为以下几个任务。

（1）利用 rpm 命令安装简单的没有依赖关系的软件包，如 telnet 客户端。

（2）具有依赖关系的软件包的安装，如从网络下载并安装 QQ。

8.5 相关知识

8.5.1 软件安装包格式类型

根据安装包是否经过封装，在 Linux 系统中将其分为源码包与二进制包（又称为封装后的软件包），两种安装包的安装方式不同。

1. 源码包

源码包就是一大堆源代码程序，是由程序员按照特定的格式和语法编写出来的。源码包一般包含多个文件，为了方便发布，通常会将源码包做打包压缩处理，Linux 中最常用的打包压缩格式为“tar. gz”，因此，源码包又被称为 Tarball。GNU 社区、官方网站都有源码包供下载。需要进行编译，变成二进制的软件包后，才可安装使用。安装过程比较复杂，因为篇幅有限，本教材不做详细讲述。

2. 二进制包

相比源码包，二进制包是在软件发布时已经进行过编译的软件包，所以安装速度比源码包快得多（和 Windows 下软件安装速度相当）。也正是因为已经进行了编译，大家无法看到软件的源代码。

二进制包是 Linux 下默认的软件安装包，因此，二进制包又被称为默认安装软件包。目前主要有以下两大主流的二进制软件包。

（1）rpm 包：red hat package manerger，后缀为 rpm。

rpm 是由 RedHat 开发的软件包管理器，类似 Windows 中的“添加/删除”程序。rpm 软件包管理器中通常包含二进制包和源代码包，二进制包可以通过 rpm 命令安装在系统上，而源代码包则可以通过 rpm 命令提取对应软件的源代码，以便进行学习或二次开发，是以“. rpm”为扩展名的文件。操作 rpm 软件包的命令为 rpm，用于安装已下载到本地目录的 rpm 软件包。rpm 软件包的完整名称一般由 4 个元素组成，其格式为“软件名 - 主版本号 -

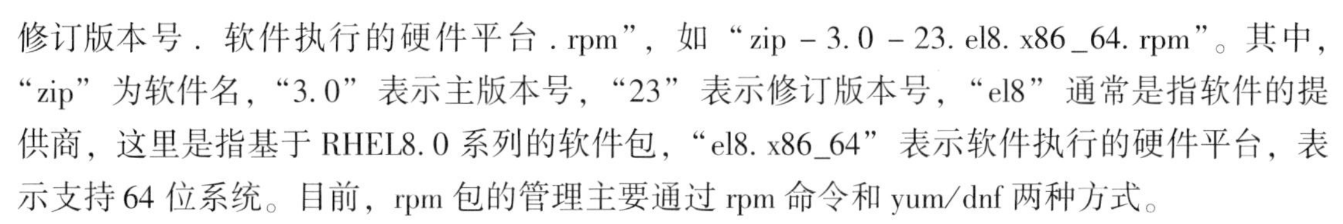

修订版本号．软件执行的硬件平台．rpm”，如“zip－3.0－23.el8.x86_64.rpm”。其中，“zip”为软件名，“3.0”表示主版本号，“23”表示修订版本号，“el8”通常是指软件的提供商，这里是指基于RHEL8.0系列的软件包，“el8.x86_64”表示软件执行的硬件平台，表示支持64位系统。目前，rpm包的管理主要通过rpm命令和yum/dnf两种方式。

（2）deb包：安装在Debian Linux上的包，后缀为deb。主要应用在Debian、Ubuntu、Kali中。

8.5.2　rpm命令管理软件包

1. 基本语法和参数

Linux系统的软件包管理工具，负责安装、更新、卸载软件，生成扩展名为.rpm的文件rpm（选项）（参数）包名。

```
[root@Server1 ~]# rpm "选项" 包全名
```

注意：一定是包全名。

rpm命令常用参数介绍见表8－1。

表8－1　rpm命令常用参数

参数	说明
－i	安装
－v	显示执行过程
－h	显示安装进度（打印#）
－U	升级到新版本
－q	查询（常配合其他参数使用）
－a	查询所有软件
－l	查看软件的安装位置
－f	查看拥有指定文件的软件
－V	校验

2. 查询已安装软件包的信息

使用rpm命令查询已安装软件包的信息时，常用的选项如下。

－qa：列出所有已安装的软件包。

```
[root@Server1 ~]#  rpm -qa
```

－qf：查询某目录下的文件属于哪个软件包，以“/usr/bin/”目录下的“zip”文件为例。

```
[root@Server1 ~]# rpm -qf /usr/bin/zip zip-3.0-23.el8.x86_64
```

查询“/usr/bin/”目录下的“zip”文件属于哪个软件包。

3. rpm 安装命令

```
[root@server1 ~]# rpm -ivh 包全名
```

选项：

-i：安装（install）。

-v：显示更详细的信息（verbose）。

-h：打印#，显示安装进度（hash）。

有些软件具有依赖关系，有时我们会发现，在安装软件包 a 时，要先安装 b 和 c，而在安装 b 时，需要先安装 d 和 e。这就需要先安装 d 和 e，再安装 b 和 c，最后才能安装 a。

4. rpm 包的升级

```
[root@server1 ~]# rpm -Uvh 包全名
```

选项：

-U（大写）：升级安装。如果没有安装过，则系统直接安装。如果安装过的版本较低，则升级到新版本（upgrade）。

```
[root@server1 ~]# rpm -Fvh 包全名
```

选项：

-F（大写）：升级安装。如果没有安装过，则不会安装。必须安装有较低版本才能升级（freshen）。

5. rpm 包卸载

卸载是有依赖性的。比如，在安装的时候，要先安装 httpd 软件包，再安装 httpd 的功能模块 mod_ssl 包。那么，在卸载的时候，一定要先卸载 mod_ssl 软件包，再卸载 httpd 软件包，否则，就会报错。软件包的卸载和拆除大楼是一样的，要拆除 2 楼和 3 楼，一定要先拆除 3 楼。删除格式非常简单，如下：

```
[root@server1 ~]# rpm -e firefox-60.2.2-1.el7.centos.x86_64 # 卸载 firefox 浏览器
```

使用 rpm 命令管理 rpm 软件包有如下特点：

优点：安装、卸载、升级、查看都比较方便，一条命令即可解决。

缺点：有依赖关系，需要解决复杂的依赖关系，如安装 A 需要先安装 B，安装 B 需要先安装 C。

8.5.3 dnf 命令管理软件包

1. yum 和 dnf 简介

在 RHEL 系统中，通过 rpm 命令可以对软件包进行相应的处理。但由于系统中的软件包之间存在一定的依赖性，安装某个软件包时，可能需要其他软件包的支持，这对用户来说十分不方便，因此，出现了网络化软件包管理器 yum。

yum可以说是一个管理rpm软件包的前端工具，其基于rpm软件包进行管理，能够从指定服务器自动下载rpm软件包并进行安装，可以自动处理依赖关系，并一次安装所有需要的软件包。在RHEL本地操作系统中设置相应的软件仓库地址，即可使用yum软件包管理器。yum软件包管理器提供了安装、升级、查询、删除某个/某组甚至全部软件包的命令，简单易懂。

从REHL 8开始，系统默认的软件包管理器是dnf，系统提供的yum命令仅为dnf命令的软链接。dnf是“dandified yum”的简称，是基于rpm软件包的Linux发行版本的软件包管理器。

dnf软件包管理器与yum软件包管理器的区别在于：

（1）yum软件包管理器禁止删除正在使用的内核，而dnf软件包管理器允许删除所有内核，包括正在使用的内核。

（2）在更新软件包时，yum软件包管理器不进行依赖包相关性的检查，而dnf软件包管理器如果检查到存在不相关的依赖包，则不会进行软件包更新。

（3）yum软件包管理器在解决依赖包问题时，存在性能较差、内存占用大等问题，而dnf软件包管理器采用了由SUSE开发的“libsolv”库，以提升依赖包解析性能，其依赖包解析速度比yum软件包管理器更快，且比yum软件包管理器消耗更少内存。

（4）dnf软件包管理器代码比yum软件包管理器简单，约有29 000行代码，而yum软件包管理器代码有59 000多行。

（5）dnf软件包管理器使维护软件包组变得更容易，能够自动解决依赖性问题，能够解决yum软件包管理器的一些问题，能优化内存使用，加快执行速度等。它不仅解决了yum软件包管理器待解决的问题，还添加了许多新功能，以实现rpm软件包管理。

使用dnf命令安装软件包时，虽然取消了yum软件包管理器的配置方法，改变了软件包的安装方式，但是还能兼容yum软件包管理器的配置文件和命令。dnf软件仓库所在的目录依旧为“/etc/yum. repos. d/”，只不过需要配置“. repo”文件。dnf源的配置方法和yum源一样。

常用的dnf命令见表8－2。

表8－2　常用的dnf命令

命令	说明
dnf install	安装软件包
dnf update	检查并升级可用软件包
dnf search	搜索软件包
dnf repolist	列出可用的软件源
dnf clean	删除缓存
dnf remove	删除软件包

2. dnf 管理软件包过程

dnf 优点：能够自动解决依赖关系，但是需要一个软件仓库，软件仓库指的是存放软件包和软件包之间依赖关系的地方。

(1) 需要有软件仓库。

仓库可以位于本地→本地 yum 源，本教材重点介绍本地源的配置。

仓库可以位于远程→网络 yum 源，必须能够联网。

(2) 需要告诉 yum 工具到哪个仓库里找。

默认有一个地方，存放了 repo 文件，即定义了去哪个仓库里找。

3. RHEL8 配置本地 yum 源

BaseOS 存储库：BaseOS 存储库旨在提供一套核心的底层操作系统的功能，为基础软件安装库。

AppStream 存储库：AppStream 存储库中包括额外的用户空间应用程序。AppStream 中的内容有两种格式：RPM 格式和模块（RPM 格式扩展）。

4. 配置本地 yum 源文件示例

首先挂载好 iso 文件，然后编辑/etc/yum. repos. d/xxx. repo 配置文件。例如 repo 文件名为 RedHat8dvd. repo。

```
[root@Server1 Desktop]# vim /etc/yum.repos.d/RedHat8dvd.repo
```

按 i 后进入编辑状态，把文本修改为如下内容后，按 Esc 键后输入“:wq!”进行保存退出。

```
[Media]
name = Meida
baseurl = file:///media/BaseOS
gpgcheck = 0
enabled = 1

[RedHat8 - AppStream]
name = RedHat8 - AppStream
baseurl = file:///media/AppStream
gpgcheck = 0
enabled = 1
```

参数说明：

```
[LocalRepo]     # 存储库的名称
name            # 存储库内容说明
baseurl     # yum 源地址
enabled # 存储库是否生效
gpgcheck # 是否进行 gpg 校验,gpgcheck = 0,那么 gpgkey 可以不写
```

8.6　项目实施

任务8－1　利用 rpm 命令安装 telnet 客户端

（1）连接本地 iso 光盘镜像，并挂载到/media 目录下，如图 8－1 所示。

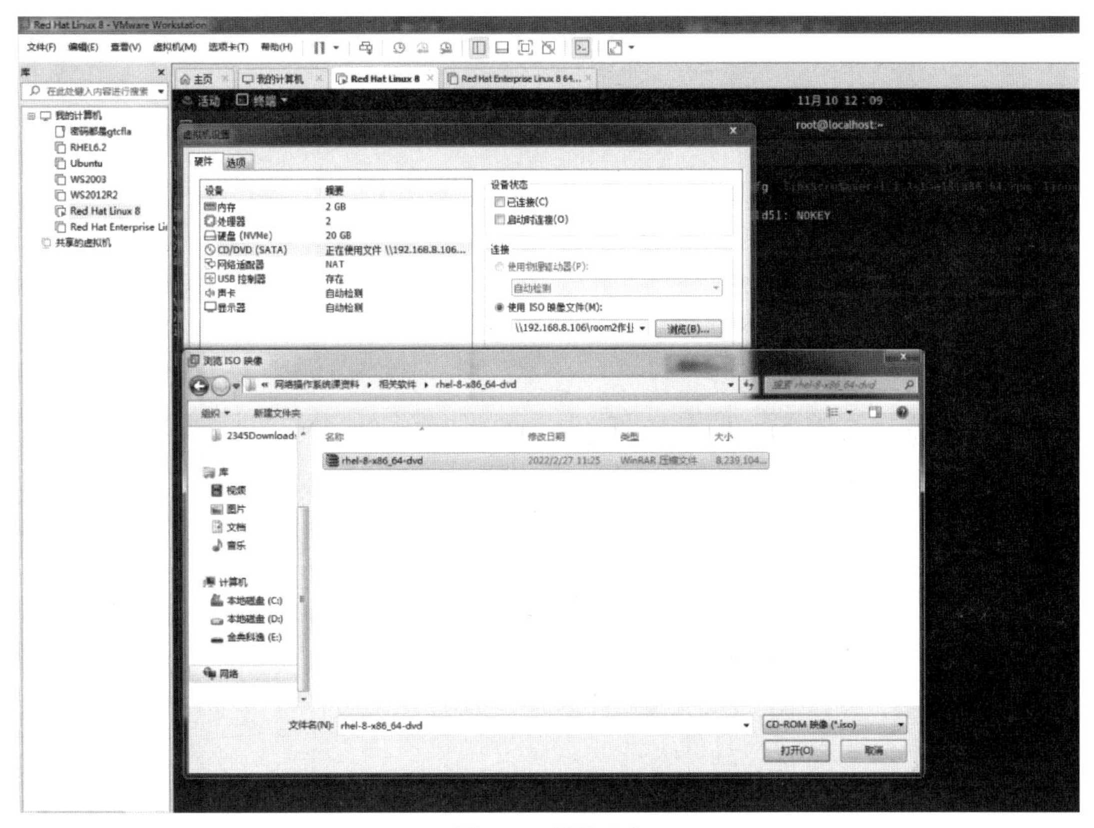

图 8－1　连接光盘

```
[root@Server1 ~]# mount /dev/cdrom /media
mount: /media: WARNING: device write-protected, mounted read-only.
```

（2）查找 telnet 软件包。

```
[root@Server1 ~]# find /media -name telnet
```

（3）将该 rpm 软件包复制到/root 下。

```
[root@Server ~]# ls
公共  视频  文档  音乐  anaconda-ks.cfg      telnet-0.17-73.el8.x86_64.rpm
模板  图片  下载  桌面  initial-setup-ks.cfg
```

（4）安装 telnet 软件包。

```
[root@Server ~]# rpm -ivh telnet-0.17-73.el8.x86_64.rpm
警告:telnet-0.17-73.el8.x86_64.rpm: 头 V3 RSA/SHA256 Signature, 密钥 ID fd431d51:
NOKEY
Verifying...                          ################################# [100%]
准备中...                             ################################# [100%]
正在升级/安装...
  1:telnet-1:0.17-73.el8              ################################# [100%]
```

(5) 查询验证已经安装好软件包。

```
[root@Server1 firefox]# rpm -qa |grep telnet
```

任务 8-2　从网络下载并安装 QQ

1. 官网下载 QQ

具体的下载地址可以在官网上选择，下载 QQ 的 Linux 版本。注意，要选择 rpm 包，然后复制该下载链接，如图 8-2 所示。

```
[root@Server ~]#wget
https://dldir1.qq.com/qqfile/qq/QQNT/4cb54015/linuxqq_3.2.1-17816_x86_64.rpm
--2023-11-10 11:40:08--  https://dldir1.qq.com/qqfile/qq/QQNT/4cb54015/
linuxqq_3.2.1-17816_x86_64.rpm
正在解析主机 dldir1.qq.com (dldir1.qq.com)... 124.225.195.121, 124.225.195.95,
124.225.193.61, ...
正在连接 dldir1.qq.com (dldir1.qq.com)|124.225.195.121|:443... 失败:拒绝连接。
正在连接 dldir1.qq.com (dldir1.qq.com)|124.225.195.159|:443... 已连接。
已发出 HTTP 请求,正在等待回应... 200 OK
长度:131499244 (125M) [application/octet-stream]
正在保存至:"linuxqq_3.2.1-17816_x86_64.rpm"
linuxqq_3.2.1-17816_x86_64.rpm
100%[==============================================================
=======================================>] 125.41M  6.01MB/s  用时 21s

2023-11-10 11:41:56 (5.84 MB/s) - 已保存 "linuxqq_3.2.1-17816_x86_64.rpm"
[131499244/131499244])
```

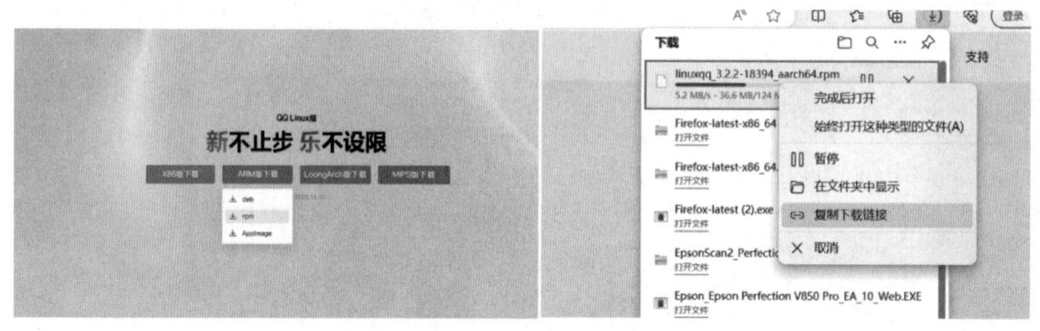

图 8-2　QQ 官网地址获得方式

2. 安装QQ软件包

```
[root@Server ~]# ls
公共 模板 视频 图片 文档 下载 音乐 桌面 anaconda-ks.cfg initial-setup-ks.cfg linuxqq_3.2.1-17816_x86_64.rpm telnet-0.17-73.el8.x86_64.rpm
[root@Server ~]#rpm -ivh linuxqq_3.2.1-17816_x86_64.rpm
错误:依赖检测失败:
libXScrnSaver 被 linuxqq-3.2.1_17816-1.x86_64 需要。
```

注意：此时显示，libXScrnSaver 被 linuxqq-3.2.1_17816-1.x86_64 需要，也就是包的依赖关系，需要先安装 libXScrnSaver 软件包。

3. 解决包的依赖关系

可以通过 dnf 的方式搭建 yum 源，解决包的依赖关系

①准备 RedHat 8 操作系统的 iso 文件。

②配置本地 yum 源文件。

```
[root@Server ~]# vim /etc/yum.repos.d/RedHat8dvd.repo
```

按 i 后进入编辑状态，把文本修改为如下内容后，按 Esc 键后输入“:wq!”进行保存退出。

```
[Media]
name=Meida
baseurl=file:///media/BaseOS
gpgcheck=0
enabled=1

[RedHat8-AppStream]
name=RedHat8-AppStream
baseurl=file:///media/AppStream
gpgcheck=0
enabled=1
```

③挂载 iso 映像文件。

```
[root@Server1 ~]# mount /dev/cdrom /media
mount: /media: WARNING: device write-protected, mounted read-only.
```

④使用 dnf 命令清理缓存并安装软件包，其中，-y 表示对安装过程中的确认回答 yes，如果不写 -y，也可以在安装过程中出现“确定吗？[y/N]:”时输入“y”。

```
[root@Server ~]# dnf clean all
[root@Server ~]# dnf install libXScrnSaver
Updating Subscription Management repositories.
Unable to read consumer identity
This system is not registered to RedHat Subscription Management. You can use
subscription-manager to register.
Media
                                                    19 MB/s |2.3 MB     00:00

rhel8-AppStream                                     24 MB/s |5.8 MB     00:00
依赖关系解决。
======================================================================
======================================================================
==================================================
软件包                架构              版本              仓库              大小
======================================================================
======================================================================
==================================================
安装:
libXScrnSaver                                   x86_64
1.2.3-1.el8                                   rhel8-AppStream
     31 k

事务概要
======================================================================
======================================================================
==================================================
安装 1 软件包

总计:31 k
安装大小:43 k
确定吗? [y/N]: y
下载软件包:
运行事务检查
事务检查成功。
运行事务测试
事务测试成功。
运行事务
  准备中  :                                                  1/1
  安装    : libXScrnSaver-1.2.3-1.el8.x86_64                 1/1
  运行脚本: libXScrnSaver-1.2.3-1.el8.x86_64                 1/1
  验证    : libXScrnSaver-1.2.3-1.el8.x86_64                 1/1
Installed products updated.

已安装:
  libXScrnSaver-1.2.3-1.el8.x86_64

完毕!
[root@Server ~]#
```

4. 再次安装 QQ 软件包

```
[root@Server ~]# rpm -ivh linuxqq_3.2.1-17816_x86_64.rpm
Verifying...                         ################################# [100% ]
准备中...                            ################################# [100% ]
正在升级/安装...
  1:linuxqq-3.2.1_17816-1            ################################# [100% ]
```

5. QQ 已经正常安装（图 8-3）

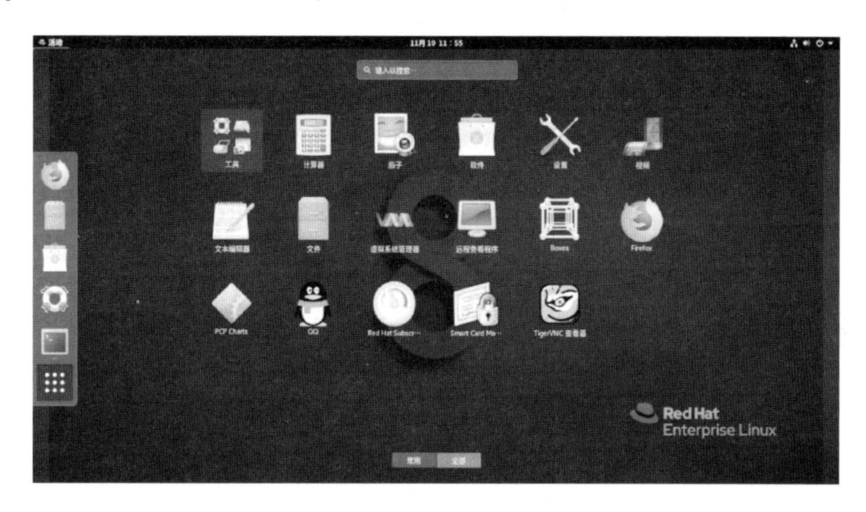

图 8-3　QQ 软件已经安装好

8.7　信创拓展

请在银河麒麟 V10 操作系统上部署 yum 源并尝试安装软件包，步骤提示：

(1) 准备好系统镜像。

(2) 挂载光驱，执行如下命令：

```
mount /dev/sr0 /mnt
```

(3) 创建 yum 本地源配置文件：vim /etc/yum. repos. d/cdrom. repo，配置如图 8-4 所示，然后保存。

```
[root@localhost 桌面]# cat /etc/yum.repos.d/cdrom.repo
[cdrom]
name=kylin
baseurl=file:///mnt/
enabled=1
gpgcheck=0
[root@localhost 桌面]#
```

图 8-4　配置 yum 源

执行 yum repolist，打印，配置生效，如图 8-5 所示。

```
[root@localhost yum.repos.d]# yum repolist
Loaded plugins: langpacks, product-id, search-disabled-repos, subscription-
              : manager
This system is not registered with an entitlement server. You can use subscription-manager to register.
cdrom                                              | 4.3 kB     00:00
(1/2): cdrom/group_gz                                | 145 kB   00:00
(2/2): cdrom/primary_db                              | 4.1 MB   00:02
repo id                         repo name                        status
cdrom                           rhel                             5,099
repolist: 5,099
```

图 8－5　yum repolist

（4）本地源配置之后，即可使用 yum 安装系统镜像自带的组件和软软件包。

查询组件、安装组件以及安装软件包，执行 yum grouplist 查询组件信息，如图 8－6 所示。

```
[root@localhost yum.repos.d]# yum grouplist
Loaded plugins: langpacks, product-id, search-disabled-repos, subscription-
              : manager
This system is not registered with an entitlement server. You can use subscription-manager to register.
There is no installed groups file.
Maybe run: yum groups mark convert (see man yum)
Available Environment Groups:
   Minimal Install
   Infrastructure Server
   File and Print Server
   Basic Web Server
   Virtualization Host
   Server with GUI
Available Groups:
   Compatibility Libraries
   Console Internet Tools
   Development Tools
   Graphical Administration Tools
   Legacy UNIX Compatibility
   Scientific Support
   Security Tools
   Smart Card Support
   System Administration Tools
   System Management
Done
```

图 8－6　查询组件信息

执行 yum groupinstall "Groups name" 安装组件，如安装系统时没有勾选 Development Tools，可在系统下使用 yum 安装，执行 yum groupinstall "Development Tools" 进行安装。执行 yum install "Package name" 安装软件包，如图 8－7 所示。

```
[root@localhost yum.repos.d]# yum install ipmitool OpenIPMI
Loaded plugins: langpacks, product-id, search-disabled-repos, subscription-manager
This system is not registered with an entitlement server. You can use subscription-manager to register.
cdrom                                                              | 4.3 kB  00:00:00
Resolving Dependencies
--> Running transaction check
---> Package OpenIPMI.x86_64 0:2.0.23-2.el7 will be installed
--> Processing Dependency: OpenIPMI-libs = 2.0.23-2.el7 for package: OpenIPMI-2.0.23-2.el7.x86_64
--> Processing Dependency: libOpenIPMI.so.0()(64bit) for package: OpenIPMI-2.0.23-2.el7.x86_64
--> Processing Dependency: libOpenIPMIcmdlang.so.0()(64bit) for package: OpenIPMI-2.0.23-2.el7.x86_64
--> Processing Dependency: libOpenIPMIglib.so.0()(64bit) for package: OpenIPMI-2.0.23-2.el7.x86_64
--> Processing Dependency: libOpenIPMIposix.so.0()(64bit) for package: OpenIPMI-2.0.23-2.el7.x86_64
--> Processing Dependency: libOpenIPMIui.so.1()(64bit) for package: OpenIPMI-2.0.23-2.el7.x86_64
--> Processing Dependency: libOpenIPMIutils.so.0()(64bit) for package: OpenIPMI-2.0.23-2.el7.x86_64
---> Package ipmitool.x86_64 0:1.8.18-7.el7 will be installed
--> Processing Dependency: OpenIPMI-modalias for package: ipmitool-1.8.18-7.el7.x86_64
--> Running transaction check
---> Package OpenIPMI-libs.x86_64 0:2.0.23-2.el7 will be installed
---> Package OpenIPMI-modalias.x86_64 0:2.0.23-2.el7 will be installed
--> Finished Dependency Resolution

Dependencies Resolved

==========================================================================================
 Package                  Arch              Version                   Repository      Size
```

图 8－7　安装软件包

8.8　巩固提升

一、选择题

1. 以下命令可以用于查询系统中软件包 yum 有哪些安装文件的是（　　）。

A. rpm －qf yum　　B. rpm －qi yum

C. rpm －qa l grep yum　　D. rpm －ql yum

2. 以下命令可以用于查询命令 ls 所属软件包的是（　　）。

A. rpm －qa l grep ls　　B. rpm －qi ls

C. rpm －qf /bin/ls　　D. rpm －ql /bin/ls

3. 以下关于 yum 命令的说法，错误的是（　　）。

A. yum 可以解决软件包依赖关系　　B. yum 可以方便地实现软件包升级

C. yum 也是通过 rpm 包安装软件　　D. yum 不可以更改 yum 源

二、简答题

1. 简述 rpm 命令安装和 dnf 安装的不同之处。

2. 简述 yum 和 dnf 的不同之处。

三、实操题

请下载并在 RedHat 8 上安装 WPS 软件。

8.9　项目评价

本项目采用基于目标导向的“多主体、多维度、全过程”评价方式。

多主体采用智慧职教云课堂、教师、学生、企业兼职教师多主体评价；多维度从知识、能力、素质目标三个维度评价；全过程按照课前、课后、课中三个阶段全过程评价。

项目8　软件包的安装与管理评分表

考核方向	考核内容	分值	考核标准	评价方式
相关知识（30分）	rpm 软件包管理器	10	答案准确规范，能有自己的理解为优	教师提问和学生进行课程平台自测
	dnf 软件包管理器	10	答案准确规范，能有自己的理解为优	
	软件包的安装过程	10	答案准确规范，能有自己的理解为优	
项目实施（50分）	任务8－1　利用 rpm 命令安装 telnet 客户端	25	能够在规定时间内完成，有具体清晰的截图，各配置步骤正确，测试结果准确	客户评、学生评、教师评
	任务8－2　从网络下载并安装 QQ	25	能够在规定时间内完成，有具体清晰的截图，各配置步骤正确，测试结果准确	客户评、学生评、教师评

续表

项目 8　软件包的安装与管理评分表				
考核方向	考核内容	分值	考核标准	评价方式
素质考核（20 分）	职业精神（操作规范、吃苦耐劳、团队合作）	10	操作规范、吃苦耐劳、团队合作愉快	学生评、组内评、教师评
	工匠精神（作品质量、创新意识）	5	作品质量好，有一定的创新意识	客户评、教师评
	信息安全意识	5	有自主安全可控的信创意识	客户评、教师评

项目 9

网络连接

9.1 学习导航

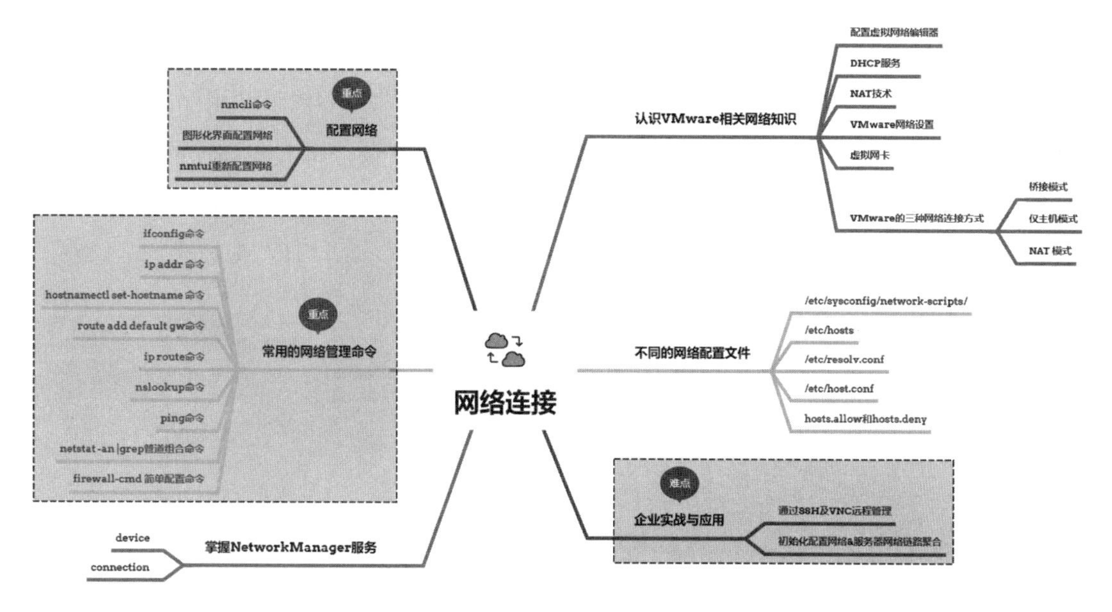

9.2 学习目标

知识目标：

- 认识最常见的网络连接方式
- 了解不同的网络配置文件
- 了解 NetworkManager 与 Network 服务

能力目标：

- 熟练掌握命令行配置网络连接
- 熟练掌握图形化界面配置网络连接
- 掌握企业生产环境下 Linux 系统网络连接初始化配置的标准流程

素质目标：

- 有坚强的意志，形成自信、谦虚、勤奋、诚实的品质，并具备承受风险和挫折的能力

- 养成劳动习惯，具备生活自理能力，并掌握一定的劳动技能和技巧
- 培养批判性思维和创造性思维，善于分析问题、解决问题，同时鼓励发散思维和想象力的发挥

9.3 项目导入

某公司新增了 Linux 服务器，并安装了 RedHat 8 Linux 操作系统，但还没有配置 TCP/IP 网络参数，请设置好各项 TCP/IP 参数并连通网络。

9.4 项目分析

作为企业的系统管理员，一项重要的工作就是配置和管理服务器的网络连接，因此系统管理员至少要学会 Linux 系统中网络连接相关参数的配置方法，能够通过反复练习，熟练掌握 Linux 配置远程管理网络的主要命令，最后能够熟练使用并解决实际问题。完成本项目主要分为以下几个任务。

（1）认识和了解网络连接相关知识。

（2）服务器的基本配置。

（3）配置临时网络连接相关参数。

（4）使用 nmcli 命令永久配置网络连接相关参数。

（5）使用图形化界面永久配置网络连接相关参数。

（6）使用 nmtui 命令永久配置网络连接相关参数。

（7）企业实战：配置远程管理。

9.5 相关知识

9.5.1 认识 VMware 网络设置

1. NAT 技术

NAT（网络转换）的功能是什么？有什么作用？

NAT 主要用于私网和公网的转换，内部主机均拥有各自的私网 IP 地址，通过带有 NAT 功能的路由器与外网通信时，路由器统一将内部主机 IP 地址转换成统一的外网 IP 地址。这样可以有效地保护内部主机，防止外部攻击。另外，也可应对 IP 地址不足的情况，其一般是 IPv4 地址不足的时候采用的一个技术。

2. VMware 网络设置

入口：选中虚拟机，右击，选择“设置”→“网络适配器”→“网络连接”，如图 9-1 所示。

选中虚拟机，单击“编辑”→“虚拟网络编辑器”，如图 9-2 所示。

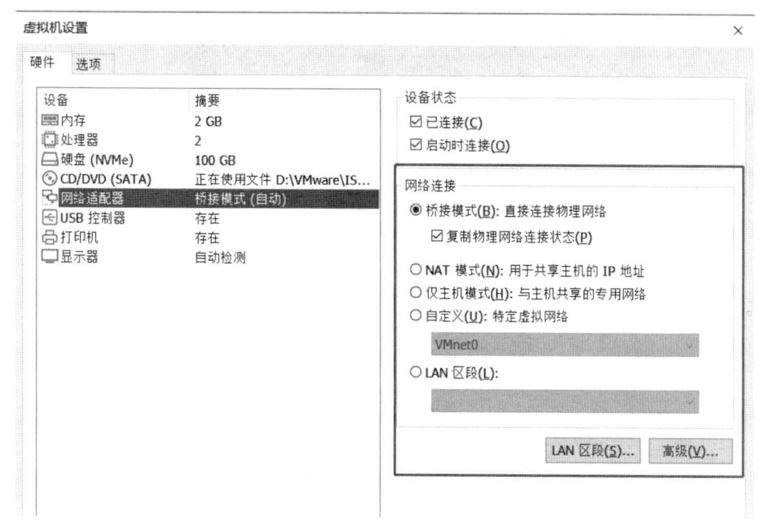

图9－1　虚拟机网络连接设置

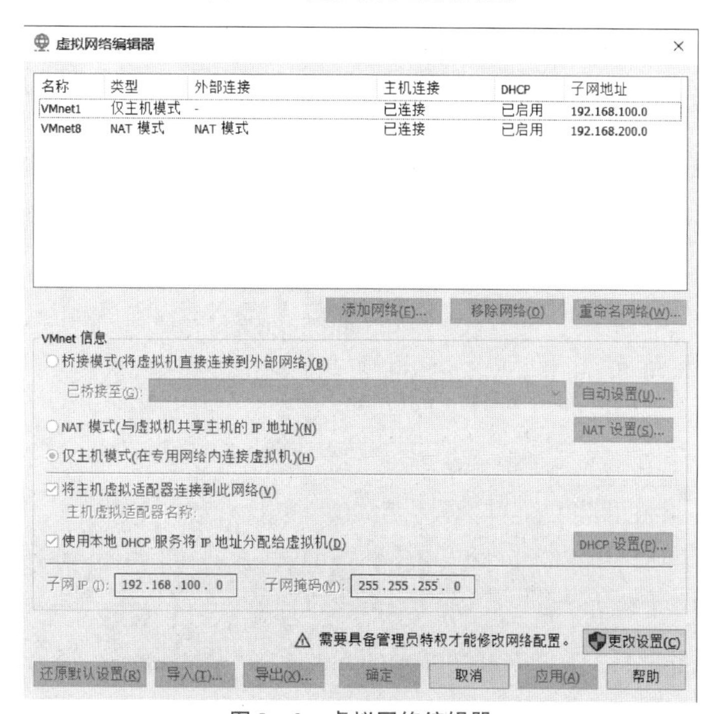

图9－2　虚拟网络编辑器

3. 虚拟网卡

主机与虚拟主机的通信，可以通过学习 VMware 的几种网络连接方式来了解。

当安装完 VMware 之后，系统中会多出两块虚拟网卡，分别是 VMware Network Adapter VMnet1 和 VMware Network Adapter VMnet8，如图9－3所示。

（1）VMware Network Adapter VMnet1：这是仅主机模式下，主机用于与仅主机虚拟网络进行通信的虚拟网卡。

（2）VMware Network Adapter VMnet8：这是 NAT 模式下，主机用于与 NAT 虚拟网络进行通信的虚拟网卡。

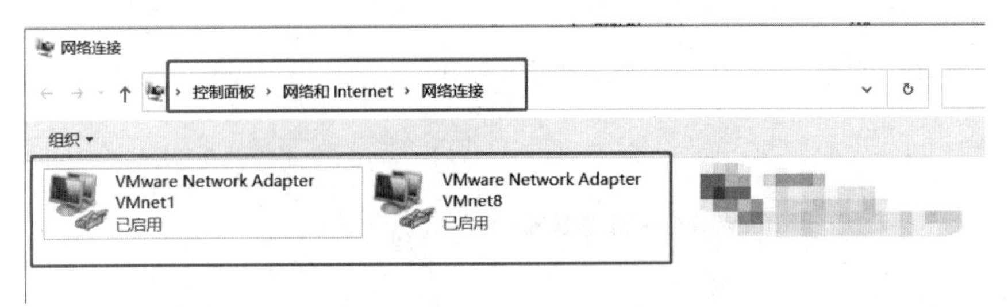

图 9－3　虚拟网卡

VMware 的网络连接方式有三种：

- 桥接模式
- NAT 模式
- 仅主机模式

如图 9－4 所示。

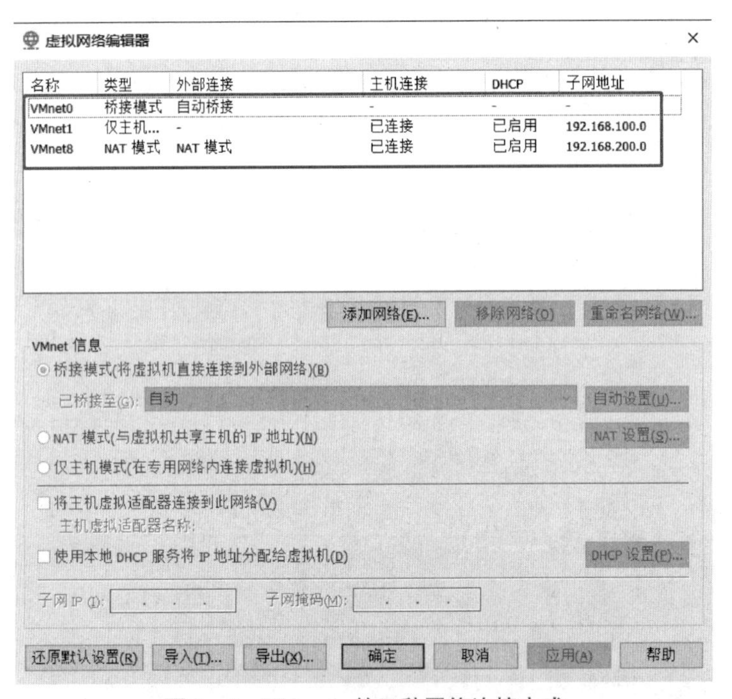

图 9－4　VMware 的三种网络连接方式

如果发现只有 VMnet1、VMnet8，没有 VMnet0，解决方案如图 9－5 所示。

1）桥接模式

桥接模式下，虚拟机桥接到宿主机的网卡，与宿主机同连在本地网络，这样虚拟机就相当于一台新的主机，路由器利用 DHCP 服务为虚拟机自动分配 IP 地址。桥接模式下，使用 VMnet0 连接到物理机的网络上。单击“自动设置”按钮，勾选对应的物理机网卡，如图 9－6 所示。

桥接模式的网络拓扑如图 9－7 所示。

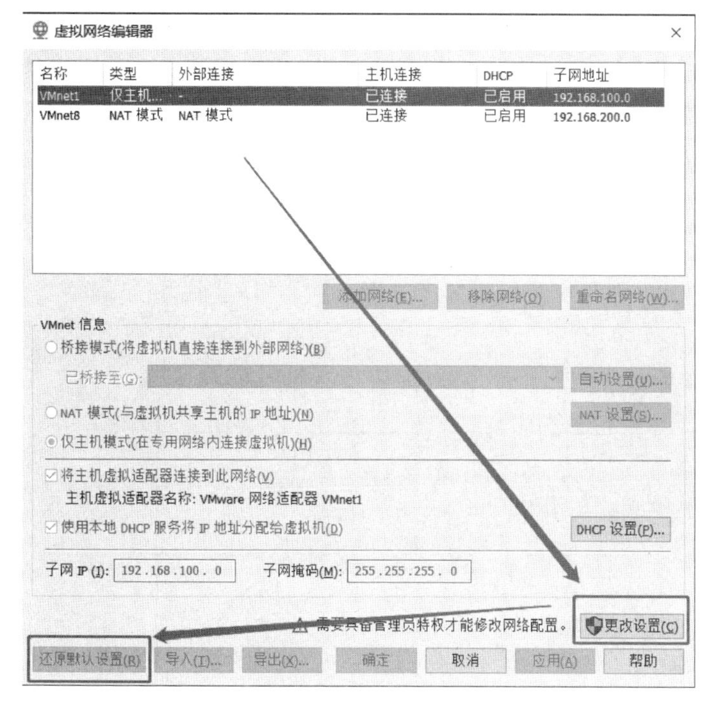

图 9－5　更改设置

自动桥接设置

选择您要自动桥接的主机网络适配器:

- ☐ Realtek PCIe GbE Family Controller
- ☑ Intel(R) Wireless-AC 9560
- ☐ Microsoft Wi-Fi Direct Virtual Adapter
- ☐ Microsoft Wi-Fi Direct Virtual Adapter #2

确定　取消　帮助

图 9－6　自动桥接设置

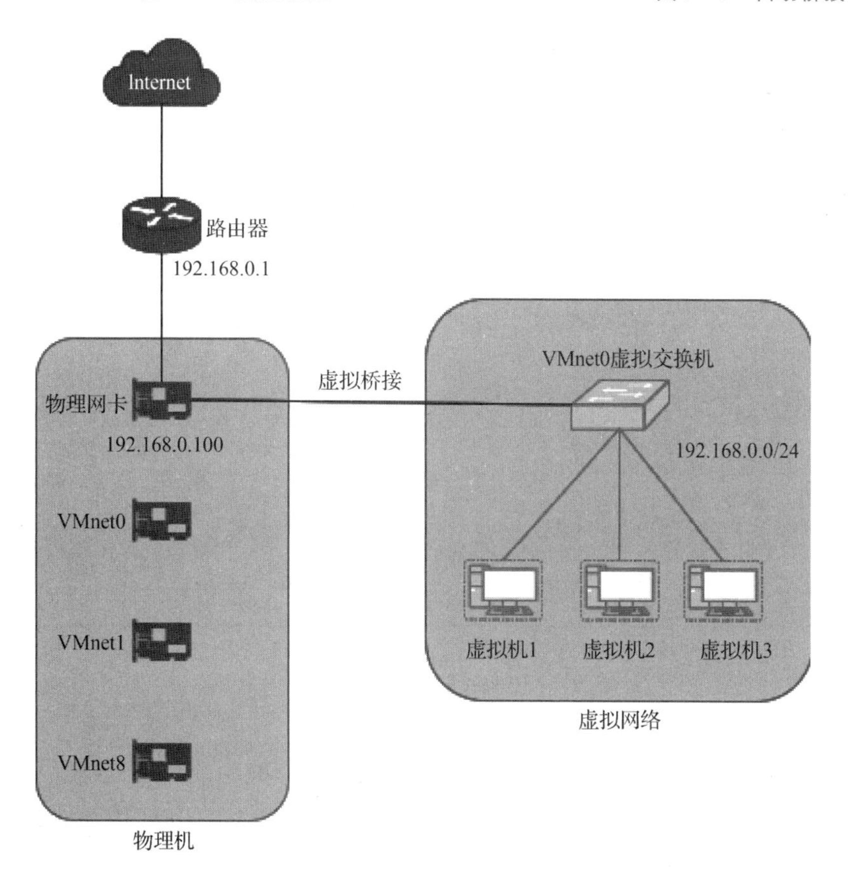

图 9－7　桥接模式网络拓扑

2）仅主机模式

仅主机模式下，虚拟机连接虚拟网卡 VMnet1。与此同时，宿主机除了连接本地网络外，也连接虚拟网卡 VMnet1，这样虚拟机与宿主机连接同一个网络，VMWare 的 DHCP 服务为宿主机和虚拟机自动分配 IP 地址，并且在同一个网段，这样虚拟机可以与宿主机进行通信。对于 DHCP 的配置，也可以根据实际情况进行地址池配置修改，还可以关闭 DHCP 功能，使用静态配置。

虚拟机唯一可访问的只有宿主机。如果虚拟机想要上外网，宿主机联网后进行网络共享即可。

主机模式的网络拓扑相比 NAT 模式，只是少了 NAT 配置项，如图 9－8 所示。

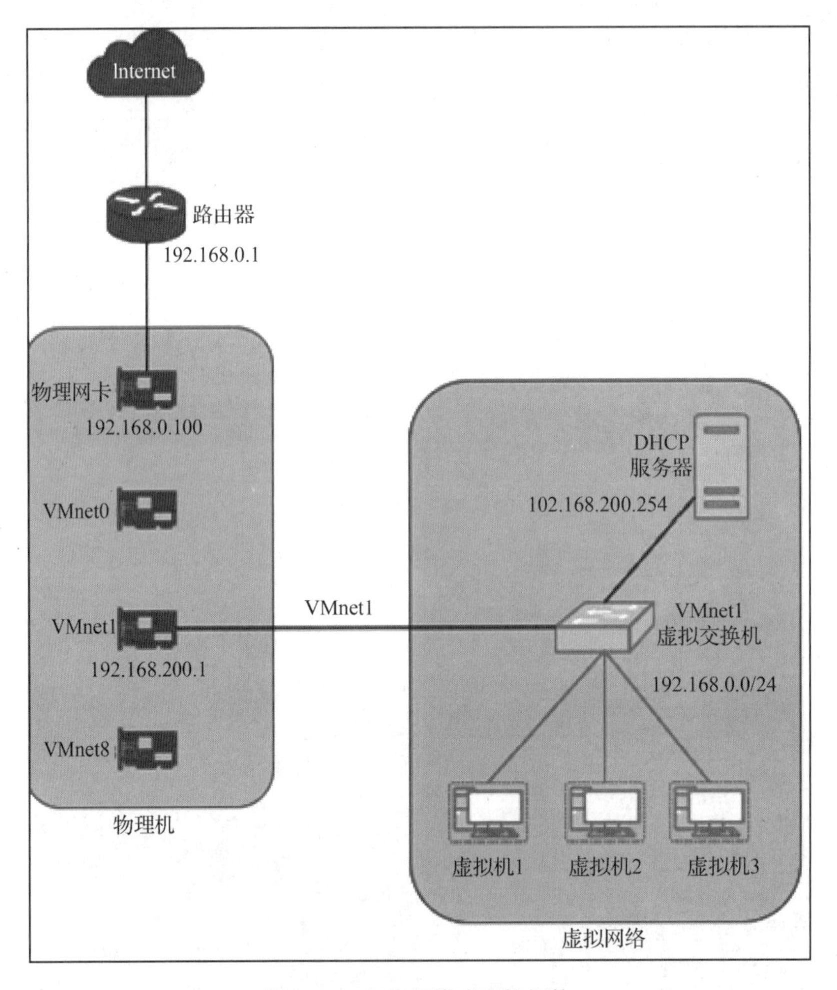

图 9－8　仅主机模式网络拓扑

3）NAT 模式

NAT 模式下，宿主机连接本地网络，虚拟机连接 VMnet8 虚拟网络，利用 NAT 技术连接到主机的网卡，以主机的 IP 地址与外部网络通信，当主机接收到返回给虚拟机的信息时，会通过特殊标记返回给虚拟网卡。

NAT 模式的网络拓扑如图 9－9 所示。

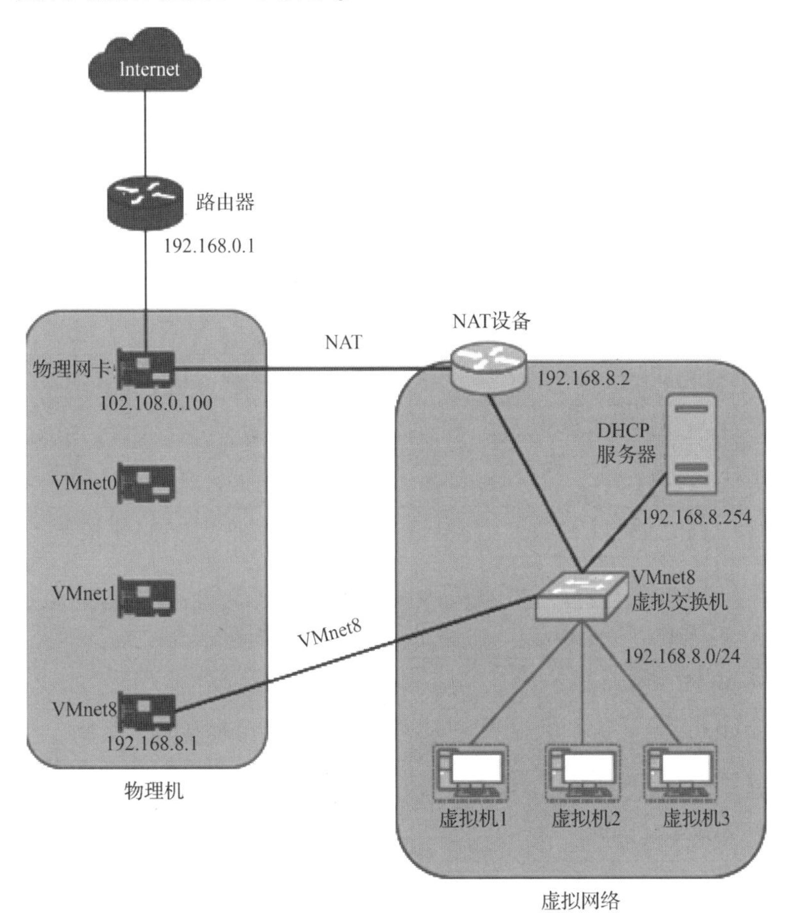

图 9－9　NAT 模式网络拓扑

9.5.2　了解不同的网络配置文件

进入网卡配置文件的目录可以看到网卡的名称，使用 VIM 修改网卡配置信息，如图 9－10 所示。

```
[root@Server1 ~]# cd /etc/sysconfig/network-scripts/
[root@Server1 network-scripts]# ls -al
总用量 8
drwxr-xr-x. 2 root root   26 8月  16 23:32 .
drwxr-xr-x. 5 root root 4096 7月  10 11:37 ..
-rw-r--r--. 1 root root  293 8月  16 23:04 ifcfg-ens160
```

图 9－10　进入网卡配置文件的目录

```
[root@Server1 ~]# cd /etc/sysconfig/network-scripts/
[root@Server1 network-scripts]# ls -al
总用量 8
drwxr-xr-x. 2 root root   26 8 月  16 23:32 .
drwxr-xr-x. 5 root root 4096 7 月  10 11:37 ..
-rw-r--r--. 1 root root  293 8 月  16 23:04 ifcfg-ens160
```

网络接口配置文件条目及解析见表 9－1。

```
[root@Server1 network-scripts]# vim ifcfg-ens160
```

表 9－1　网络接口配置文件条目及解析

条目	解析
HWADDR = 00:0C:29:89:33:83	MAC 物理地址
TYPE = Ethernet	设备类型
PROXY_METHOD = none	代理方式
BROWSER_ONLY = no	只为浏览器
BOOTPROTO = dhcp	地址分配模式
DEFROUTE = yes	默认路由
IPV4_FAILURE_FATAL = no	是否开启 IPv4 错误检测
IPV6INIT = yes	#IPv6 初始化
IPV6_AUTOCONF = yes	#IPv6 自动配置
IPV6_DEFROUTE = yes	IPv6 生产默认路由
IPV6_FAILURE_FATAL = no	是否开启 IPv6 错误检测
IPV6_ADDR_GEN_MODE = stable－privacy	根据设备及网络环境来确定一个随机接口 ID
NAME = ens160	网卡物理名称
UUID = afc54471－51c6－468e－bbdf－e44a532eb3a5	网卡通用识别码
ONBOOT = yes	是否启动网卡

以上是网卡默认的配置文件，IP 地址为自动获取，如需修改静态 IP，则要添加如图 9－11 所示的框住部分参数。

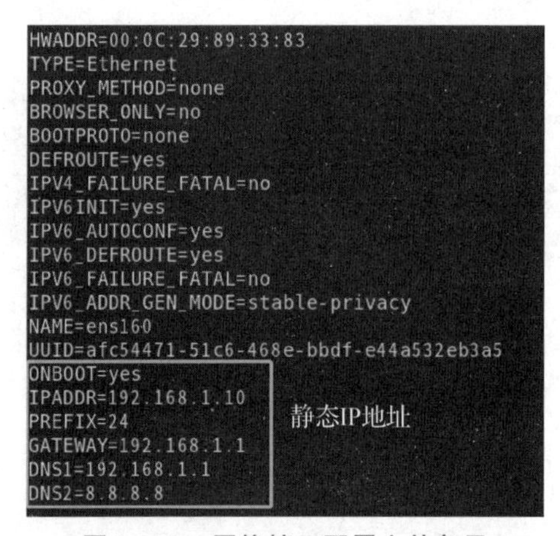

图 9－11　网络接口配置文件条目

```
/etc/hosts
```

这和 Windows 的一样，都是在本地将域名指向自己想要解析的 IP。

当访问域名的时候，默认第一步就会看本地的 hosts 文件。如果没有，才会通过 DNS 服务器获取解析（当然这个顺序是可以通过下面讲的 host. conf 改变的）。

Windows 的路径是 C:\Windows\System32\drivers\etc\hosts。

配置格式为：

IP 域名

例如，10. 10. 10. 10　www. gtcfla. edu. cn

```
/etc/resolv.conf
```

存放的是 DNS 服务器的地址，优先级高于命令和图形化界面。当命令行或者图形化界面配置后，会自动覆盖这个文件里面的信息。

我们是否有过这样的经历：在用浏览器上网的时候上不去，而 QQ 就可以登上去。为什么？这是因为 DNS 出了问题，可以通过配置/etc/resolv. conf 来解决这个问题。

/etc/resolv. conf 是 DNS 客户机配置文件，用于设置 DNS 服务器的 IP 地址及 DNS 域名，还包含了主机的域名搜索顺序。该文件是由域名解析器（resolver，一个根据主机名解析 IP 地址的库）使用的配置文件。

作用：可以提供 DNS 服务器域名和 IP 地址，帮助解析。

假如 resolv. conf 没有任何配置并且网络没有配置 DNS：

```
[root@Server1 ~]# ping www.baidu.com
ping: unknown host www.baidu.com
连不通外网
```

可以往里面加一个域名服务器。

格式：

```
nameserver 114.114.114.114
/etc/host.conf
```

这个一般很少动，不过也是很重要的配置文件。

默认一般配置如下：

```
order hosts,bind
multi on
```

它下面有几个配置项，如下：

- order

决定访问域名的时候，对域名解析的顺序，如：

```
order hosts,bind,nis   //说明先查询解析/etc/hosts 文件,然后是 DNS,再是 NIS
```

- multi

表示是否允许/etc/hosts 文件允许主机指定多个 IP 地址，on 表示允许，off 表示不允许，建议选择 on。

- nospoof

是否允许服务器对 IP 地址进行欺骗，nospoof on 表示不允许，是默认选项（不允许 IP 欺骗）。

- hosts. allow 和 hosts. deny

这两个就是为了限制外部服务器的访问的，一般都是搭配使用的。Linux 系统会先检查/etc/hosts. deny 规则，再检查/etc/hosts. allow 规则，如果有冲突，按/etc/hosts. allow 规则处理。

例如，大公司一般都不是直接登录服务器，而是通过堡垒机进行登录，这样就会进行如下配置，只允许堡垒机的 IP 进行 ssh 登录。

（1）/etc/hosts. deny 配置如下，禁止所有 IP 的 ssh 访问：

```
sshd:all:deny
```

（2）/etc/hosts. allow 配置如下，允许堡垒机 IP 的 ssh 访问：

```
sshd:"堡垒机 IP 或者网段":allow
```

9.5.3 认识 RHEL8 与 RHEL7 网络服务的区别，了解 NetworkManager

在 RHEL7 上，同时支持 network. service 和 NetworkManager. service（简称 NM）。默认情况下，这两个服务都开启，但许多人都会将 NM 设置为禁用。

在 RHEL8 上，已废弃 network. service，因此，只能通过 NM 进行网络配置，包括动态 IP 和静态 IP。换言之，在 RHEL8 上，必须开启 NM，否则无法使用网络。

1. NetworkManager 简述

基于 NetworkManager 的系统守护进程，主要负责管理网络接口（device）和连接配置（connection）。它监视和管理网络设置，并使用/etc/sysconfig/networkscripts/目录中的文件来存储它们。

在 NetworkManager 中，设备是网络接口。任何设备在同一时间只有一个连接是活动的。可能存在多个连接，用于不同设备，或者允许对同一设备的配置进行更改。

每个连接都有一个名称或 ID 来标识。/etc/sysconfig/network - scripts/ifcfg - name 文件存储连接的持久配置，其中，name 是连接的名称。当连接名中有空格时，文件名中的空格将被替换为下划线。如果需要，这个文件可以手工编辑。

NetworkManager 是 2004 年 RedHat 启动的项目，旨在让 Linux 用户更轻松地处理现代网络需求，尤其是无线网络，能自动发现网卡并配置 IP 地址。类似在手机上同时开启 Wi - Fi 和蜂窝网络，自动探测可用网络并连接，无须手动切换。虽然初衷是针对无线网络，但在服务器领域，NetworkManager 已大获成功。

查看 NetworkManager 服务状态，停止、开始和重启 NetworkManager 服务，如图 9 - 12 ~

图 9－14 所示。

```
[root@Server1 ~]# systemctl status NetworkManager#查看 NM 服务状态
```

```
[root@Server1 ~]# systemctl status NetworkManager
● NetworkManager.service - Network Manager
   Loaded: loaded (/usr/lib/systemd/system/NetworkManager.service; enabled; vendor preset: enabled)
   Active: active (running) since Sat 2023-07-29 16:39:22 CST; 2 weeks 4 days ago
     Docs: man:NetworkManager(8)
 Main PID: 1268 (NetworkManager)
    Tasks: 3 (limit: 11075)
   Memory: 6.8M
   CGroup: /system.slice/NetworkManager.service
           └─1268 /usr/sbin/NetworkManager --no-daemon
```

图 9－12　查看 NM 服务状态

```
[root@Server1 ~]# systemctl stop NetworkManager      #停止 NM 服务状态
```

```
[root@Server1 ~]# systemctl stop NetworkManager
[root@Server1 ~]# systemctl status NetworkManager
● NetworkManager.service - Network Manager
   Loaded: loaded (/usr/lib/systemd/system/NetworkManager.service; enabled; vendor preset: enabled)
   Active: inactive (dead) since Wed 2023-08-16 18:09:52 CST; 8s ago
     Docs: man:NetworkManager(8)
  Process: 33299 ExecStart=/usr/sbin/NetworkManager --no-daemon (code=exited, status=0/SUCCESS)
 Main PID: 33299 (code=exited, status=0/SUCCESS)
```

图 9－13　停止 NM 服务状态

```
[root@Server1 ~]# systemctl start NetworkManager      #开始 NM 服务状态
```

```
[root@Server1 ~]# systemctl start NetworkManager
[root@Server1 ~]# systemctl status NetworkManager
● NetworkManager.service - Network Manager
   Loaded: loaded (/usr/lib/systemd/system/NetworkManager.service; enabled; vendor preset: enabled)
   Active: active (running) since Wed 2023-08-16 18:12:37 CST; 7s ago
     Docs: man:NetworkManager(8)
 Main PID: 33388 (NetworkManager)
    Tasks: 4 (limit: 11075)
   Memory: 3.8M
   CGroup: /system.slice/NetworkManager.service
           └─33388 /usr/sbin/NetworkManager --no-daemon
```

图 9－14　开始 NM 服务状态

```
[root@Server1 ~]# systemctl restart NetworkManager      #重启 NM 服务状态
```

2. 两个重要的概念

1）device

device，也就是设备，一个设备对应一个网口，每个物理网卡都会是一个 device。有些虚拟的网卡也会是一个 device，比如网桥 bridge 等。当然，也有些区别，物理网卡是现实存在的设备，本质上最终是 NetworkManager 来管理它，而虚拟机网卡就是 NetworkManager 因为连接需要而生成的网卡。使用 nmcli device 命令，可以看到当前 NetworkManager 所识别的设备，以及：

- 这个设备是否在 NetworkManager 的管理之下。
- 设备所对应的连接配置信息。
- 设备当前的连接配置。

图 9－15　查看 device 信息

举个例子，如图 9－15 所示。

可以很明确地看到这台机器有两个设备，分别是 eth160 和 lo。其中，eth160 是以太网类型，被 NetworkManager 管理且对应的连接配置为 eth160，而 lo 是 loopback，目前不被 NetworkManager 所管理。在终端里执行时，正常的设备会显示绿色，不正常的设备显示成红色，不被管理的显示为灰色。

2）connection

connection，也就是连接。连接就是一系列配置，比如获取 IP 地址方式是 DHCP 还是手动配置，如果是手动配置，则配置哪些 IP 地址、网关、DNS 等信息。

需要注意的是，连接是需要最终被应用到某个 device 上的，而且针对同一个 device，可以有多个 connection。但是，在任意时刻，有且只能有一个活动的 connection 被应用到一个 device。有点绕，但是思考一下这个场景就很容易理解了：针对笔记本的无线网卡，在公司，连接的自然是公司的 Wi - Fi，这就需要一个 connection，到了家里，又需要连接家里的 Wi - Fi，这就是另外一个 connection，这两个都是针对同一个 device 的配置，也不会同时起作用。其实这个场景在服务器上不太常见，所以，一般情况下，在服务器上配置成一个 connection 对应一个 device 就解决了。

9.6 项目实施

任务 9 – 1 服务器的基本配置：配置虚拟网络编辑器

在 VMware 里单击“编辑”→“虚拟网络编辑器”，如图 9 – 16 所示。

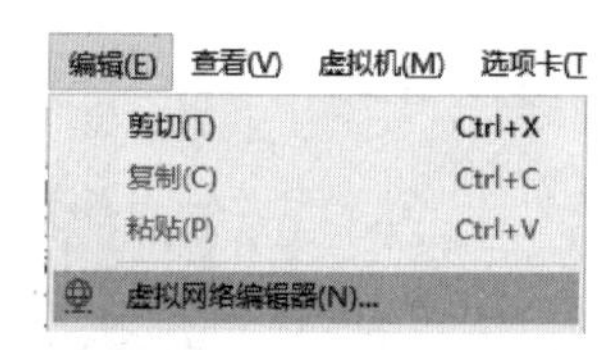

图 9 – 16 虚拟网络编辑器

选中“VMnet1”，单击“更改设置”按钮，如图 9 – 17 所示。

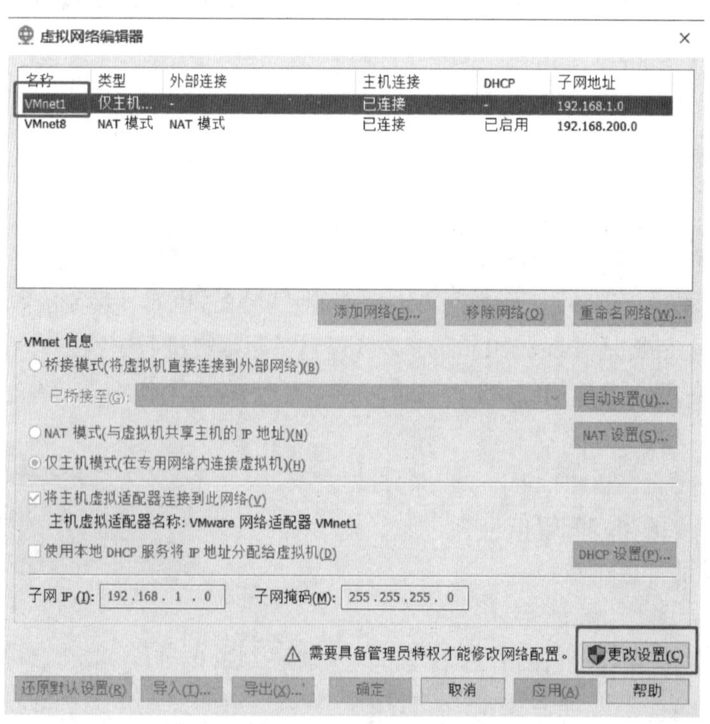

图 9 – 17 更改设置

选中 VMnet1，配置 IP 地址和子网掩码，并关闭 DHCP 服务，如图 9－18 所示。

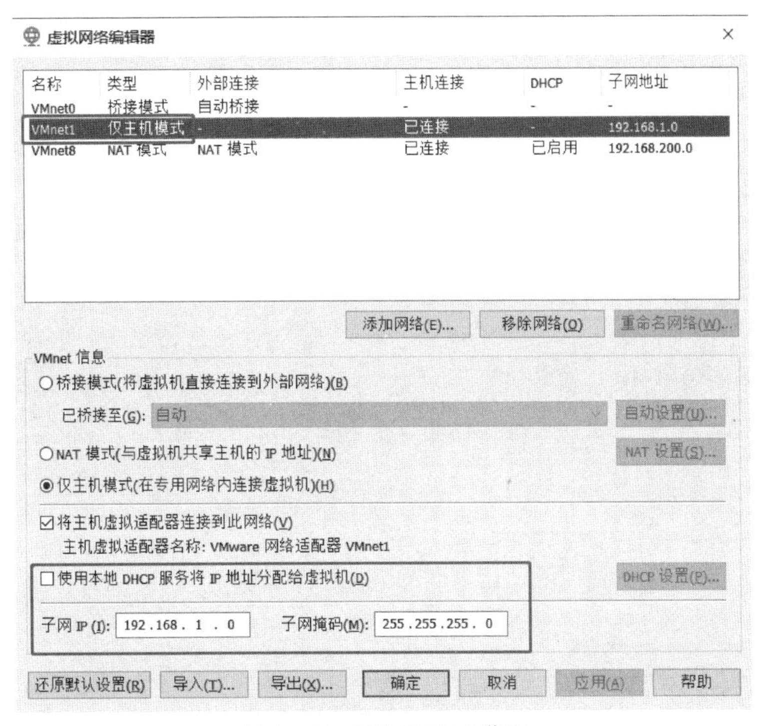

图 9－18　修改子网 IP 范围

在物理机右下角的任务栏上右击，选择“网络设置”→“打开‘网络和 Internet’设置”，如图 9－19 所示。

单击“高级网络设置”→“更改适配器选项”，如图 9－20 所示。

图 9－19　打开“网络和 Internet”设置

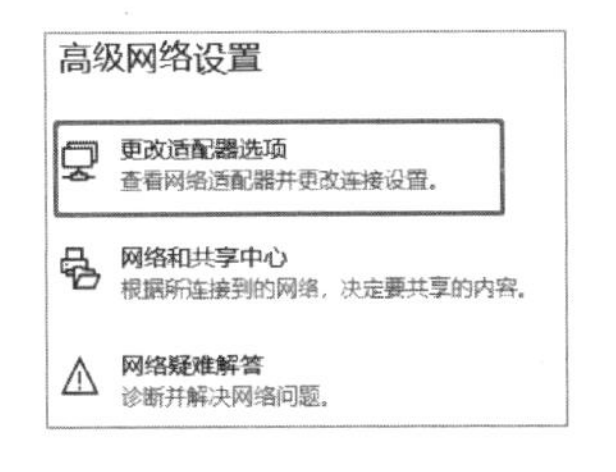

图 9－20　更改适配器选项

双击打开 VMnet1，如图 9－21 所示。

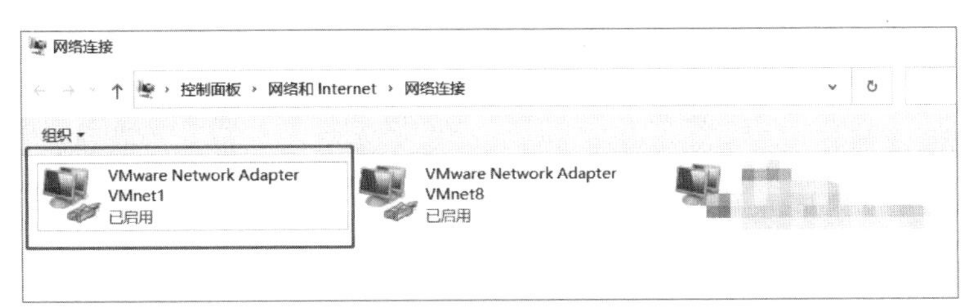

图 9－21　打开 VMnet1

单击“属性”按钮，如图 9－22 所示。

图 9－22　属性

双击打开“Internet 协议版本 4（TCP/IPv4）”，如图 9－23 所示。

图 9－23　Internet 协议版本 4（TCP/IPv4）

手动配置网络 IP 地址、子网掩码和默认网关，如图 9－24 所示。

Internet 协议版本 4 (TCP/IPv4) 属性

常规

如果网络支持此功能，则可以获取自动指派的 IP 设置。否则，你需要从网络系统管理员处获得适当的 IP 设置。

○ 自动获得 IP 地址(O)

◉ 使用下面的 IP 地址(S):

IP 地址(I): 192 . 168 . 1 . 1

子网掩码(U): 255 . 255 . 255 . 0

默认网关(D): 192 . 168 . 1 . 254

○ 自动获得 DNS 服务器地址(B)

◉ 使用下面的 DNS 服务器地址(E):

首选 DNS 服务器(P):

备用 DNS 服务器(A):

☐ 退出时验证设置(L)　　高级(V)...

确定　　取消

图 9－24　手动配置网络 IP 地址、子网掩码和默认网关

查看 IP 地址，修改主机名为“Server1”，如图 9－25 所示。

```
[root@localhost ~]# hostnamectl set-hostname Server1
#使用 hostnamectl set-hostname 命令修改主机名
[root@localhost ~]# hostname
Server1
```

```
[root@localhost ~]# hostnamectl set-hostname Server1
[root@localhost ~]# hostname
Server1
[root@localhost ~]# cat /etc/hostname
Server1
[root@localhost ~]# hostnamectl status
   Static hostname: Server1
         Icon name: computer-vm
           Chassis: vm
        Machine ID: 2103ad42e1bc442ea9f3cf3318bbd933
           Boot ID: 52938ab3dd5f4ec49978777a13090a50
    Virtualization: vmware
  Operating System: Red Hat Enterprise Linux 8.4 (Ootpa)
       CPE OS Name: cpe:/o:redhat:enterprise_linux:8.4:GA
            Kernel: Linux 4.18.0-305.el8.x86_64
      Architecture: x86-64
```

图 9－25　修改主机名为“Server1”

#查看主机名，显示为 Server1。

```
[root@localhost ~]# cat /etc/hostname
Server1
```

#查看/etc/hostname 文件，已经更改为 Server1。

```
[root@localhost ~]# hostnamectl status
    Static hostname: Server1
           Icon name: computer-vm
             Chassis: vm
          Machine ID: 2103ad42e1bc442ea9f3cf3318bbd933
             Boot ID: 52938ab3dd5f4ec49978777a13090a50
    Virtualization: vmware
  Operating System: RedHat EnterpriseLinux8.4 (Ootpa)
       CPE OS Name: cpe:/o:redhat:enterprise_linux:8.4:GA
            Kernel:Linux4.18.0-305.el8.x86_64
      Architecture: x86-64
```

任务9-2　配置临时网络连接相关参数

优点：命令行快速完成配置。

缺点：重启后配置会丢失。

```
[root@Server1 ~]# ifconfig
```

#查看网络设备配置，当前 IP 地址为 192.168.200.128/24，如图 9-26 所示。

```
ens160: flags=4163<UP,BROADCAST,RUNNING,MULTICAST>  mtu 1500
        inet 192.168.200.128  netmask 255.255.255.0  broadcast 192.168.200.255
        inet6 fe80::20c:29ff:fe89:3383  prefixlen 64  scopeid 0x20<link>
        ether 00:0c:29:89:33:83  txqueuelen 1000  (Ethernet)
        RX packets 2971  bytes 4211718 (4.0 MiB)
        RX errors 0  dropped 0  overruns 0  frame 0
        TX packets 831  bytes 55274 (53.9 KiB)
        TX errors 0  dropped 0 overruns 0  carrier 0  collisions 0
lo: flags=73<UP,LOOPBACK,RUNNING>  mtu 65536
        inet 127.0.0.1  netmask 255.0.0.0
        inet6 ::1  prefixlen 128  scopeid 0x10<host>
        loop  txqueuelen 1000  (Local Loopback)
        RX packets 608  bytes 49508 (48.3 KiB)
        RX errors 0  dropped 0  overruns 0  frame 0
        TX packets 608  bytes 49508 (48.3 KiB)
        TX errors 0  dropped 0 overruns 0  carrier 0  collisions 0
```

图 9-26　显示网络设备和接口

```
[root@Server1 ~]# ifconfig ens160 192.168.1.2
```

#临时将 ens160 网卡 IP 地址设置为 192.168.1.2，如图 9-27 所示。

```
[root@Server1 ~]# ifconfig
ens160: flags=4163<UP,BROADCAST,RUNNING,MULTICAST>  mtu 1500
        inet 192.168.1.2  netmask 255.255.255.0  broadcast 192.168.1.255
        inet6 fe80::20c:29ff:fe89:3383  prefixlen 64  scopeid 0x20<link>
        ether 00:0c:29:89:33:83  txqueuelen 1000  (Ethernet)
        RX packets 2971  bytes 4211718 (4.0 MiB)
        RX errors 0  dropped 0  overruns 0  frame 0
        TX packets 840  bytes 56911 (55.5 KiB)
        TX errors 0  dropped 0 overruns 0  carrier 0  collisions 0
lo: flags=73<UP,LOOPBACK,RUNNING>  mtu 65536
        inet 127.0.0.1  netmask 255.0.0.0
        inet6 ::1  prefixlen 128  scopeid 0x10<host>
        loop  txqueuelen 1000  (Local Loopback)
        RX packets 608  bytes 49508 (48.3 KiB)
        RX errors 0  dropped 0  overruns 0  frame 0
        TX packets 608  bytes 49508 (48.3 KiB)
        TX errors 0  dropped 0 overruns 0  carrier 0  collisions 0
```

图 9-27　配置临时 IP 地址、显示网络设备和接口

#虽然没有配置子网掩码，但是因为配置的是 C 类 IP，所以子网掩码是 24 位(255.255.255.0)。

```
[root@Server1 ~]# ifconfig ens160 192.168.1.2 netmask 255.255.0.0
```

#设置 ens160 网卡 IP 地址为 192.168.1.2，子网掩码为 16 位（255.255.0.0），如图 9-28 所示。

```
[root@Server1 ~]# ifconfig
ens160: flags=4163<UP,BROADCAST,RUNNING,MULTICAST>  mtu 1500
        inet 192.168.1.2  netmask 255.255.0.0  broadcast 192.168.255.255
        inet6 fe80::20c:29ff:fe89:3383  prefixlen 64  scopeid 0x20<link>
        ether 00:0c:29:89:33:83  txqueuelen 1000  (Ethernet)
        RX packets 3033  bytes 4217478 (4.0 MiB)
        RX errors 0  dropped 0  overruns 0  frame 0
        TX packets 908  bytes 67521 (65.9 KiB)
        TX errors 0  dropped 0 overruns 0  carrier 0  collisions 0
```

```
lo: flags=73<UP,LOOPBACK,RUNNING>  mtu 65536
        inet 127.0.0.1  netmask 255.0.0.0
        inet6 ::1  prefixlen 128  scopeid 0x10<host>
        loop  txqueuelen 1000  (Local Loopback)
        RX packets 632  bytes 51548 (50.3 KiB)
        RX errors 0  dropped 0  overruns 0  frame 0
        TX packets 632  bytes 51548 (50.3 KiB)
        TX errors 0  dropped 0 overruns 0  carrier 0  collisions 0
```

```
[root@Server1 ~]# ifconfig ens160 192.168.1.2 netmask 255.255.0.0
[root@Server1 ~]# ifconfig
ens160: flags=4163<UP,BROADCAST,RUNNING,MULTICAST>  mtu 1500
        inet 192.168.1.2  netmask 255.255.0.0  broadcast 192.168.255.255
        inet6 fe80::20c:29ff:fe89:3383  prefixlen 64  scopeid 0x20<link>
        ether 00:0c:29:89:33:83  txqueuelen 1000  (Ethernet)
        RX packets 3033  bytes 4217478 (4.0 MiB)
        RX errors 0  dropped 0  overruns 0  frame 0
        TX packets 908  bytes 67521 (65.9 KiB)
        TX errors 0  dropped 0 overruns 0  carrier 0  collisions 0

lo: flags=73<UP,LOOPBACK,RUNNING>  mtu 65536
        inet 127.0.0.1  netmask 255.0.0.0
        inet6 ::1  prefixlen 128  scopeid 0x10<host>
        loop  txqueuelen 1000  (Local Loopback)
        RX packets 632  bytes 51548 (50.3 KiB)
        RX errors 0  dropped 0  overruns 0  frame 0
        TX packets 632  bytes 51548 (50.3 KiB)
        TX errors 0  dropped 0 overruns 0  carrier 0  collisions 0
```

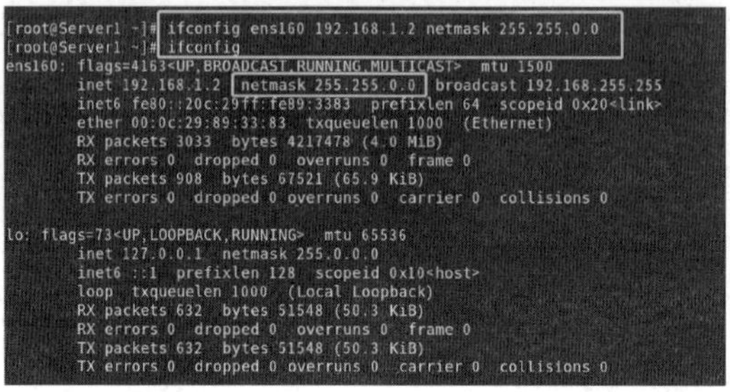

图 9-28　配置临时 IP 地址、子网掩码、显示网络设备和接口

```
[root@Server1 ~]# ifconfig ens160 192.168.1.2 netmask 255.255.255.0
```

#重新将 IP 地址设置为 ens160 192.168.1.2，子网掩码为 24 位，如图 9-29 所示。

```
[root@Server1 ~]# ifconfig
ens160: flags=4163<UP,BROADCAST,RUNNING,MULTICAST>  mtu 1500
        inet 192.168.1.2  netmask 255.255.255.0  broadcast 192.168.1.255
        ether 00:0c:29:89:33:83  txqueuelen 1000  (Ethernet)
        RX packets 3360  bytes 4247346 (4.0 MiB)
        RX errors 0  dropped 0  overruns 0  frame 0
        TX packets 1007  bytes 83850 (81.8 KiB)
        TX errors 0  dropped 0 overruns 0  carrier 0  collisions 0
lo: flags=73<UP,LOOPBACK,RUNNING>  mtu 65536
        inet 127.0.0.1  netmask 255.0.0.0
        inet6 ::1  prefixlen 128  scopeid 0x10<host>
        loop  txqueuelen 1000  (Local Loopback)
        RX packets 656  bytes 53588 (52.3 KiB)
        RX errors 0  dropped 0  overruns 0  frame 0
        TX packets 656  bytes 53588 (52.3 KiB)
        TX errors 0  dropped 0 overruns 0  carrier 0  collisions 0

[root@Server1 ~]# route add default gw 192.168.1.254
```

#设置默认网关为 192.168.1.254。

```
[root@Server1 ~]# ip route #查看路由表,显示默认网关配置成功
default via 192.168.1.254 dev ens160
192.168.1.0/24 dev ens160 proto kernel scope link src 192.168.1.2
```

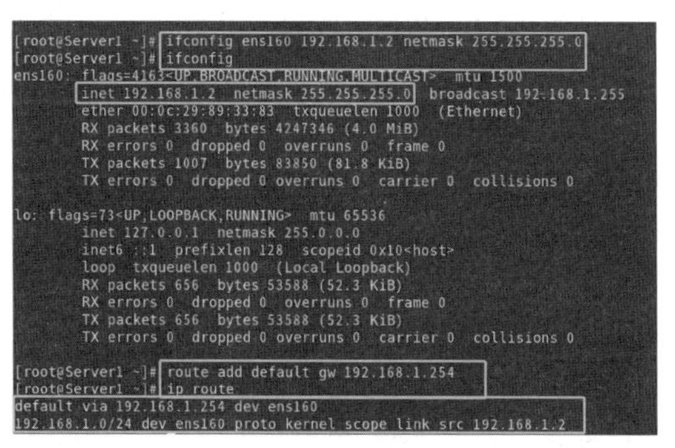

图9－29　设置默认网关并查看路由表

在 Server1 里尝试 ping 外部物理机 IP 地址 192.168.1.1，如图9－30所示。

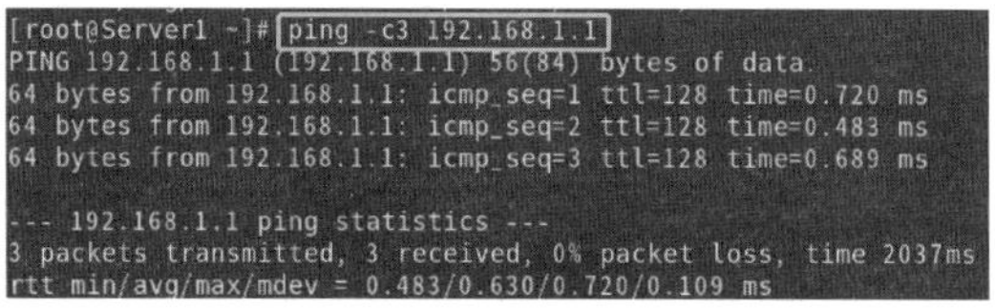

```
[root@Server1 ~]# ping -c3 192.168.1.1
PING 192.168.1.1 (192.168.1.1) 56(84) bytes of data.
64 bytes from 192.168.1.1: icmp_seq=1 ttl=128 time=0.720 ms
64 bytes from 192.168.1.1: icmp_seq=2 ttl=128 time=0.483 ms
64 bytes from 192.168.1.1: icmp_seq=3 ttl=128 time=0.689 ms

--- 192.168.1.1 ping statistics ---
3 packets transmitted, 3 received, 0% packet loss, time 2037ms
rtt min/avg/max/mdev = 0.483/0.630/0.720/0.109 ms
```

图9－30　尝试 ping 外部物理机

在物理机“Windows PowerShell”中 ping 虚拟机 Server1 IP 地址 192.168.1.2，如图9－31所示。

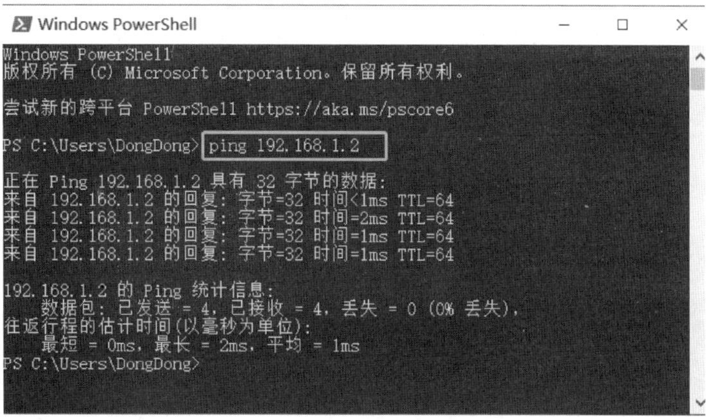

```
Windows PowerShell
Windows PowerShell
版权所有 (C) Microsoft Corporation。保留所有权利。

尝试新的跨平台 PowerShell https://aka.ms/pscore6

PS C:\Users\DongDong> ping 192.168.1.2

正在 Ping 192.168.1.2 具有 32 字节的数据:
来自 192.168.1.2 的回复: 字节=32 时间<1ms TTL=64
来自 192.168.1.2 的回复: 字节=32 时间=2ms TTL=64
来自 192.168.1.2 的回复: 字节=32 时间=1ms TTL=64
来自 192.168.1.2 的回复: 字节=32 时间=1ms TTL=64

192.168.1.2 的 Ping 统计信息:
    数据包: 已发送 = 4，已接收 = 4，丢失 = 0 (0% 丢失)，
往返行程的估计时间(以毫秒为单位):
    最短 = 0ms，最长 = 2ms，平均 = 1ms
PS C:\Users\DongDong>
```

图9－31　尝试 ping 内部服务器

使用 nslookup 命令，如图9－32所示。

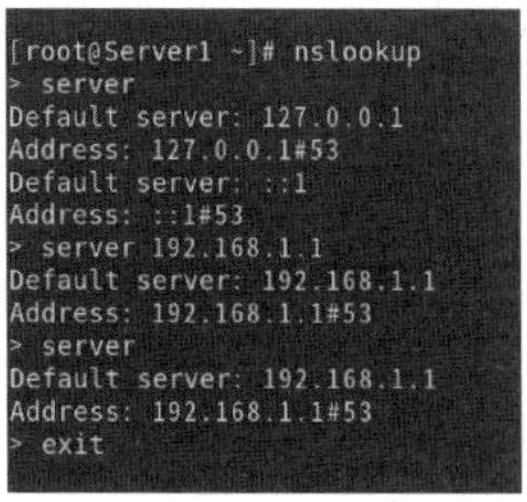

```
[root@Server1 ~]# nslookup
> server
Default server: 127.0.0.1
Address: 127.0.0.1#53
Default server: ::1
Address: ::1#53
> server 192.168.1.1
Default server: 192.168.1.1
Address: 192.168.1.1#53
> server
Default server: 192.168.1.1
Address: 192.168.1.1#53
> exit
```

图9－32　临时配置 DNS

```
[root@Server1 ~]# nslookup
> server                        #查看当前 DNS 地址
Default server: 127.0.0.1
Address: 127.0.0.1#53
Default server: ::1
Address: ::1#53
> server 192.168.1.1                 #临时配置 DNS 为 192.168.1.1
Default server: 192.168.1.1
Address: 192.168.1.1#53
> server                        #查看当前 DNS 地址
Default server: 192.168.1.1
Address: 192.168.1.1#53
> exit
```

任务 9-3　nmcli 命令永久配置网络连接的使用案例

```
[root@Server1 ~]# nmcli device status          #查看网卡设备信息,如图 9-33 所示
DEVICE      TYPE      STATE   CONNECTION
ens160      ethernet  已连接  ens160
virbr0      bridge    未托管  --
lo          loopback  未托管  --
virbr0-nic  tun       未托管  --
[root@Server1 ~]# nmcli connection show        #查看所有的网络连接
NAME    UUID                                  TYPE      DEVICE
ens160  667191e0-bd7e-4c7e-8bb3-f91c82d37fe7  ethernet  ens160
```

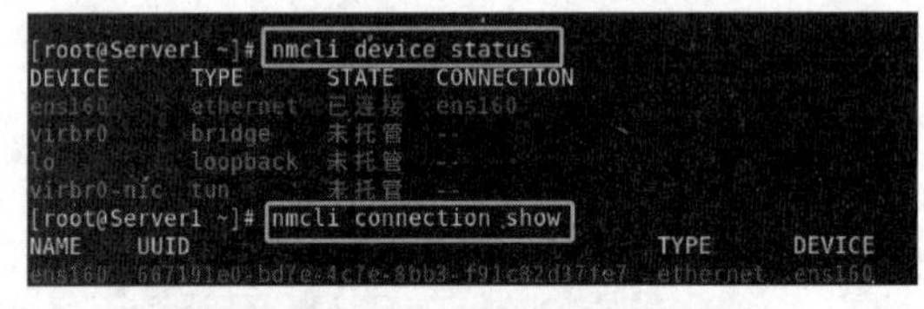

图 9-33　查看所有的网络连接

```
[root@Server1 ~]# ip addr          #查看网卡状态和信息,发现刚刚配置的临时 IP 地址丢失了,
已换成了 192.168.1.128,如图 9-34 所示
1: lo: <LOOPBACK,UP,LOWER_UP> mtu 65536 qdisc noqueue state UNKNOWN group
default qlen 1000
        link/loopback 00:00:00:00:00:00 brd 00:00:00:00:00:00
        inet 127.0.0.1/8 scope host lo
            valid_lft forever preferred_lft forever
        inet6 ::1/128 scope host
            valid_lft forever preferred_lft forever
2: ens160: <BROADCAST,MULTICAST,UP,LOWER_UP> mtu 1500 qdisc mq state UP group
default qlen 1000
    link/ether 00:0c:29:89:33:83 brd ff:ff:ff:ff:ff:ff
```

```
    inet 192.168.1.128/24 brd 192.168.1.255 scope global dynamic noprefixroute
ens160
       valid_lft 1586sec preferred_lft 1586sec
    inet6 fe80::20c:29ff:fe89:3383/64 scope link noprefixroute
       valid_lft forever preferred_lft forever
 3: virbr0: <BROADCAST,MULTICAST> mtu 1500 qdisc noqueue state DOWN group default
qlen 1000
     link/ether 52:54:00:ad:ff:b9 brd ff:ff:ff:ff:ff:ff
 4: virbr0-nic: <BROADCAST,MULTICAST> mtu 1500 qdisc fq_codel state DOWN group
default qlen 1000
     link/ether 52:54:00:ad:ff:b9 brd ff:ff:ff:ff:ff:ff
```

```
[root@Server1 ~]# ip addr
1: lo: <LOOPBACK,UP,LOWER_UP> mtu 65536 qdisc noqueue state UNKNOWN group default qlen 1000
    link/loopback 00:00:00:00:00:00 brd 00:00:00:00:00:00
    inet 127.0.0.1/8 scope host lo
       valid_lft forever preferred_lft forever
    inet6 ::1/128 scope host
       valid_lft forever preferred_lft forever
2: ens160: <BROADCAST,MULTICAST,UP,LOWER_UP> mtu 1500 qdisc mq state UP group default qlen 1000
    link/ether 00:0c:29:89:33:83 brd ff:ff:ff:ff:ff:ff
    inet 192.168.1.128/24 brd 192.168.1.255 scope global dynamic noprefixroute ens160
       valid_lft 1586sec preferred_lft 1586sec
    inet6 fe80::20c:29ff:fe89:3383/64 scope link noprefixroute
       valid_lft forever preferred_lft forever
3: virbr0: <BROADCAST,MULTICAST> mtu 1500 qdisc noqueue state DOWN group default qlen 1000
    link/ether 52:54:00:ad:ff:b9 brd ff:ff:ff:ff:ff:ff
4: virbr0-nic: <BROADCAST,MULTICAST> mtu 1500 qdisc fq_codel state DOWN group default qlen 1000
    link/ether 52:54:00:ad:ff:b9 brd ff:ff:ff:ff:ff:ff
```

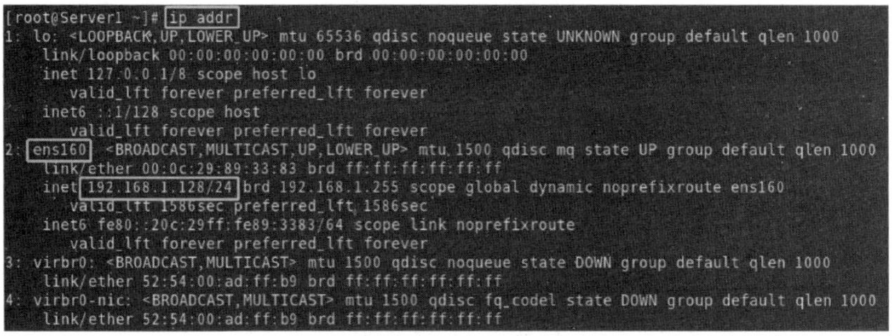

图 9－34　查看所有的网络连接

```
[root@Server1 ~]# nmcli connection add con-name eth0 type ethernet ifname ens160
```

#定义一个新的网络连接 eth0，如图 9－35 所示。

```
连接 "eth0" (92575228-d18f-47cf-9ab6-10b368af5899) 已成功添加。
```

```
[root@Server1 ~]# nmcli connection add con-name eth0 type ethernet ifname ens160
连接 "eth0" (92575228-d18f-47cf-9ab6-10b368af5899) 已成功添加。
```

图 9－35　定义一个新的网络连接 eth0

```
[root@Server1 ~]# nmcli connection modify eth0 ipv4.addresses "192.168.10.2/
24" gw4 192.168.10.1
```

#永久配置 eth0 的 IP 地址、网关、DNS、自动连接、手动模式和启用 eth0，如图 9－36 所示。

```
[root@Server1 ~]# nmcli connection modify eth0 ipv4.dns 192.168.10.1
[root@Server1 ~]# nmcli connection modify eth0 connection.autoconnect yes
[root@Server1 ~]# nmcli connection modify eth0 ipv4.method manual
[root@Server1 ~]# nmcli connection up eth0
连接已成功激活(D-Bus 活动路径:/org/freedesktop/NetworkManager/ActiveConnection/
250)
```

```
[root@Server1 ~]# nmcli connection modify eth0 ipv4.addresses "192.168.10.2/24" gw4 192.168.10.1
[root@Server1 ~]# nmcli connection modify eth0 ipv4.dns 192.168.10.1
[root@Server1 ~]# nmcli connection modify eth0 connection.autoconnect yes
[root@Server1 ~]# nmcli connection modify eth0 ipv4.method manual
[root@Server1 ~]# nmcli connection up eth0
连接已成功激活（D-Bus 活动路径：/org/freedesktop/NetworkManager/ActiveConnection/250）
```

图 9-36　永久配置 eth0 的 IP 地址、网关、DNS、自动连接、手动模式和启用 eth0

```
[root@Server1 ~]# nmcli device status            #ens160 网卡连接已经切换成 eth0,如图 9-37 所示
DEVICE        TYPE       STATE    CONNECTION
ens160        ethernet   已连接    eth0
virbr0        bridge     未托管    --
lo            loopback   未托管    --
virbr0-nic    tun        未托管    --
[root@Server1 ~]# nmcli connection show   #eth0 连接对应了 ens160 物理网卡
NAME    UUID                                   TYPE       DEVICE
eth0    92575228-d18f-47cf-9ab6-10b368af5899   ethernet   ens160
ens160  667191e0-bd7e-4c7e-8bb3-f91c82d37fe7   ethernet   --
```

```
[root@Server1 ~]# nmcli device status
DEVICE      TYPE      STATE   CONNECTION
ens160      ethernet  已连接  eth0
virbr0      bridge    未托管  --
lo          loopback  未托管  --
virbr0-nic  tun       未托管  --
[root@Server1 ~]# nmcli connection show
NAME    UUID                                  TYPE      DEVICE
eth0    92575228-d18f-47cf-9ab6-10b368af5899  ethernet  ens160
ens160  667191e0-bd7e-4c7e-8bb3-f91c82d37fe7  ethernet  --
```

图 9-37　列出网卡设备信息、列出所有的网络连接

```
[root@Server1 ~]# nmcli connection delete ens160 #把旧的连接删除,如图 9-38 所示
成功删除连接 "ens160"(667191e0-bd7e-4c7e-8bb3-f91c82d37fe7)。
[root@Server1 ~]# nmcli connection show        #只剩下刚刚创建的新连接
NAME  UUID                                   TYPE       DEVICE
eth0  92575228-d18f-47cf-9ab6-10b368af5899   ethernet   ens160
```

```
[root@Server1 ~]# nmcli connection delete ens160
成功删除连接 "ens160" (667191e0-bd7e-4c7e-8bb3-f91c82d37fe7)。
[root@Server1 ~]# nmcli connection show
NAME  UUID                                  TYPE      DEVICE
eth0  92575228-d18f-47cf-9ab6-10b368af5899  ethernet  ens160
```

图 9-38　删除 ens160 连接、列出所有的网络连接

任务 9-4　图形化界面永久配置网络连接的使用案例

单击系统右上角“关机”按钮旁边的下拉箭头，单击图 9-39 所示左下角的“设置”按钮。

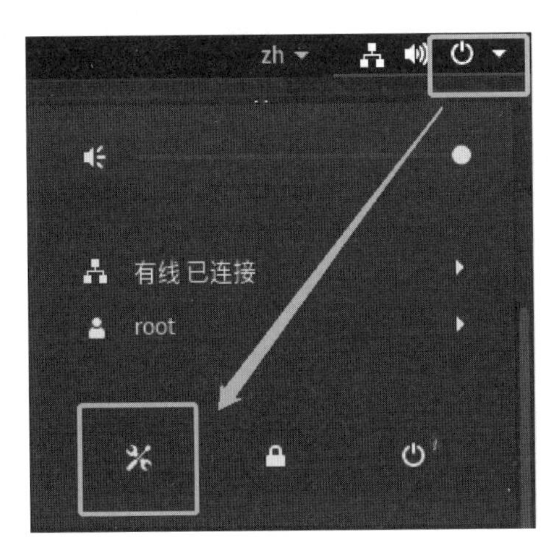

图9－39　打开系统设置

在“设置”界面左侧选项卡中选择“网络”，然后单击“有线”中的⚙按钮，如图9－40所示。

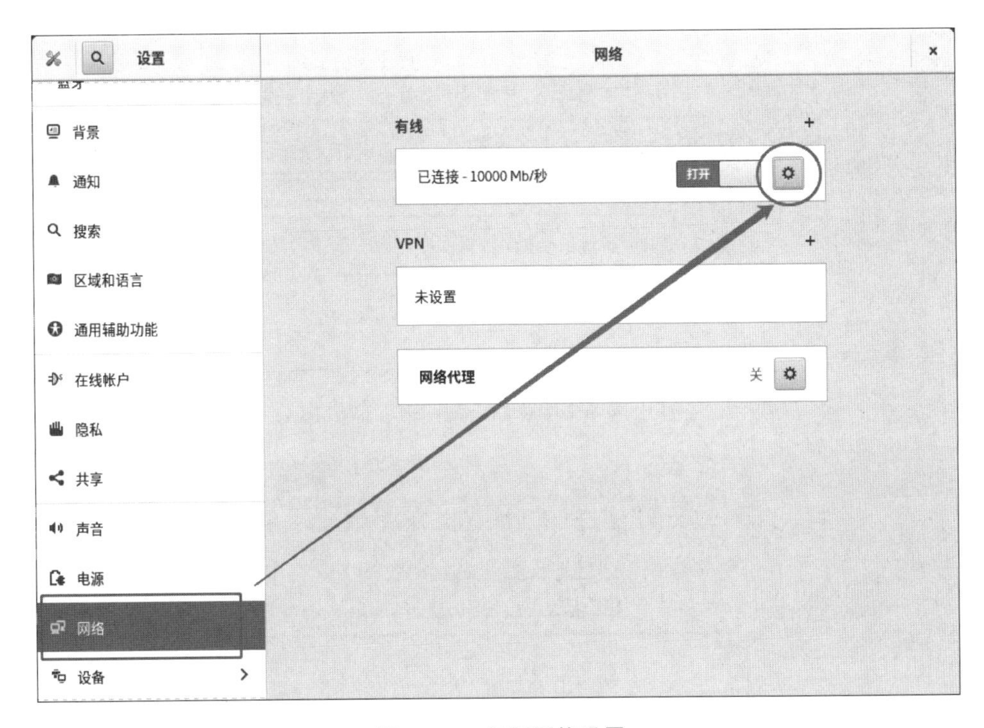

图9－40　打开网络设置

在“详细信息”选项卡中可以看到刚刚用 nmcli 配置的 IP 地址相关信息，如图9－41所示。

单击“身份”选项卡，可以在名称里面看到这个连接的名称“eth0”，如图9－42所示。

单击“IPv4”选项卡，可以看到刚刚用 nmcli 配置的 IP 地址和相关配置，当然，也可以在这里直接修改配置，如图9－43所示。

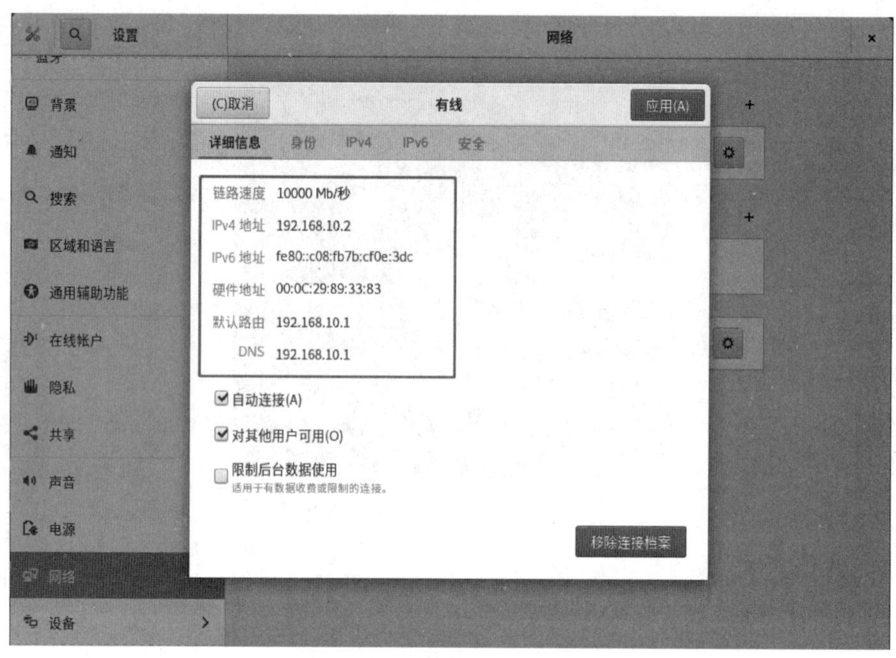

图 9-41　查看网络配置参数

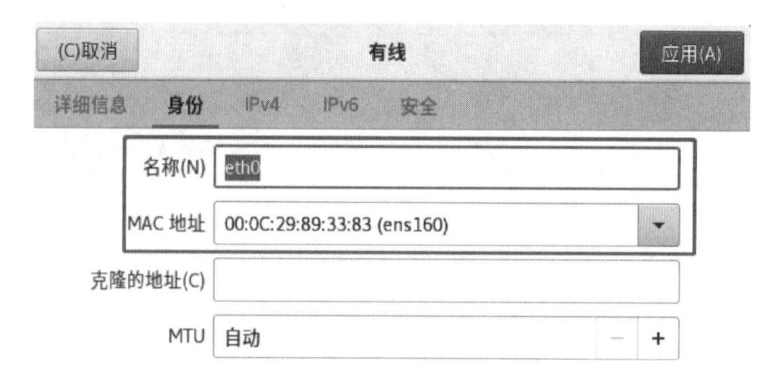

图 9-42　身份选项卡中可以看到网卡名称和 MAC 地址

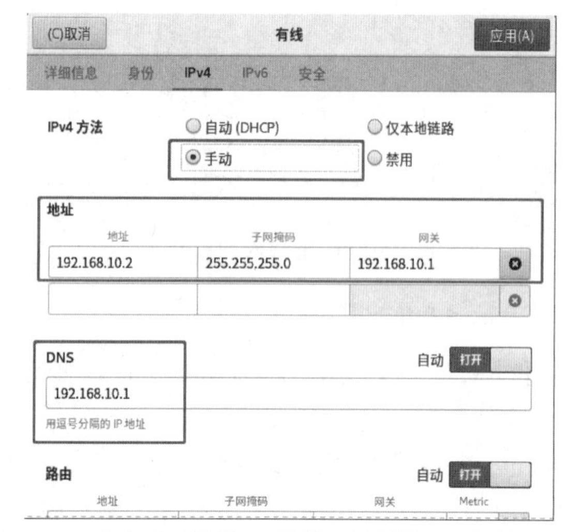

图 9-43　永久手动设置 IP 地址、子网掩码、网关和 DNS

单击“IPv6”选项卡，可以看到RHEL8提供了IPv6的配置，如图9-44所示。

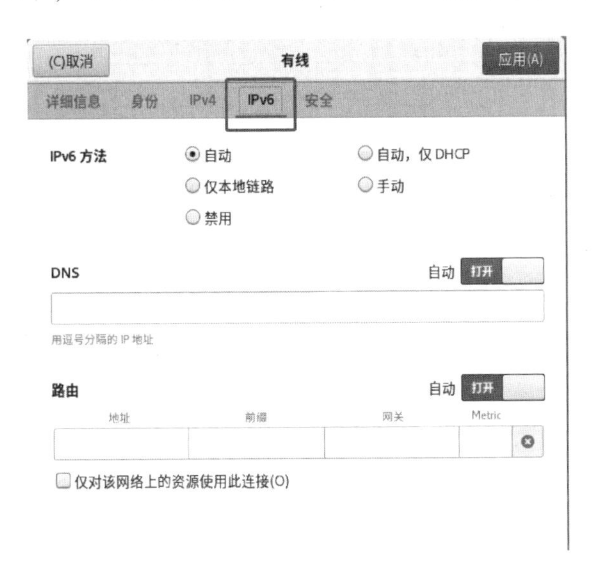

图9-44 “IPv6”选项卡

在“网络”界面“有线”上单击“+”号，新建连接，如图9-45所示。

图9-45 新建连接

在“身份”选项卡中输入名称“ens1”，选中物理网卡MAC地址（如果是多网卡，注意看设备名称和MAC地址区分），如图9-46所示。

选中“IPv4”选项卡，IPv4方法选择“手动”，并录入IP地址、子网掩码、网关和DNS，单击右上角的“添加”按钮，如图9-47所示。

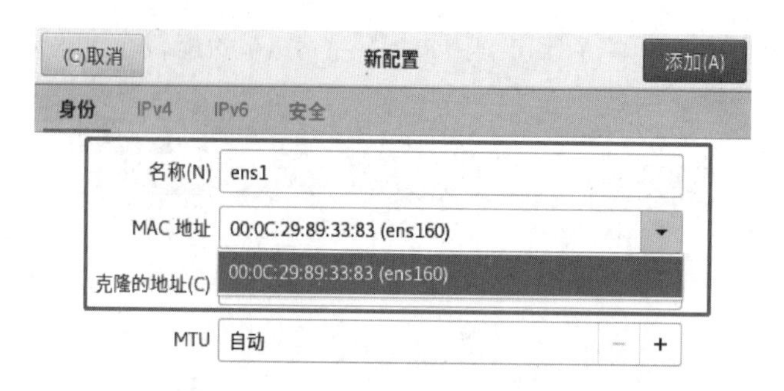

图 9-46　修改名称并选择物理网卡

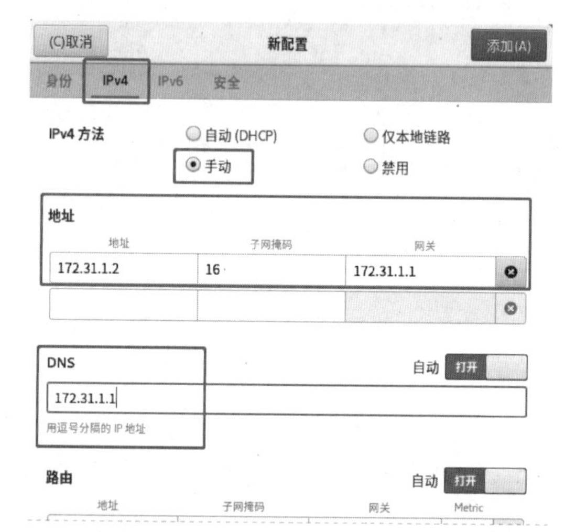

图 9-47　永久手动设置 IP 地址、子网掩码、网关和 DNS

单击刚刚生成的“ens1”连接（选中该连接，就等于使用该连接），如图 9-48 所示。

图 9-48　选择“ens1”连接

选中后能显示刚刚配置的网络参数，并在连接名称旁边显示√，表示该连接已选中，如图 9－49 所示。

图 9－49　选启用 ens1 连接

命令行使用 nmcli device status 和 nmcli connection show 查看图形化界面新组的连接是否成功生效，如图 9－50 所示。

```
[root@Server1 ~]# nmcli device status
DEVICE       TYPE      STATE    CONNECTION
ens160       ethernet  已连接   ens1
virbr0       bridge    未托管   --
lo           loopback  未托管   --
virbr0-nic   tun       未托管   --
[root@Server1 ~]# nmcli connection show
NAME  UUID                                  TYPE      DEVICE
ens1  4c078a26-b110-48ed-8342-e3cab76889f0  ethernet  ens160
eth0  92575228-d18f-47cf-9ab6-10b368af5899  ethernet  --
```

图 9－50　列出网卡设备信息、所有的网络连接（已切换 ens1）

命令行使用 ifconfig 命令查看 IP 地址和子网掩码，如图 9－51 所示。

```
[root@Server1 ~]# ifconfig
ens160: flags=4163<UP,BROADCAST,RUNNING,MULTICAST>  mtu 1500
        inet 172.31.1.2  netmask 255.255.0.0  broadcast 172.31.255.255
        inet6 fe80::21db:b9d2:6cd1:550d  prefixlen 64  scopeid 0x20<link>
        ether 00:0c:29:89:33:83  txqueuelen 1000  (Ethernet)
        RX packets 410  bytes 36062 (35.2 KiB)
        RX errors 0  dropped 0  overruns 0  frame 0
        TX packets 294  bytes 35402 (34.5 KiB)
        TX errors 0  dropped 0 overruns 0  carrier 0  collisions 0

lo: flags=73<UP,LOOPBACK,RUNNING>  mtu 65536
        inet 127.0.0.1  netmask 255.0.0.0
        inet6 ::1  prefixlen 128  scopeid 0x10<host>
        loop  txqueuelen 1000  (Local Loopback)
        RX packets 917  bytes 75395 (73.6 KiB)
        RX errors 0  dropped 0  overruns 0  frame 0
        TX packets 917  bytes 75395 (73.6 KiB)
        TX errors 0  dropped 0 overruns 0  carrier 0  collisions 0
```

图 9－51　显示网络设备和接口

在物理机网络连接中，将 VMnet1 网卡 IP 地址、子网掩码和默认网关重新配置，如图 9－52 所示。

单击“确定”按钮，会弹窗询问是否保存配置，单击“是”按钮，如图 9－53 所示。

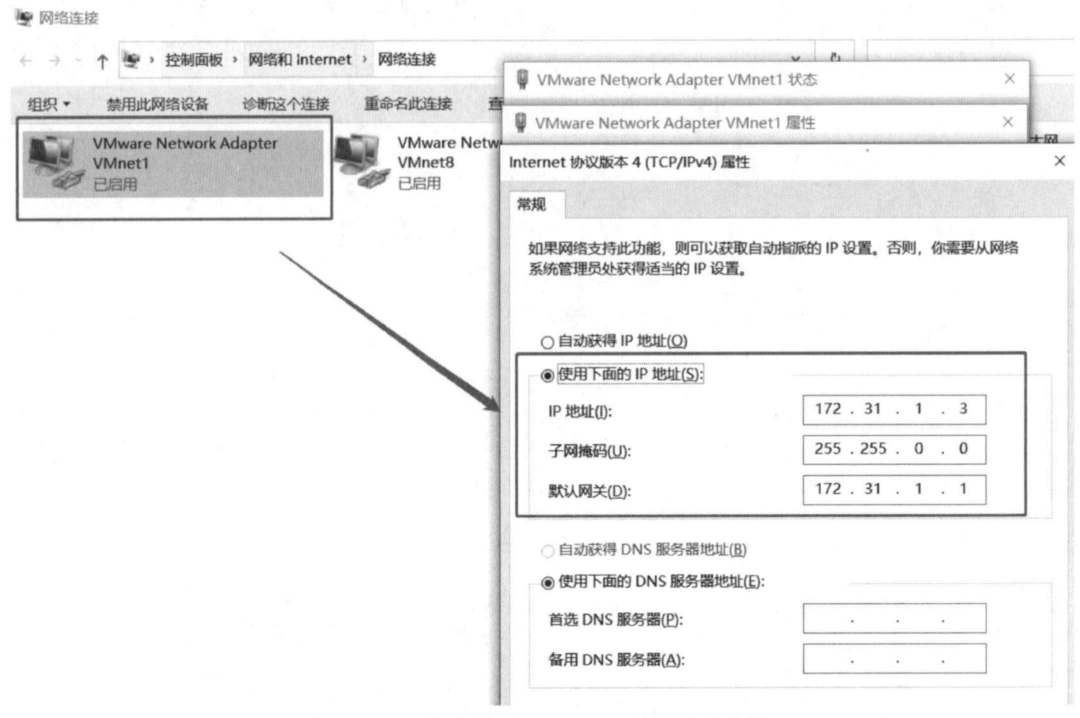

图 9－52　修改物理机 VMnet1 网络配置参数

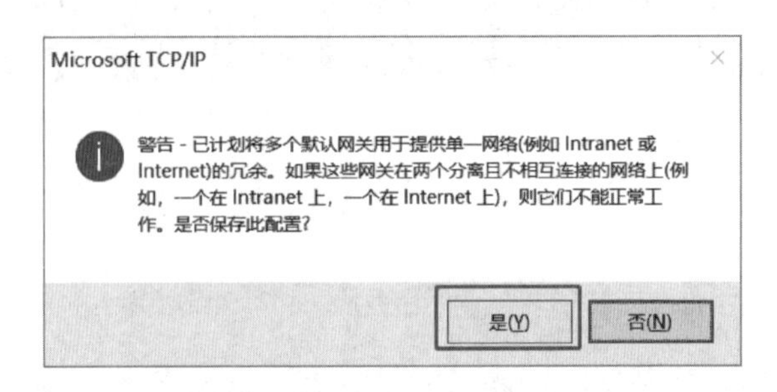

图 9－53　单击“是”按钮

打开 Windows PowerShell，使用 ping 命令测试物理机到虚拟机服务器的连通性，如图 9－54 所示。

在服务器中打开命令行，使用 ping 命令测试虚拟机服务器到物理机的连通性，如图 9－55 所示。

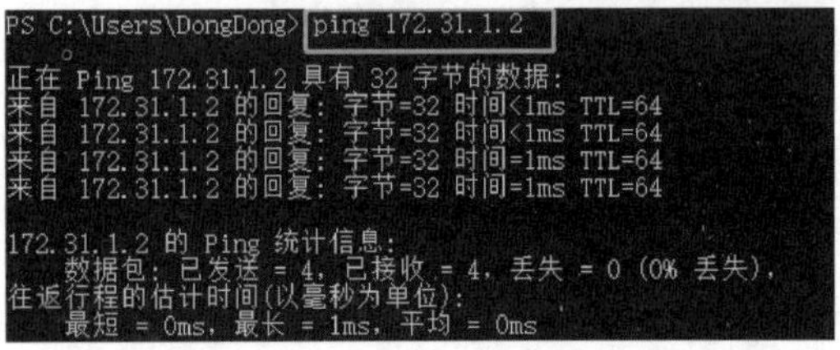

```
PS C:\Users\DongDong> ping 172.31.1.2

正在 Ping 172.31.1.2 具有 32 字节的数据:
来自 172.31.1.2 的回复: 字节=32 时间<1ms TTL=64
来自 172.31.1.2 的回复: 字节=32 时间<1ms TTL=64
来自 172.31.1.2 的回复: 字节=32 时间=1ms TTL=64
来自 172.31.1.2 的回复: 字节=32 时间=1ms TTL=64

172.31.1.2 的 Ping 统计信息:
    数据包: 已发送 = 4, 已接收 = 4, 丢失 = 0 (0% 丢失),
往返行程的估计时间(以毫秒为单位):
    最短 = 0ms, 最长 = 1ms, 平均 = 0ms
```

图 9－54　尝试在物理机上 ping 服务器

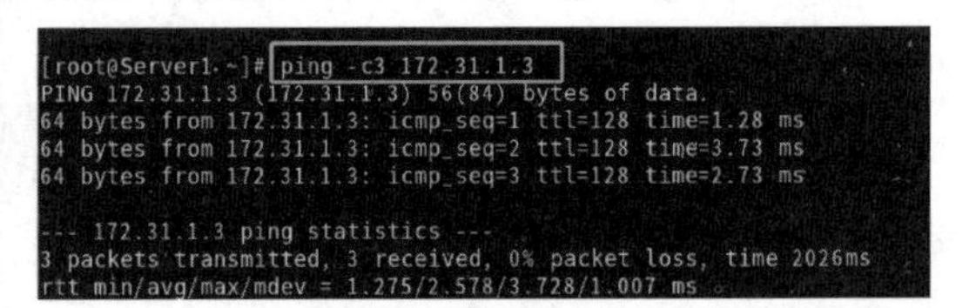

图 9－55　尝试在服务器上 ping 物理机

任务9－5　nmtui 命令永久配置网络连接的使用案例

打开图形化界面，单击 eth0 的“设置”按钮，如图9－56所示。

图9－56　打开图形化配置网络 eth0

单击“移除连接档案”按钮，删除 eth0 连接，如图9－57所示。

图9－57　移除连接 eth0

在命令行中，使用 nmcli connection show 查看 eth0 已删除，如图 9-58 所示。

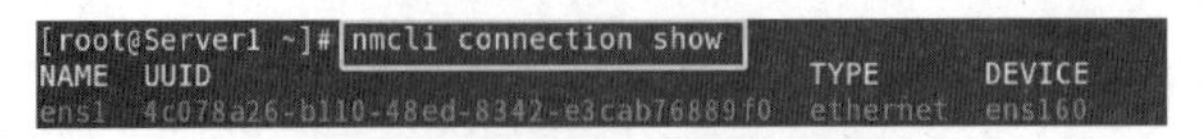

图 9-58　列出所有的网络连接

在命令行中，使用 nmtui 命令尝试重新创建 eth0，如图 9-59 所示。

图 9-59　使用 nmtui 命令

进入"网络管理器"界面，使用键盘上的上下键选择"编辑连接"，按 Enter 键，如图 9-60 所示。

图 9-60　选择"编辑连接"

使用键盘上的左右键选择"添加"，按 Enter 键，如图 9-61 所示。

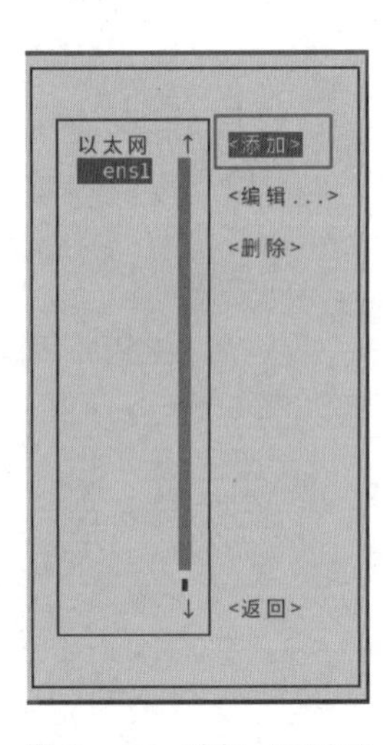

图 9-61　选择"添加"

光标选中“以太网”，使用键盘上的左右键切换到“创建”，按 Enter 键，如图 9－62 所示。

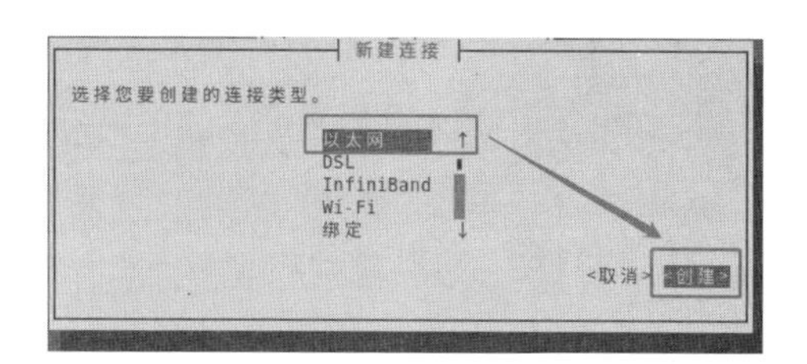

图 9－62　选择“以太网”

使用键盘上的上下键或 Tab 键切换光标，录入和配置如图 9－63 所示，按 Enter 键。

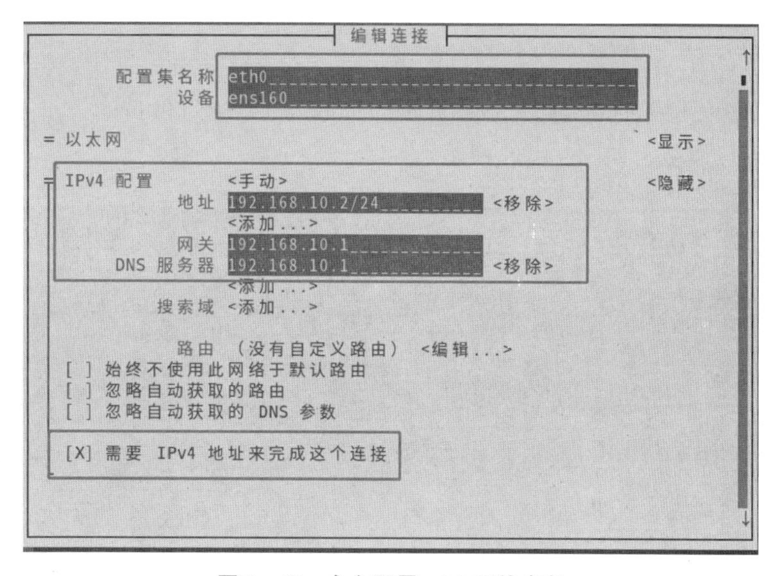

图 9－63　永久配置 eth0 网络参数

此时已重新创建了“eth0”连接，光标选中“返回”，按 Enter 键，如图 9－64 所示。光标选择“启用连接”，按 Enter 键，如图 9－65 所示。

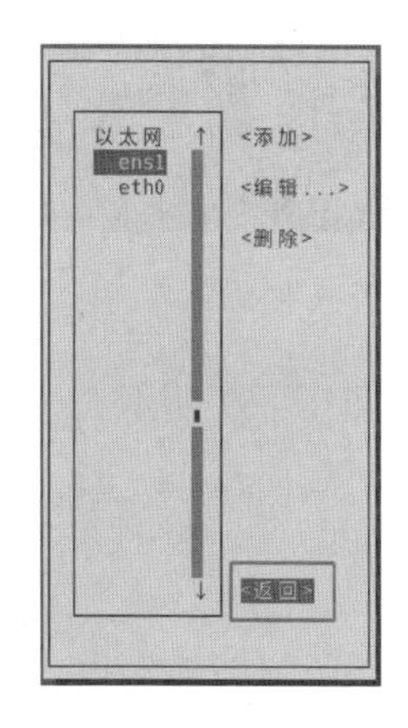

图 9－64　选择“返回”

图 9－65　选择“启用连接”

光标选中“eth0”，使用键盘上的左右键选择“激活”，按 Enter 键，如图 9－66 所示。设置完成后，需要退回命令行界面，光标选择“退出”，按 Enter 键，如图 9－67 所示。

图 9－66　选中“eth0”，再选择激活

图 9－67　选中“退出”

在命令行中，使用 ifconfig 命令、nmcli connection show 命令和 nmcli device status 命令查看 eth0 连接是否已生效，如图 9－68 所示。

```
[root@Server1 ~]# ifconfig
ens160: flags=4163<UP,BROADCAST,RUNNING,MULTICAST>  mtu 1500
        inet 192.168.10.2  netmask 255.255.255.0  broadcast 192.168.10.255
        inet6 fe80::e5b:2846:1e79:667b  prefixlen 64  scopeid 0x20<link>
        ether 00:0c:29:89:33:83  txqueuelen 1000  (Ethernet)
        RX packets 686  bytes 56970 (55.6 KiB)
        RX errors 0  dropped 0  overruns 0  frame 0
        TX packets 438  bytes 54370 (53.0 KiB)
        TX errors 0  dropped 0 overruns 0  carrier 0  collisions 0

lo: flags=73<UP,LOOPBACK,RUNNING>  mtu 65536
        inet 127.0.0.1  netmask 255.0.0.0
        inet6 ::1  prefixlen 128  scopeid 0x10<host>
        loop  txqueuelen 1000  (Local Loopback)
        RX packets 989  bytes 81515 (79.6 KiB)
        RX errors 0  dropped 0  overruns 0  frame 0
        TX packets 989  bytes 81515 (79.6 KiB)
        TX errors 0  dropped 0 overruns 0  carrier 0  collisions 0

[root@Server1 ~]# nmcli connection show
NAME  UUID                                  TYPE      DEVICE
eth0  95167d48-7613-48bd-baa9-b4737ee4ebac  ethernet  ens160
ens1  4c078a26-b110-48ed-8342-e3cab76889f0  ethernet  --
[root@Server1 ~]# nmcli device status
DEVICE      TYPE      STATE   CONNECTION
ens160      ethernet  已连接  eth0
virbr0      bridge    未托管  --
lo          loopback  未托管  --
virbr0-nic  tun       未托管  --
```

图 9－68　使用命令查看 eth0 连接是否已生效

打开图形化配置界面，查看 eth0 连接是否已生效，如图 9－69 所示。

任务 9－6　企业实战：配置远程管理

9.7 信创拓展

项目背景

麒麟操作系统服务器和客户端基本配置见表9-2。

表9-2 麒麟操作系统服务器和客户端基本配置

设备	主机名	IP 地址	网关	服务	安全状态
服务器端	server. gtcfla. com	静态 IP 地址：192. 168. 100. 100/24	静态 IP 地址：192. 168. 100. 254/24	FTP ISCSI CHRONY DNS NFS DOCKER MARIADB NGINX PHP CA	Firewalld = disabled Selinux = disabled
客户端	client. gtcfla. com	静态 IP 地址：192. 168. 100. 101/24		ISCSI NFS Ansible CHRONY	Firewalld = disabled Selinux = disabled

1. 基础环境配置

根据表9-2完成麒麟操作系统服务器端和客户端的基本配置，包括IP地址、子网掩码、网关、主机名参数、防火墙、Selinux等参数，如图9-96所示。

```
[root@Server1 ~]# nmcli connection add con-name ens166 type ethernet ifname ens160
连接 "ens166" (8c03fdd7-d54d-42da-8833-2defbefe5978) 已成功添加。
[root@Server1 ~]# nmcli connection modify ens166 ipv4.addresses "192.168.100.100/24" gw4 192.168.100.254
[root@Server1 ~]# nmcli connection modify ens166 connection.autoconnect yes
[root@Server1 ~]# nmcli connection modify ens166 ipv4.method manual
[root@Server1 ~]# nmcli connection up ens166
连接已成功激活(D-Bus 活动路径:/org/freedesktop/NetworkManager/ActiveConnection/4)
[root@Server1 ~]# hostnamectl set-hostname server.gtcfla.com
[root@Server1 ~]# cat << EOF >> /etc/hosts
> 192.168.100.100 server.gtcfla.com
> 192.168.100.101 client.gtcfla.com
> EOF
[root@Server1 ~]# systemctl stop firewalld;systemctl disable firewalld
Removed /etc/systemd/system/multi-user.target.wants/firewalld.service.
Removed /etc/systemd/system/dbus-org.fedoraproject.FirewallD1.service.
[root@Server1 ~]# getenforce
Enforcing
[root@Server1 ~]# setenforce 0
[root@Server1 ~]# getenforce
Permissive
```

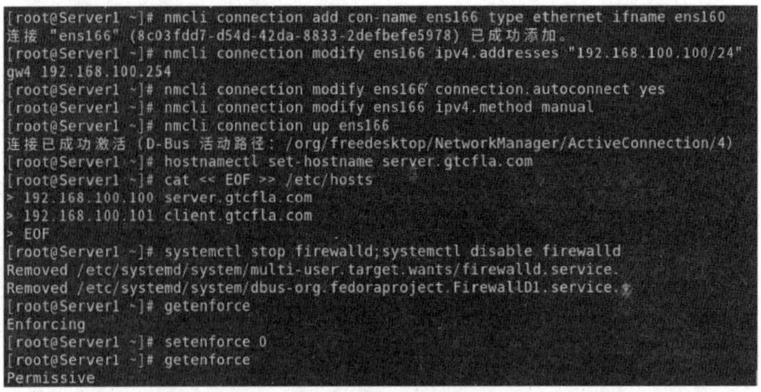

```
[root@Server1 ~]# nmcli connection add con-name ens166 type ethernet ifname ens160
连接 "ens166" (8c03fdd7-d54d-42da-8833-2defbefe5978) 已成功添加。
[root@Server1 ~]# nmcli connection modify ens166 ipv4.addresses "192.168.100.100/24"
gw4 192.168.100.254
[root@Server1 ~]# nmcli connection modify ens166 connection.autoconnect yes
[root@Server1 ~]# nmcli connection modify ens166 ipv4.method manual
[root@Server1 ~]# nmcli connection up ens166
连接已成功激活 (D-Bus 活动路径: /org/freedesktop/NetworkManager/ActiveConnection/4)
[root@Server1 ~]# hostnamectl set-hostname server.gtcfla.com
[root@Server1 ~]# cat << EOF >> /etc/hosts
> 192.168.100.100 server.gtcfla.com
> 192.168.100.101 client.gtcfla.com
> EOF
[root@Server1 ~]# systemctl stop firewalld;systemctl disable firewalld
Removed /etc/systemd/system/multi-user.target.wants/firewalld.service.
Removed /etc/systemd/system/dbus-org.fedoraproject.FirewallD1.service.
[root@Server1 ~]# getenforce
Enforcing
[root@Server1 ~]# setenforce 0
[root@Server1 ~]# getenforce
Permissive
```

图 9-96　服务器端配置网络连接等参数

客户端配置网络连接等参数，如图 9-97 所示。

```
[root@Client1 ~]# nmcli connection add con-name ens166 type ethernet ifname ens160
连接 "ens166" (6dfabb06-ba6f-46e7-a718-efa94a755fc1) 已成功添加。
[root@Client1 ~]# nmcli connection modify ens166 ipv4.addresses "192.168.100.101/24" gw4 192.168.100.254 connection.autoconnect yes ipv4.method manual
[root@Client1 ~]# nmcli connection up ens166
连接已成功激活(D-Bus 活动路径:/org/freedesktop/NetworkManager/ActiveConnection/4)
[root@Client1 ~]# hostnamectl set-hostname client.gtcfla.com
[root@Client1 ~]# cat << EOF >> /etc/hosts
> 192.168.100.100 server.gtcfla.com
> 192.168.100.101 client.gtcfla.com
> EOF
[root@Client1 ~]# systemctl stop firewalld;systemctl disable firewalld
Removed /etc/systemd/system/multi-user.target.wants/firewalld.service.
Removed /etc/systemd/system/dbus-org.fedoraproject.FirewallD1.service.
[root@Client1 ~]# setenforce 0
[root@Client1 ~]# getenforce
Permissive
```


```
[root@Client1 ~]# nmcli connection add con-name ens166 type ethernet ifname ens160
连接 "ens166" (6dfabb06-ba6f-46e7-a718-efa94a755fc1) 已成功添加。
[root@Client1 ~]# nmcli connection modify ens166 ipv4.addresses "192.168.100.101/24"
 gw4 192.168.100.254 connection.autoconnect yes ipv4.method manual
[root@Client1 ~]# nmcli connection up ens166
连接已成功激活 (D-Bus 活动路径: /org/freedesktop/NetworkManager/ActiveConnection/4)
[root@Client1 ~]# hostnamectl set-hostname client.gtcfla.com
[root@Client1 ~]# cat << EOF >> /etc/hosts
> 192.168.100.100 server.gtcfla.com
> 192.168.100.101 client.gtcfla.com
> EOF
[root@Client1 ~]# systemctl stop firewalld;systemctl disable firewalld
Removed /etc/systemd/system/multi-user.target.wants/firewalld.service.
Removed /etc/systemd/system/dbus-org.fedoraproject.FirewallD1.service.
[root@Client1 ~]# setenforce 0
[root@Client1 ~]# getenforce
Permissive
```

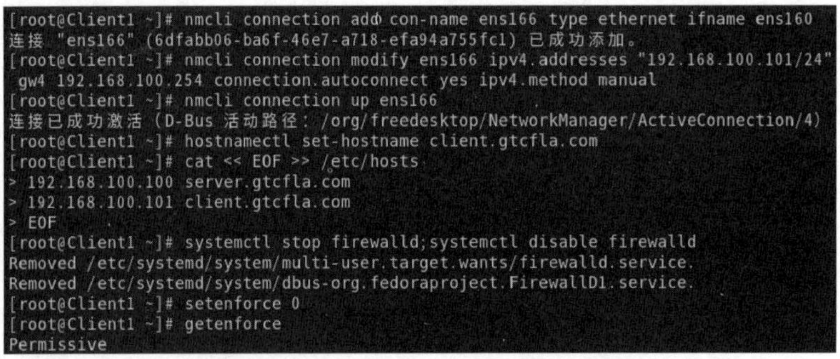

图 9-97　客户端配置网络连接等参数

一般来讲，生产环境必须提供 7×24 小时的网络传输服务。借助网卡绑定技术，不仅可以提高网络传输速度，更重要的是，还可以确保在其中一块网卡出现故障时，依然可以正常提供网络服务。假设对两块网卡实施了绑定技术，这样在正常工作中，它们会共同传输数据，使网络传输的速度变得更快。如果有一块网卡突然出现了故障，另外一块网卡便会立即

自动顶替上去，保证数据传输不会中断。

2. 服务器端配置网络链路聚合

◆ 配置 bond0 网卡，采用主备模式。

◆ 将空闲的 ens224 和 ens256 网卡配置为 bond0 的 slave 网卡。

◆ 为 bond0 网卡配置 IP 地址为 192. 168. 100. 206/24。

虚拟机中先添加两块新的以太网网卡，用于做此实验，如图 9 –98 所示。

新增的两个网卡都选择 VMnet8（同一网络），如图 9 –99 所示。

图 9 –98　添加虚拟机网卡

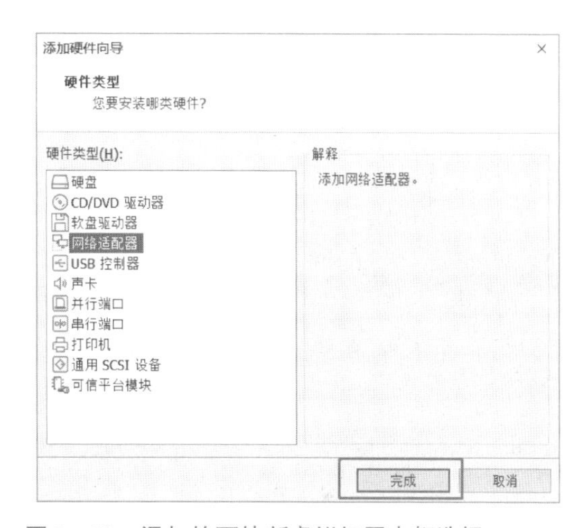

图 9 –99　添加的两块新虚拟机网卡都选择 VMnet8

服务器端成功添加 bond0 网卡，如图 9 –100 所示。

```
[root@Server1 ~]#  cat /proc/net/bonding/bond0
Ethernet Channel Bonding Driver: v4.18.0-305.el8.x86_64

Bonding Mode: fault-tolerance (active-backup)
Primary Slave: None
Currently Active Slave: ens224
MII Status: up
MII Polling Interval (ms): 100
Up Delay (ms): 0
Down Delay (ms): 0
Peer Notification Delay (ms): 0

Slave Interface: ens224
MII Status: up
Speed: 10000 Mbps
Duplex: full
Link Failure Count: 0
Permanent HW addr: 00:0c:29:14:58:9d
Slave queue ID: 0

Slave Interface: ens256
MII Status: up
Speed: 10000 Mbps
Duplex: full
Link Failure Count: 0
Permanent HW addr: 00:0c:29:14:58:a7
Slave queue ID: 0
```

图 9 –100　服务器端成功添加 bond0 网卡

```
[root@Server1 ~]# nmcli connection add con-name bond0 ifname bond0 type bond mode active-backup ipv4.addresses 192.168.100.206/24
连接 "bond0" (54718d2e-3d9c-4d20-840a-295e0ae58ec4) 已成功添加。
[root@Server1 ~]# nmcli connection add con-name ens224 ifname ens224 type bond-slave master bond0
连接 "ens224" (f9df2c79-a0af-48d3-a613-549d7c44b782) 已成功添加。
[root@Server1 ~]# nmcli connection add con-name ens256 ifname ens256 type bond-slave master bond0
连接 "ens256" (2c51f0a3-cca1-462a-9c01-ece37fb64ac1) 已成功添加。
[root@Server1 ~]# cat /proc/net/bonding/bond0
```

9.8 巩固提升

一、选择题

1. IPv4 地址匮乏问题，可以使用（　　）技术缓解。

A. NAT　　B. NBT　　C. DHCP　　D. DNS

2. ping -n 的 -n 指的是（　　）。

A. ping 区域的网络号　　B. 不重复选项

C. ping 次数　　D. 不要停止，除非中断

3. IPv6 地址的长度为（　　）。

A. 32 bit　　B. 48 bit　　C. 64 bit　　D. 128 bit

4. IPv6 地址一般使用（　　）形式表示。

A. 二进制　　B. 十进制　　C. 十六进制　　D. 六十进制

5. 下列不是 VMware 的网络连接方式的是（　　）。

A. 桥接模式　　B. NAT 模式　　C. 仅主机模式　　D. 网络模式

6. IP 地址 127、0、0、1 是一个（　　）地址。

A. A 类　　B. B 类　　C. C 类　　D. 测试

7. IP 地址由（　　）组成。

A. 主机部分 + 网络部分　　B. 网络部分 + 掩码部分

C. 网络部分 + 主机部分　　D. 掩码部分 + 主机部分

8. 存放网卡配置文件的目录是（　　）。

A. /etc/systemd/system/　　B. /etc/sysctl. d/

C. /etc/sysconfig/network-scripts/　　D. /etc/NetworkManager/conf. d/

二、实操题

编写脚本测试 192. 168. 4. 0/24 整个网段中哪些主机处于开机状态，哪些主机处于关机状态。

```
[root@Server1 ~]# vim fping.sh

#!/bin/bash
# 编写脚本测试 10.0.0.0/24 整个网段中哪些主机处于开机状态,哪些主机处于关机状态
# 状态(for 版本)
for i in {1..254}
do
# 每隔 0.3 秒 ping 一次,一共 ping 2 次,并以 1 毫秒为单位设置 ping 的超时时间
ping -c 2 -i 0.3 -W 1 10.0.0.$i &>/dev/null
     if [ $? -eq 0 ];then
echo "10.0.0.$i is up"
else
echo "10.0.0.$i is down"
fi
done

[root@Server1 ~]# chmod 777 fping.sh
[root@Server1 ~]#./fping.sh
```

9.9　项目评价

本项目采用基于目标导向的“多主体、多维度、全过程”评价方式。

多主体采用智慧职教云课堂、教师、学生、企业兼职教师多主体评价；多维度从知识、能力、素质目标三个维度评价；全过程按照课前、课后、课中三个阶段全过程评价。

项目9　网络连接评分表

考核方向	考核内容	分值	考核标准	评价方式
相关知识（30分）	认识 DHCP 服务、NAT 技术、VMware 网络设置，以及最常见的网络连接方式（NAT（网络地址转换）、桥接模式、仅主机（Host-Only））	10	答案准确规范，能有自己的理解为优	教师提问和学生进行课程平台自测
	了解不同的网络配置文件	10	答案准确规范，能有自己的理解为优	
	认识 REHL8 与 REHL7 网络服务的区别，了解 NetworkManager	10	答案准确规范，能有自己的理解为优	

续表

项目9　网络连接评分表				
考核方向	考核内容	分值	考核标准	评价方式
项目实施（50分）	任务9-1　服务器的基本配置	8	能够在规定时间内完成，有具体清晰的截图，各配置步骤正确，测试结果准确	客户评、学生评、教师评
	任务9-2　配置临时网络连接相关参数	8	能够在规定时间内完成，有具体清晰的截图，各配置步骤正确，测试结果准确	客户评、学生评、教师评
	任务9-3　nmcli 命令永久配置网络连接的使用案例	8	能够在规定时间内完成，有具体清晰的截图，各配置步骤正确，测试结果准确	客户评、学生评、教师评
	任务9-4　图形化界面永久配置网络连接的使用案例	8	能够在规定时间内完成，有具体清晰的截图，各配置步骤正确，测试结果准确	客户评、学生评、教师评
	任务9-5　nmtui 命令永久配置网络连接的使用案例	8	能够在规定时间内完成，有具体清晰的截图，各配置步骤正确，测试结果准确	客户评、学生评、教师评
	任务9-6　企业实战配置远程管理	10	能够在规定时间内完成，有具体清晰的截图，各配置步骤正确，测试结果准确	客户评、学生评、教师评
素质考核（20分）	坚强意志（坚强的意志）	10	形成自信、谦虚、勤奋、诚实的品质并具备承受风险和挫折的能力	学生评、组内评、教师评
	劳动习惯（具备生活自理能力）	5	掌握一定的劳动技能和技巧	客户评、教师评
	创新思维（培养批判性思维和创造性4思维）	5	善于分析问题、解决问题，同时鼓励发散思维和想象力的发挥	客户评、教师评

项目 10 配置和管理DHCP服务器

10.1 学习导航

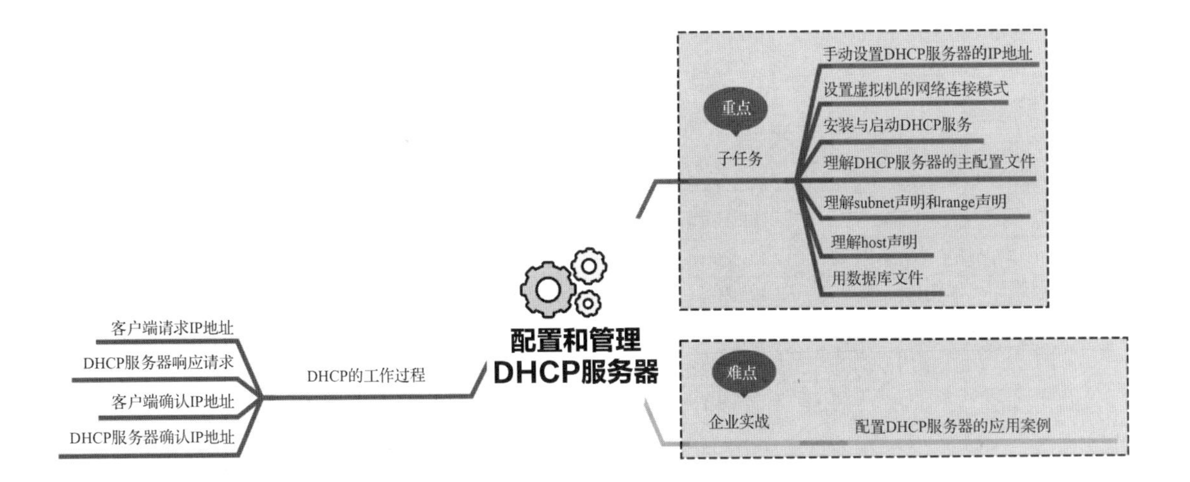

10.2 学习目标

知识目标：

- 认识 DHCP 服务器
- 理解 DHCP 的工作过程
- 理解 DHCP 服务器的主配置文件

能力目标：

- 熟练掌握 DHCP 服务器的安装与启动
- 熟练掌握 DHCP 服务器的配置
- 熟练掌握 DHCP 客户端的配置和测试

素质目标：

- 树立诚实守信、细心规范的工作态度
- 增强沟通与协调能力、团队合作精神
- 规范行业标准、提升服务意识

10.3 项目导入

某高校的实训室机房、行政、教学等部门和师生个人拥有的网络设备越来越多，为全校网络设备逐一分配和管理 IP 地址的成本非常高。为了更便捷地完成这项工作，需要引入 DHCP 来自动为各种网络设备配置 IP 地址、网关和 DNS 等信息。该高校适用的网络是 192.168.1.0/24，网关为 192.168.1.254，其中一部分 IP 地址固定划分给学校的各类服务器，还有一部分是保留地址，其余的 IP 地址可以自动分配给客户端。

10.4 项目分析

本项目一共使用 4 台计算机，其中 3 台使用的是 RedHat 8 操作系统（可以使用 VM 的“克隆”技术快速安装需要的 Linux 客户端），1 台使用的是 Windows 10 操作系统，设备情况见表 10－1。

表 10－1 DHCP 服务器和客户端信息

主机名	操作系统	IP 地址	网络连接模式
DHCP 服务器：Server1	RedHat 8	192.168.1.1/24	VMnet1（仅主机模式）
Linux 客户端：Client1	RedHat 8	自动获取	VMnet1（仅主机模式）
Linux 客户端：Client2	RedHat 8	保留地址	VMnet1（仅主机模式）
Windows 客户端：Client3	Windows 10	自动获取	VMnet1（仅主机模式）

说明：在 VMware 中选中一台未开启的 RedHat 8 机，右击，选择“管理”，再进一步选择“克隆”，然后根据提示可以完成主机的克隆。

DHCP 对网络进行集中化管理，能降低网络接入成本，大大简化配置任务。完成本项目主要分为以下几个任务：

（1）理解 DHCP 的原理和工作过程。

（2）理解 DHCP 分配地址的方式。

（3）理解并学会配置 DHCP 服务器的主配置文件。

（4）理解租用数据库文件。

（5）安装和启动 DHCP 服务。

（6）在客户机应用 DHCP 方式获取 IP 地址。

10.5 相关知识

10.5.1 认识 DHCP 服务器

DHCP（Dynamic Host Configuration Protocol，动态主机配置协议）是一个局域网的网络协议，使用 UDP 协议工作，主要给内部网络或网络服务供应商自动分配 IP 地址，给用户或内部网络管理员作为对所有计算机进行中央管理的手段。

一台 DHCP 服务器可以让网络管理员集中指派和指定全局的或子网特有的 TCP/IP 参数供整个网络使用。客户机不需要手动配置 TCP/IP，并且当客户机断开与服务器的连接后，旧的 IP 地址将被释放，以便重新使用。有了 DHCP 服务器，DHCP 客户端就能选择“从 DHCP 服务器自动获取 IP 地址”选项，此时 DHCP 服务器就能分配和管理客户端的 IP 地址，这也有助于大幅降低网络维护和管理的耗费。

10.5.2 DHCP 服务器的工作过程

DHCP 服务器用于分配 IP 地址以及其他网络参数（例如子网掩码、默认网关、DNS 服务器等）给网络设备。DHCP 服务器的工作过程如下。

（1）客户端请求 IP 地址：当设备加入网络时，它会通过 DHCP 客户端向网络中的 DHCP 服务器发送 IP 地址请求。这个请求通常称为 DHCP Discover 消息。DHCP Discover 消息是一个广播消息，它会发送到所有在同一个广播域（broadcast domain）内的 DHCP 服务器。

（2）DHCP 服务器响应请求：当 DHCP 服务器收到 DHCP Discover 消息时，它会向客户端发送 DHCP Offer 消息。DHCP Offer 消息包含了一个可用的 IP 地址、租期以及其他网络参数，它通常以广播的方式发送给客户端。

（3）客户端确认 IP 地址：客户端接收到 DHCP Offer 消息后，它会确认该 IP 地址是否可用。如果客户端接受这个 IP 地址，它会发送 DHCP Request 消息给 DHCP 服务器，告诉 DHCP 服务器它要使用这个 IP 地址。DHCP Request 消息也是一个广播消息。

（4）DHCP 服务器确认 IP 地址：当 DHCP 服务器收到 DHCP Request 消息时，它会发送 DHCP Acknowledge（ACK）消息给客户端。DHCP ACK 消息确认了客户端请求的 IP 地址以及其他网络参数。这个过程标志着 IP 地址的分配完成，客户端现在可以开始使用该 IP 地址了。

DHCP 服务器通常会记录每个 IP 地址的租期，并在租期到期之前向客户端发送 DHCP Renew 消息，以请求续租该 IP 地址。如果客户端没有及时响应 DHCP Renew 消息，DHCP 服务器将释放该 IP 地址，并将其标记为可用。

10.5.3 DHCP 分配地址的方式

DHCP（动态主机配置协议）支持以下三种地址分配方式。

（1）自动分配（Automatic Allocation）：当 DHCP 客户机第一次向 DHCP 服务器租用到 IP 地址后，这个地址就永久地分配给了该 DHCP 客户机。

（2）动态分配（Dynamic Allocation）：DHCP 服务器为 DHCP 客户端分配一个 IP 地址，并且分配的地址有一定的租期，租期结束后，地址会被收回，并且可以重新分配给其他客户端。这种方式适用于较长时间的网络连接，如办公室、学校、公寓等。

（3）静态分配（Static Allocation）：DHCP 服务器为特定的 DHCP 客户端分配一个固定的 IP 地址。这种方式适用于需要为特定设备保留一个特定的 IP 地址的情况，例如服务器和网络打印机等。

三种地址分配方式中，只有动态分配可以重复使用客户端不再需要的地址。

10.5.4 理解 DHCP 服务器的主配置文件

DHCP 的主配置文件是/etc/dhcp/dhcpd. conf，其包含了若干指令的纯文本文件，在DHCP 启动时，会自动读取配置文件中的内容，并根据配置指令影响 DHCP 服务器的运行。配置文件改变后，只有在下次启动或重新启动后才会生效。使用如下命令可以查看主配置文件 dhcpd. conf 的内容：

```
[root@Server1 Desktop]# cat /etc/dhcp/dhcpd.conf -n
```

默认的主配置文件仅有几行行首有“#”的注释行，没有任何实质内容。注释语句中提示“see/usr/share/doc/dhcp - server/dhcpd. conf. example”。接下来复制样例文件到主配置文件中。

```
[root@Server1 Desktop]# cp /usr/share/doc/dhcp-server/dhcpd.conf.example /etc/dhcp/dhcpd.conf
cp:是否覆盖'/etc/dhcp/dhcpd.conf'? y
```

复制后查看 dhcpd. conf，里面有若干指令。

1. 主配置文件的整体框架

主配置文件 dhcpd. conf 大致包括两个部分，分别为全局配置和局部配置。全局配置可以包含参数和选项，该部分设置对整个 DHCP 服务器生效。局部配置通常由声明部分表示，该部分仅对局部生效，如仅对某个 IP 地址作用域生效。

dhcpd. conf 文件的格式如下：

```
#全局配置
参数或选项;//全局有效
#局部配置
声明{
      参数或选项;//局部有效
}
```

dhcpd. conf 文件中，以#开头的语句是注释语句，起说明作用，当一行内容结束时，以“;”结束，花括号所在行除外。

2. 主配置文件的常见内容

1）常见参数

参数表明服务器如何执行任务，是否执行任务，或者将哪些网络配置选项发给客户，或者是否检查客户端所用的 IP 地址等，见表 10 - 2。

表 10 - 2 dhcpd 服务程序配置文件中的常见参数及其作用

参数	解释
ddns - update - style(none|interim|ad - hoc)	定义所支持的 DNS 动态更新类型（不支持更新| DNS 互动更新| 特殊 DNS 更新）

续表

参数	解释
default – lease – time	定义默认的 IP 租约时间
max – lease – time	定义客户端 IP 租约时间的最大值
hardware	定义网络接口类型及硬件地址
fix – address ip	定义 DHCP 客户端指定的 IP 地址
authritative	拒绝不正确的 IP 地址的需求
ignore client – updates	忽略客户端更新
server – name	通知 DHCP 客户服务器名称
get – lease – hostnames flag	检查客户端使用的 IP 地址

2）常见选项

某些参数必须以 option 关键字开头，它们被称为选项，通常用来配置 DHCP 客户端的可选参数，见表 10 – 3。

表 10 – 3　dhcpd 服务程序配置文件中的常见选项及其作用

选项	解释
routers	为客户端指定默认网关
broadcast – address	为客户端设定广播地址
domain – name	为客户端指定 DNS 服务器域名
domain – name – servers	为客户端指定 DNS 服务器的地址
time – offset	为客户端设定和格林尼治时间的偏移时间
ntp – servers	为客户端设定网络时间服务器 IP 地址
host – name	为客户端设定主机名称

3）常见声明

声明一般用于指定 IP 地址作用域、定义为客户端分配的 IP 地址池等，见表 10 – 4。

声明的格式为：

```
声明{
        参数或选项;//局部有效
}
```

表 10－4　dhcpd 服务程序配置文件中的常见声明及其作用

声明	解释
subnet 网络号 netmask 子网掩码	定义作用域，即指定子网
rang 起始 IP 地址 结束 IP 地址	指定动态 IP 地址范围
host 主机名称	用于定义保留地址
group	为一组参数提供声明
sunbet	描述一个 IP 地址是否属于该子网
subnet－mask	设置客户机的子网掩码
shared－network	用来告知是否一些子网分享相同网络
allow | deny unknown－clients	是否动态分配 IP 给未知的使用者
allow | deny bootp	是否响应激活查询
allow | deny booting	是否响应使用者查询
next－name	开始启动文件的名称，应用于无盘工作站
next－server	设置服务器，从引导文件中装入主机名，应用于无盘工作站

3. subnet 声明和 range 声明

1）subnet 声明

subnet 用于在某个子网中设置动态分配的地址和相关网络段属性，其通用格式如下：

```
subnet 子网的网络地址  netmask  子网掩码{
      ……
}
```

subnet 声明中包括其他多个参数和选项。注意：子网的网络地址至少要与 DHCP 服务器的一个 IP 地址的网段相同。

2）range 声明

range 声明用于设置 subnet 中可供动态分配的 IP 地址范围，参数值一定要在 subnet 设置的子网之内，否则启动失败。其通用格式如下：

```
range  起始 IP 地址  结束 IP 地址
```

在一个 subnet 声明中可以有多个 range，但是设置的 IP 地址范围必须在 subnet 设置的网段内，且多个 range 定义的 IP 地址范围不能重复。

4. 给客户端分配保留地址

保留特定的 IP 地址给特定的 DHCP 客户端使用，也就是说，当这个客户每次向 DHCP

服务器索取地址或更新租约时，DHCP 服务器都会给客户端分配相同的地址，DHCP 服务器依据客户端的网卡接口类型和 MAC 地址（网络设备制造商生产时烧录在网卡，具有全球唯一性）来识别客户端。

host 声明用于设置单个主机的网络属性，通常用于为网络打印机或个别服务器分配固定的 IP 地址（保留地址）。host 声明可以独立使用，也可以放在某个 subnet 声明中。声明 host 主机属性时，通常采用如下格式：

```
host  主机名 {
      hardware ethernet MAC 地址;
       fixed - address IP 地址;
}
```

其中，host 关键字指定需要分配保留地址的 DHCP 客户机名称，hardware ethernet 指定客户端设备的物理 MAC 地址，fixed - address 指定 DHCP 服务器为客户端设备分配的 IP 地址。这个地址将会始终保持不变，即使服务器被重启。

10.5.5　租用数据库文件

DHCP 服务使用租用数据库文件来跟踪已分配的 IP 地址和租用期限，该数据库文件包含了分配给客户端的 IP 地址、租用时间、MAC 地址等信息，默认位置为/var/lib/dhcpd/dhcpd. leases。DHCP 服务器刚安装好时，这个数据库文件是空文件；DHCP 服务器正常运行时，在该数据库文件中就会有内容。

当客户端向 DHCP 服务器请求 IP 地址时，dhcpd 服务会检查 dhcpd. leases 文件来确定是否有可用的 IP 地址可供分配。如果有，则服务器将在该文件中创建一个条目，以记录客户端的 MAC 地址、分配的 IP 地址和租用期限。这个条目将一直存在于租用数据库文件中，直到租用期限到期或管理员手动将其删除。注意：修改文件可能会导致 DHCP 服务出现问题，因此，请谨慎操作。

10.6　项目实施

任务 10 - 1　配置 DHCP 服务器的 IP 地址和网络连接方式

1. 配置 DHCP 服务器的 IP 地址

DHCP 服务器的 IP 地址和子网掩码等参数必须手工配置，否则无法给客户端分配 IP 地址，将 DHCP 服务器的 IP 地址设置为 192. 168. 1. 1，子网掩码为 255. 255. 255. 0，图 10 - 1 所示即为设置成功。

2. 配置虚拟机的网络连接方式为“仅主机模式”

选中虚拟机，右击，选择“设置”，单击“虚拟机设置”→“网络适配器”，设置“网络连接”为“仅主机模式”，具体如图 10 - 2 所示。

图 10－1　配置 DHCP 服务器的 IP 地址

图 10－2　配置虚拟机的网络连接方式为“仅主机模式”

任务 10－2　安装与启动 DHCP 服务

在 RedHat 8 Linux 操作系统中，DHCP 服务是由 DHCP Server 软件实现的，对应的服务名是 dhcpd。

1. 安装 DHCP 软件包

（1）准备 RedHat 8 操作系统的 ISO 文件。

选中虚拟机，右击，选择“设置”，单击“虚拟机设置”→“CD/DVD(SATA)”，进行相关设置，如图10－3所示。

图10－3　准备RedHat 8操作系统的ISO文件

（2）配置本地yum源文件。

```
[root@Server1 Desktop]# vim /etc/yum.repos.d/RedHat8dvd.repo
```

按i键后进入编辑状态，把文本修改为如下内容，按Esc键后，输入“:wq!”进行保存退出。

```
[Media]
name = Meida
baseurl = file:///media/BaseOS
gpgcheck = 0
enabled = 1

[RedHat8 - AppStream]
name = RedHat8 - AppStream
baseurl = file:///media/AppStream
gpgcheck = 0
enabled = 1
```

（3）挂载ISO映像文件。

```
[root@Server1 Desktop]# mount /dev/cdrom /media
mount: /media: WARNING: device write-protected, mounted read-only.
```

（4）使用 dnf 命令清理缓存和安装 DHCP 服务。其中，-y 表示对安装过程中的确认回答 yes，如果不写 -y，也可以在安装过程中出现“确定吗？[y/N]:”时输入“y”。

```
[root@Server1 Desktop]# dnf clean all
[root@Server1 Desktop]# dnf install dhcp-server -y
……
已安装:
  dhcp-server-12:4.3.6-41.el8.x86_64

完毕!
```

（5）安装完成后，再次查询是否已经安装成功，要确保 DHCP 软件包安装成功才能继续后面的项目配置。

```
[root@Server1 Desktop]# rpm -qa |grep dhcp
dhcp-libs-4.3.6-41.el8.x86_64
dhcp-common-4.3.6-41.el8.noarch
dhcp-client-4.3.6-41.el8.x86_64
dhcp-server-4.3.6-41.el8.x86_64
```

2. 启动 dhcpd 服务

```
[root@Server1 Desktop]# systemctl start dhcpd
```

注意：没有对 DHCP 相关文件进行正确配置，则运行此命令时会报错。

3. 查看 dhcpd 服务运行状态

```
[root@Server1 Desktop]# systemctl status dhcpd
```

4. 停止 dhcpd 服务

```
[root@Server1 Desktop]# systemctl stop dhcpd
```

5. 重启 dhcpd 服务

```
[root@Server1 Desktop]# systemctl restart dhcpd
```

6. 将 dhcpd 服务设置为开机自启动

```
[root@Server1 Desktop]# systemctl enable dhcpd
```

任务 10-3　企业实战

高校需要为数量庞大的网络设备分配 IP 地址，具体要求如下：

①适用的网络 IP 为 192.168.1.0/24，网关为 192.168.1.254。

②192.168.1.1～192.168.1.30 网段地址是固定分配给学校的各类服务器地址（如 Web 服务器、FTP 服务器、DNS 服务器等）。

③客户端可用的地址段是 192.168.1.31～192.168.1.253，但 192.168.1.114、192.168.1.116 为保留地址，其中，192.168.1.114 保留给 Client2。

DHCP 服务器和客户端的地址及 MAC 地址信息见表 10－5。

表 10－5　DHCP 服务器和客户端的地址及 MAC 地址信息

主机名	操作系统	IP 地址	网络连接模式和 MAC 地址
DHCP 服务器：Server1	RedHat 8	192.168.1.1/24	VMnet1
Linux 客户端：Client1	RedHat 8	自动获取	VMnet1
Linux 客户端：Client2	RedHat 8	保留地址	VMnet1,00:0c:29:02:06:bd
Windows 客户端：Client3	Windows 10	自动获取	VMnet1

说明： Linux 查询 MAC 地址的方法：在终端中，执行"ifconfig"命令，查看输出结果，输出信息"ether"后的字符串就是 MAC 地址。在图 10－4 中，按照此方法查询到 Client2 的 MAC 地址为 00:0c:29:02:06:bd。

```
[root@Server01 ~]# ifconfig
ens160: flags=4163<UP,BROADCAST,RUNNING,MULTICAST>  mtu 1500
        ether 00:0c:29:02:06:bd  txqueuelen 1000  (Ethernet)
        RX packets 3  bytes 1038 (1.0 KiB)
        RX errors 0  dropped 0  overruns 0  frame 0
        TX packets 0  bytes 0 (0.0 B)
        TX errors 0  dropped 0 overruns 0  carrier 0  collision
s 0

lo: flags=73<UP,LOOPBACK,RUNNING>  mtu 65536
        inet 127.0.0.1  netmask 255.0.0.0
        inet6 ::1  prefixlen 128  scopeid 0x10<host>
        loop  txqueuelen 1000  (Local Loopback)
        RX packets 72  bytes 5796 (5.6 KiB)
        RX errors 0  dropped 0  overruns 0  frame 0
        TX packets 72  bytes 5796 (5.6 KiB)
        TX errors 0  dropped 0 overruns 0  carrier 0  collision
s 0
```

图 10－4　查询 MAC 地址的方法

1. 分析

使用 subnet 声明能设置子网属性，如果要给一个子网里的客户端动态指定 IP 地址，那么，在 subnet 声明里必须有 range 声明用于说明地址范围。如果要给 DHCP 客户端静态指定 IP 地址，那么每个这样的客户都要有一个 host 声明。

2. 具体实现方案

（1）使用 vim /etc/dhcp/dhcpd.conf 命令编辑 DHCP 主配置文件，将原本的文件内容清空后，修改为如下内容：

```
subnet 192.168.1.0 netmask 255.255.255.0 {
  range 192.168.1.31  192.168.1.113;
  range 192.168.1.115 192.168.1.115;
  range 192.168.1.116 192.168.1.253;
```

```
    option domain - name - servers 192.168.1.1;
    option domain - name "university.com";
    option routers 192.168.1.254;
}
host Client2{
    hardware ethernet 00:0c:29:02:06:bd;
    fixed - address 192.168.1.114;
}
```

（2）重启 dhcpd 服务，让以上对 dhcpd. conf 的修改能生效。

```
[root@Server1 conf]# systemctl restart dhcpd
```

（3）在客户端 Client1 进行测试。

①以 root 用户身份登录 Client1 客户机，进入网络设置页面，切换到“IPv4”，将“IPv4 Method”选择为“自动（DHCP）”，清空其他字段内容，并单击“应用”按钮，具体如图 10 –5 所示。

②进入网络设置页面，切换到“详细信息”选项卡，查看是否成功获得 IPv4 地址，以及默认路由、DNS 是否与 dhcpd 配置文件设置相符，具体如图 10 –6 所示。

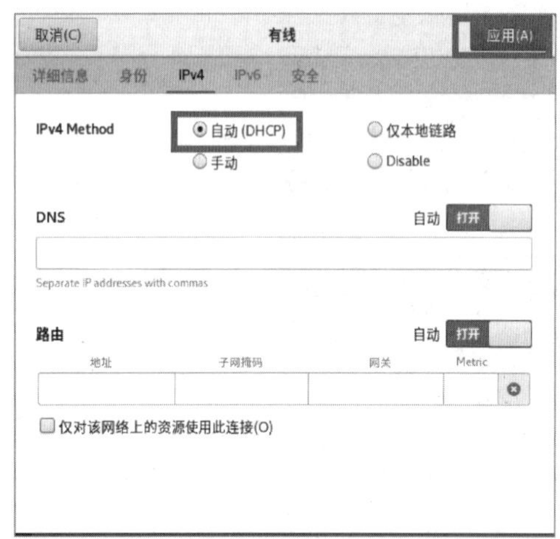

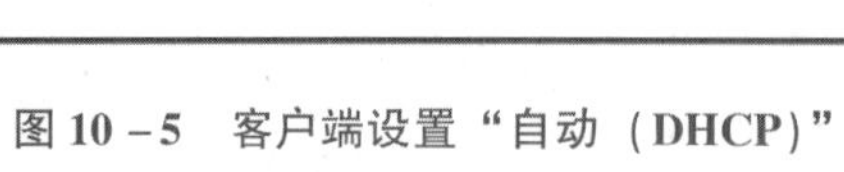

图 10 –5　客户端设置“自动（DHCP）”

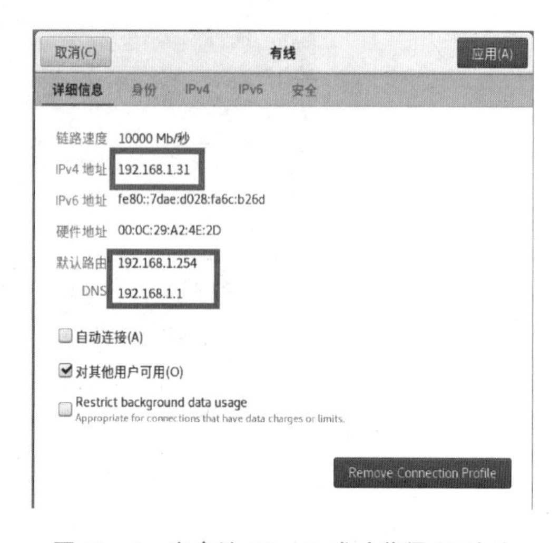

图 10 –6　客户端 Client1 成功获得 IP 地址

注意：在某些情况下，虚拟机中的 DHCP 客户端可能会获取类似 192. 168. 95. 0 这种非配置网段中的一个地址，这时需要关闭 VMnet1 和 VMnet8 的 DHCP 服务功能。具体路径为：打开 VMWare 主窗口，单击“编辑”→“虚拟网络编辑器”，打开“虚拟网络编辑器”对话框后，取消勾选 VMnet1 和 VMnet8 的“使用本地 DHCP 服务将 IP 地址分配给虚拟机”，具体如图 10 –7 所示。

（4）在客户端 Client2 进行测试。

以 root 用户身份登录 Client2 客户机，按照在 Client1 进行测试的方法，设置 Client2 通过

DHCP 自动获取 IP 地址，查看是否成功获得保留地址 192.168.1.114，以及默认路由、DNS 是否与 dhcpd 配置文件设置相符，具体如图 10－8 所示。

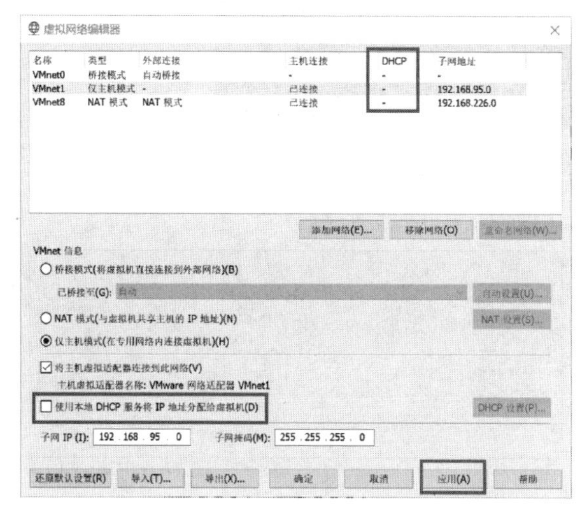

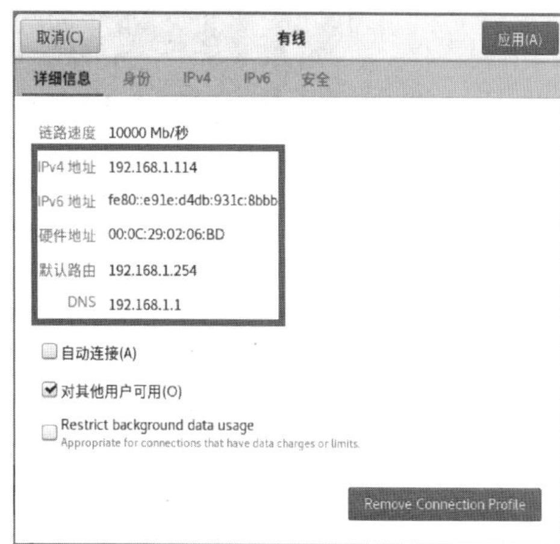

图 10－7　客户端关闭使用本地 DHCP 服务

图 10－8　客户端 Client2 成功获得 IP 地址

（5）在客户端 Client3 进行测试。

①在“网络连接”中找到 VMnet1 虚拟网卡，选中后右击，选择“属性”，双击“TCP/IPv4”后进入图 10－9 所示对话框，选择“自动获得 IP 地址”和“自动获得 DNS 服务器地址”。

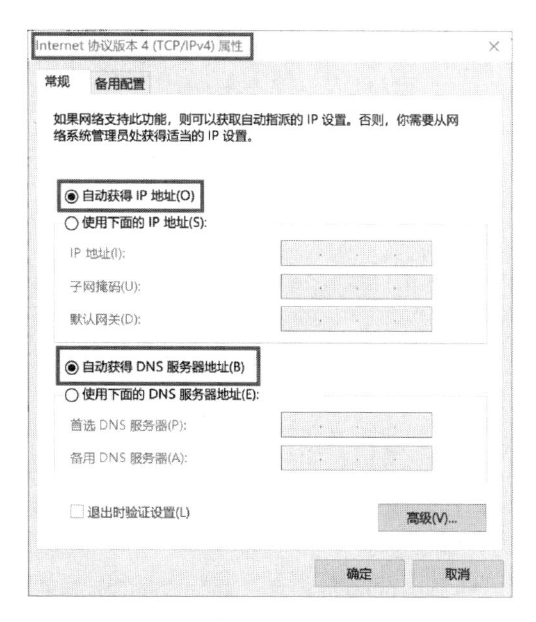

图 10－9　客户端 Client3 成功获得 IP 地址

②在 Windows 命令提示符下，利用 ipconfig 命令查看是否成功获得 IP 地址，以及网关、首选 DNS 和子网掩码是否与 dhcpd 配置文件设置相符，如图 10－10 所示。

```
选择 管理员: 命令提示符

以太网适配器 VMware Network Adapter VMnet1:

   连接特定的 DNS 后缀 . . . . . . . : university.com
   本地链接 IPv6 地址. . . . . . . . : fe80::1358:c4c0:b165:e02f%19
   IPv4 地址 . . . . . . . . . . . . : 192.168.1.32
   子网掩码  . . . . . . . . . . . . : 255.255.255.0
   默认网关. . . . . . . . . . . . . : 192.168.1.254
```

图 10-10　利用 ipconfig 命令查看获得的 IP 地址

（6）在 DHCP 服务器中查看租用数据库文件内容。

```
[root@Server1 Desktop]# cat /var/lib/dhcpd/dhcpd.leases
# The format of this file is documented in the dhcpd.leases(5) manual page.
# This lease file was written by isc-dhcp-4.3.6

# authoring-byte-order entry is generated, DO NOT DELETE
authoring-byte-order little-endian;

lease 192.168.1.32 {
  starts 4 2023/09/07 14:09:03;
  ends 4 2023/09/07 19:54:47;
  tstp 4 2023/09/07 19:54:47;
  cltt 4 2023/09/07 14:09:03;
  binding state free;
  hardware ethernet 00:50:56:c0:00:01;
  uid "\001\000PV\300\000\001";
}
lease 192.168.1.31 {
  starts 4 2023/09/07 14:13:15;
  ends 5 2023/09/08 02:13:15;
  tstp 5 2023/09/08 02:13:15;
  cltt 4 2023/09/07 14:13:15;
  binding state free;
  hardware ethernet 00:0c:29:a2:4e:2d;
  uid "\001\000\014)\242N-";
}
server-duid "\000\001\000\001,\215\250/\000\014)\265\213}";
```

3. DHCP 配置的常见错误

①配置文件中内容不符合语法结构，如缺少分号和花括号等。

②DHCP 服务未启动或配置错误：如果 DHCP 服务未正确启动或者配置错误，则无法响应 DHCP 请求，从而导致客户端无法获取 IP 地址。

③IP 地址池错误：IP 地址池中的地址可能不够或者超过了子网的范围，这可能会导致 DHCP 服务器无法正确分配 IP 地址。

④配置错误的 DHCP 选项：DHCP 选项包括 DNS 服务器、网关、子网掩码等，如果这些选项没有正确配置，则客户端可能无法正确访问网络。

⑤DHCP 客户端配置错误：如果 DHCP 客户端的配置有误，则可能无法正确接收 DHCP

服务器提供的 IP 地址及其他选项。

⑥DHCP 地址冲突：如果 DHCP 服务器分配了相同的 IP 地址给多个客户端，那么这些客户端之间可能会发生 IP 地址冲突，导致网络故障。

为了避免这些错误，建议在配置 DHCP 服务器时仔细阅读文档，确保配置正确，并对配置进行测试和验证。

10.7　信创拓展

国产操作系统的 DHCP 配置和管理与 RedHat 类似，请在麒麟系统上配置 DHCP 服务，具体步骤为：

（1）在 DHCP 服务器安装 DHCP 软件包。

（2）在 DHCP 服务器对主配置文件/etc/dhcp/dhcpd. conf 进行配置。

（3）在 DHCP 服务器重新启动 DHCP 服务，并将服务添加到开机自启动。

（4）在客户端启动 DHCP 方式获取 IP 地址。

（5）在 DHCP 服务器的租用数据库文件/var/lib/dhcpd/dhcpd. leases 中查看 IP 地址租用信息。

10.8　巩固提升

一、选择题

1. 要实现动态 IP 地址分配，网络中至少要有一台计算机的操作系统中安装（　　）。

A. DNS 服务器　　B. DHCP 服务器

C. IIS 服务器　　D. PDS 主域控制器

2. DHCP 的租约文件默认保存在（　　）目录下。

A. /etc/dhcpd　　B. /var/log/dhcpd

C. /var/lib/dhcp/　　D. /var/lib/dhcpd

3. 下列（　　）用于定义 DHCP 的 IP 地址作用域。

A. host　　B. range　　C. ignore　　D. subnet

4. DHCP 服务器默认启动脚本（　　）。

A. dhcpd　　B. dhcp　　C. dhclient　　D. network

5. 配置完 DHCP 服务器，运行（　　）命令可以启动 DHCP 服务。

A. service dhcpd start　　B. service dhcpd status

C. start dhcpd　　D. dhcpd on

二、简答题

1. 简述 DHCP 服务器的工作流程。

2. DHCP 有哪些分配地址的方式？

10.9 项目评价

本项目采用基于目标导向的“多主体、多维度、全过程”评价方式。

多主体采用智慧职教云课堂、教师、学生、企业兼职教师多主体评价；多维度从知识、能力、素质目标三个维度评价；全过程按照课前、课后、课中三个阶段全过程评价。

项目 10　配置和管理 DHCP 服务器评分表

考核方向	考核内容	分值	考核标准	评价方式
相关知识（30 分）	认识 DHCP 服务器	5	答案准确规范，能有自己的理解为优	教师提问和学生进行课程平台自测
	DHCP 服务器的工作过程	5	答案准确规范，能有自己的理解为优	
	DHCP 分配地址的方式	5	答案准确规范，能有自己的理解为优	
	理解 DHCP 服务器的主配置文件	10	答案准确规范，能有自己的理解为优	
	租用数据库文件	5	答案准确规范，能有自己的理解为优	
项目实施（50 分）	任务 10－1　配置 DHCP 服务器的 IP 地址和网络连接方式	10	能够在规定时间内完成，有具体清晰的截图，各配置步骤正确，测试结果准确	客户评、学生评、教师评
	任务 10－2　安装与启动 DHCP 服务	10	能够在规定时间内完成，有具体清晰的截图，各配置步骤正确，测试结果准确	客户评、学生评、教师评
	任务 10－3　企业实战	30	能够在规定时间内完成，有具体清晰的截图，各配置步骤正确，测试结果准确	客户评、学生评、教师评

续表

考核方向	考核内容	分值	考核标准	评价方式
素质考核（20 分）	职业精神（操作规范、吃苦耐劳、团队合作）	10	操作规范、吃苦耐劳、团队合作愉快	学生评、组内评、教师评
	工匠精神（作品质量、创新意识）	5	作品质量好，有一定的创新意识	客户评、教师评
	行业标准和服务意识	5	规范行业标准、提升服务意识	客户评、教师评

项目 11

配置与管理Samba服务器

11.1 学习导航

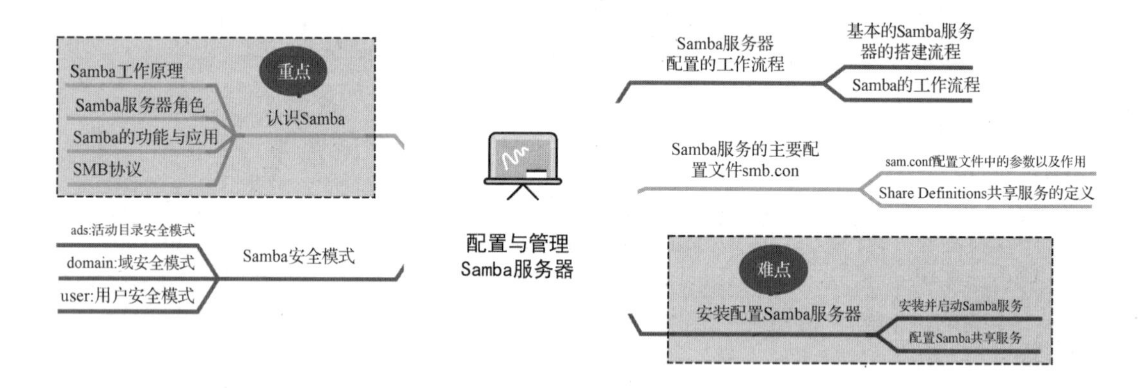

11.2 学习目标

学习目标：

- 了解 Samba 环境及协议的概念
- 掌握 Samba 服务密码文件的配置方法
- 掌握 Samba 的工作原理
- 掌握 Samba 文件和输出共享的设置方法

能力目标：

- 掌握 Samba 服务密码文件的配置
- 掌握 Samba 文件和输出共享的设置
- 掌握 Linux 和 Windows 客户端共享 Samba 服务器资源的方法

素质目标：

- 树立诚实守信、细心规范的工作态度
- 增强沟通与协调能力、团队合作精神
- 提升自主安全可控的信创意识

11.3　项目导入

随着公司业务的发展，服务器资源日趋紧张，有些主机出现了各种问题，需要手动备份最紧要的文件。同时，为保障公司业务更加安全和稳定，新购置了一批服务器，这些服务器均已经安装了 RedHat 8 系统。公司希望搭建自己的 DNS 服务、DHCP 服务、FTP 服务和 Web 服务等。数据中心负责人让实习生尽快了解和掌握 RedHat 8 系统的基础管理操作，为后续服务搭建做好准备。

公司需要搭建 Windows 和 Linux 沟通的“桥梁”，并且提供不同系统间的共享服务，还能拥有强大的输出服务功能。这需要搭建 Samba 服务器。Samba 的应用环境非常广泛。

11.4　项目分析

公司需要添加 Samba 服务器作为文件服务器，设置工作组名、共享目录、共享名。如果公司有多个部门，因工作需要，必须分门别类地建立相应部门的目录。在/companydept/sales 目录中存放重要数据，为了保证其他部门无法查看其内容，需要将配置中的 security 设置为 user 安全级别。其他部门可以采用匿名账号 nobody 访问 Samba 服务器的共享目录。

11.5　相关知识

11.5.1　认识 Samba

11.5.1.1　Samba 工作原理

Samba 整合 SMB 协议和 NetBIOS 协议，运行于 TCP/IP 协议之上，使用 NetBIOS 名称解析，让 Windows 计算机可以通过 Microsoft 网络客户端访问 Linux 计算机。NetBIOS 是用于局域网计算机连接的一个通信协议，主要用来解析计算机名称。SMB 全称为 Server Message Block（服务信息块），可看作局域网资源共享的一种开放性协议，不仅提供文件和打印机共享，还支持认证、权限设置等。目前大多数 PC 都在运行这一协议，Windows 系统都是 SMB 协议的客户端和服务器。

Samba 是 SMB 在 Linux/UNIX 系统上的实现。Samba 采用客户端/服务器工作模式，SMB 服务器负责通过网络提供可用的共享资源给 SMB 客户端，服务器和客户端之间通过 TCP/IP（或 IPX、NetBEUI）进行连接，SMB 工作在 OSI 会话层、表示层和部分应用层。一旦服务器和客户端之间建立了一个连接，客户端就可以通过向服务器发送命令完成共享操作，如读、写、检索等。

11.5.1.2　Samba 服务器角色

根据 Microsoft 网络的管理模式，Samba 服务器可以在局域网中充当以下 3 种角色。

域控制器：这要求网络采用域模式进行集中管理，所有账户由域控制器统一管理。Samba 服务器为 ActiveDirectory（活动目录）安全模式的域控制器。

域成员服务器：这要求网络采用域模式进行集中管理，Samba 服务器可充当域成员服务器，接受域控制器的统一管理。域控制器可以是 Windows 服务器或 Samba 服务器。

独立服务器：工作在对等网络（工作组），Samba 服务器作为不加入域的独立服务器，与其他计算机是一种对等关系，各自管理自己的用户账户。其中所有计算机都可独立运行，不依赖于其他计算机，任何一台计算机加入或退出网络，都不影响其他计算机的运行。

11. 5. 2. 3　Samba 的功能与应用

文件和打印机共享：文件和打印机共享是 Samba 的主要功能，通过服务器消息块（Server Message Block，SMB）协议实现资源共享，将文件和打印机发布到网络中，以供用户访问。

身份验证和权限设置：smbd 服务支持 user mode 和 domain mode 等身份验证和权限设置模式，通过加密方式可以保护共享的文件和打印机。

名称解析：Samba 通过 nmbd 服务可以搭建 NetBIOS 名称服务器（NetBIOS Name Server，NBNS），提供名称解析，将计算机的 NetBIOS 名解析为 IP 地址。

浏览服务：在局域网中，Samba 服务器可以成为本地主浏览器（Local Master Browser，LMB），保存可用资源列表。当使用客户端访问 Windows 网上邻居时，会提供浏览列表，显示共享目录、打印机等资源。

11. 5. 3. 4　SMB 协议

SMB 通信协议可以看作局域网上共享文件和打印机的一种协议。它是 Microsoft 公司和 Intel 公司在 1987 年制定的协议，主要是作为 Microsoft 网络的通信协议，而 Samba 将 SMB 协议搬到 UNIX 系统上使用。通过 "NetBIOS over TCP/IP"，使用 Samba 不但能与局域网络主机共享的资源，而且拥有强大的、能与全世界的计算机共享的资源。因为互联网上千千万万的主机所使用的通信协议就是 TCP/IP。SMB 协议是会话层和表示层以及小部分应用层上的协议，SMB 协议使用了 NetBIOS 的 API。另外，它是一个开放性的协议，允许协议扩展，这使它变得庞大而复杂，大约有 65 个最上层的作业，而每个作业都有超过 120 个函数。

11. 5. 2　Samba 安全模式

Samba 安全模式简化为以下 3 种，以配合 Samba 服务器角色部署。

- ads：活动目录安全模式。Samba 服务器具备域安全模式的所有功能，并可以作为域控制器加入 Windows 域环境中。
- domain：域安全模式。Samba 服务器作为域成员加入 Windows 域环境中，验证工作由 Windows 域控制器负责。
- user：用户安全模式。Samba 服务器作为不加入域的独立服务器。这也是默认的安全模式。它取代以前 Samba 版本的 share（共享安全模式，匿名访问）、user（用户安全模式，用户必须提供合法的用户名和密码）和 server（服务器安全模式，用户名和密码需要提交到另外一台 Samba 服务器进行验证）。

11. 5. 3　Samba 服务器配置的工作流程

首先对服务器进行设置：告诉 Samba 服务器将哪些目录共享给客户端进行访问，并根据需要设置其他选项，例如，添加对共享目录内容的简单描述信息和访问权限等具体设置。

1. 基本的 Samba 服务器的搭建流程

基本的 Samba 服务器的搭建流程主要分为 5 个步骤。

（1）编辑主配置文件 smb. conf，指定需要共享的目录，并为共享目录设置共享权限。

（2）在 smb. conf 文件中指定日志文件名称和存放路径。

（3）设置共享目录的本地系统权限。

（4）重新加载配置文件或重新启动 SMB 服务，使配置生效。

（5）关闭防火墙，同时设置 SELinux 为允许。

2. Samba 的工作流程

（1）客户端请求访问 Samba 服务器上的共享目录。

（2）Samba 服务器接收到请求后，查询主配置文件 smb. conf，查看是否共享了目录，如果共享了目录，则查看客户端是否有权限访问。

（3）Samba 服务器会将本次访问信息记录在日志文件中，日志文件的名称和路径都需要用户设置。

（4）如果客户端满足访问权限设置，则允许客户端进行访问。

11.5.4　Samba 服务的主要配置文件 smb. conf

1. smb. conf 配置文件中的参数以及作用

Samba 服务的配置文件一般放在/etc/Samba 目录中，主要配置文件名为 smb. conf。RHEL8 的 smb. conf 配置文件已经简化，如图 11－1 所示。

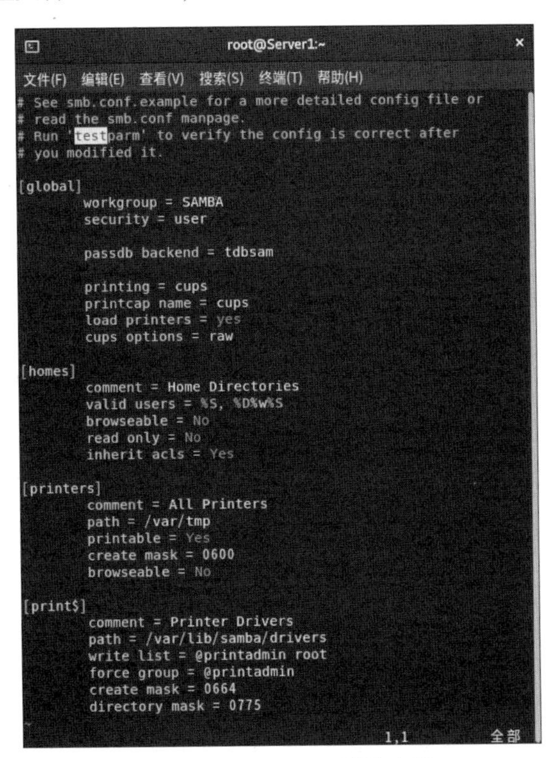

图 11－1　smb. conf 配置文件

Samba 开发组按照功能不同，对 smb. conf 文件进行了分段划分，条理非常清楚。表 11－1 所列为 Samba 服务程序中的参数以及作用。

表 11－1　Samba 服务程序中的参数以及作用

作用范围	参数	作用
[global]	workgroup = MYGROUP	工作组名称，如 workgroup = SmileGroup
	security = user	安全验证的方式，需验证来访主机提供的口令后才可以访问，提升了安全性，为系统默认方式
	security = server	使用独立的远程主机验证来访主机提供的口令（集中管理账户）
	security = domain	使用域控制器进行身份验证
	Passdb backend = tdbsam	定义用户后台的类型，共 3 种。这里表示创建数据库文件并使用 pdbedit 命令建立 Samba 服务程序的用户
	load printers = yes	设置在 Samba 服务启动时是否共享打印机设备
	cups options = raw	打印机的选项
[homes]	comment = Home Directories	描述信息
	browseable = no	指定共享信息是否在“网上邻居”中可见
	writable = yes	定义是否可以执行写入操作，与“read only”相反

2. Share Definitions 共享服务的定义

Share Definitions 设置对象为共享目录和打印机，如果想发布共享资源，需要对 Share Definitions 部分进行配置。Share Definitions 字段非常丰富，设置灵活。

1）设置共享名

共享资源发布后，必须为每个共享目录或打印机设置不同的共享名，供网络用户访问时使用，并且共享名可以与原目录名不同。

共享名的设置非常简单，格式为：

```
[共享名]
```

2）共享资源描述

网络中存在各种共享资源，为了方便用户识别，可以为其添加备注信息，方便用户查看共享资源的内容。

格式为：

```
comment = 备注信息
```

3）共享路径

共享资源的原始完整路径可以使用 path 字段进行发布，务必正确指定。

格式为：

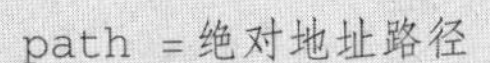

```
path =绝对地址路径
```

4）设置匿名访问

设置是否允许对共享资源进行匿名访问，可以更改 public 字段。

格式为：

```
public = yes  #允许匿名访问
public = no   #禁止匿名访问
```

11.6 项目实施

任务 11－1 安装并启动 Samba 服务

（1）挂载 ISO 映像文件。

```
[root@Server01 ~]# mount /dev/cdrom /media
```

（2）制作 yum 源文件/etc/yum.repos.d/dvdrepo（见项目 8 相关内容）。

（3）使用 dnf 命令查看 Samba 软件包的信息。

```
[root@Server01 ~] # dnf info samba
```

（4）使用 dnf 命令建立元数据缓存。

```
[root@Server01 ~] # dnf makecache
```

（5）使用 dnf 命令安装 Samba 服务，安装完毕后如图 11－2 所示。

```
BOS                          280 kB/s | 2.8 kB     00:00
依赖关系解决。
=================================================================
 软件包                  架构       版本             仓库     大小
=================================================================
安装:
 samba                   x86_64     4.13.3-3.el8     BOS     846 k
安装依赖关系:
 samba-common-tools      x86_64     4.13.3-3.el8     BOS     498 k
 samba-libs              x86_64     4.13.3-3.el8     BOS     168 k

事务概要
=================================================================
安装  3 软件包

总计: 1.5 M
安装大小: 4.0 M
下载软件包:
运行事务检查
事务检查成功。
运行事务测试
事务测试成功。
运行事务
  准备中    :                                                  1/1
  安装      : samba-libs-4.13.3-3.el8.x86_64                   1/3
  安装      : samba-common-tools-4.13.3-3.el8.x86_64           2/3
  安装      : samba-4.13.3-3.el8.x86_64                        3/3
  运行脚本  : samba-4.13.3-3.el8.x86_64                        3/3
  验证      : samba-4.13.3-3.el8.x86_64                        1/3
  验证      : samba-common-tools-4.13.3-3.el8.x86_64           2/3
  验证      : samba-libs-4.13.3-3.el8.x86_64                   3/3
Installed products updated.

已安装:
  samba-4.13.3-3.el8.x86_64
  samba-common-tools-4.13.3-3.el8.x86_64
  samba-libs-4.13.3-3.el8.x86_64
```

图 11－2 Samba 软件包安装完成后显示的界面

```
[root@Server01 ~]#dnf install samba -y
```

（6）Samba 软件包安装完毕，使用 rpm 命令查询是否成功安装 Samba 软件包。Samba 软件包成功安装后如图 11－3 所示。

```
[root@Server01 ~]#rpm -qa I grep samba
```

```
[root@Server01 ~]# rpm -qa | grep samba
samba-common-tools-4.13.3-3.el8.x86_64
samba-common-4.13.3-3.el8.noarch
samba-4.13.3-3.el8.x86_64
samba-client-libs-4.13.3-3.el8.x86_64
samba-libs-4.13.3-3.el8.x86_64
samba-common-libs-4.13.3-3.el8.x86_64
[root@Server01 ~]#
```

图 11－3　Samba 软件包成功安装后显示的界面

（7）启动 SMB 服务，设置开机后自动启动该服务。

```
[root@Server01 ~]#systemctl start smb
[root@Server01 ~]#systemctl enable smb
```

（8）禁用 SELinux。

```
[root@Server01 ~]#setenforce 0
[root@Server01 ~]#getenforce
Permissive
```

（9）配置防火墙允许 Samba 服务，并查看是否成功允许 Samba 服务。

```
[root@Server01 ~]#firewall-cmd --permanent --add-service=samba
[root@Server01 ~]#firewall-cmd --reload
[root@Server01 ~]#firewall-cmd --list-all
public (active)
target: default
icmp-block-inversion: no
interfaces: ens160
sources:
services: cockpit dhcpv6-client samba ssh
ports:
protocols:
masquerade: no
forward-ports:
source-ports:
icmp-blocks:
rich rules:
```

（10）重新加载 SMB 服务，并设置开机后自动启动该服务。

```
[root@Server01 ~]#systemctl start smb
[root@Server01 ~]#systemctl enable smb
```

任务 11－2　配置 Samba 共享服务

（1）创建共享目录，并在目录下建立测试文件。

```
[root@Server01 ~]# mkdir /companydept/sales -p
[root@Server01 ~]# cd /companydept/
[root@Server01 companydept]# cd sales/
[root@Server01 sales]# touch test_share.tar
```

（2）添加销售部门用户和组，并添加相应的 Samba 账号。

①创建一个 sales 组，并在 sales 组中创建 sales1 和 sales2 两个用户。sale1 和 sale2 为销售部员工的账号及创建密码。单独创建 test_user 用户，不属于 sales 组，供测试用。

```
[root@Server01 sales]# groupadd sales
[root@Server01 sales]# useradd -g sale1
[root@Server01 sales]# useradd -g sale2
[root@Server01 sales]# useradd test_user
[root@Server01 sales]# passwd sale1
[root@Server01 sales]# passwd sale2
[root@Server01 sales]# passwd test_user
```

②为销售部门创建 Samba 用户账号。

```
[root@Server01 sales]# smbpasswd -a sale1
[root@Server01 sales]# smbpasswd -a sale2
```

（3）修改 Samba 配置文件 smb. conf。输入命令 vim /etc/samba/smb. conf 查看文件并修改。直接在 smb. conf 文件末尾添加共享目录，设置共享目录的共享名为 sales，设置共享目录的绝对路径，设置可以访问的用户为 sales 组。

```
[sales]
        comment = sales
        path = /companydept/sales
        writable = yes
        browseable = yes
        valid users = @sales
```

（4）设置共享目录的本地系统权限和属组。

```
[root@Server01 ~]# chown :sales /companydept/sales  -R
[root@Server01 ~]# chown 770 /companydept/sales  -R
```

（5）Windows 客户端访问 Samba 共享测试。

在 Windows 10 中利用资源管理器进行测试，使用 UNC 路径直接访问。依次选择“开始”→“运行”命令，使用 UNC 路径直接访问，如\\192. 168. 10. 1。打开“Windows 安全中心”对话框，如图 11 –4 所示。输入 sale1 或 sale2 及其密码，登录后可以正常访问，如图 11 –5 所示。

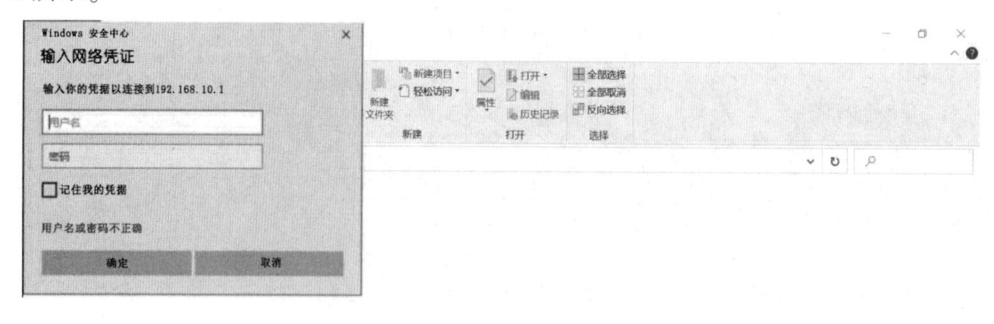

图 11 –4 “Windows 安全中心”对话框

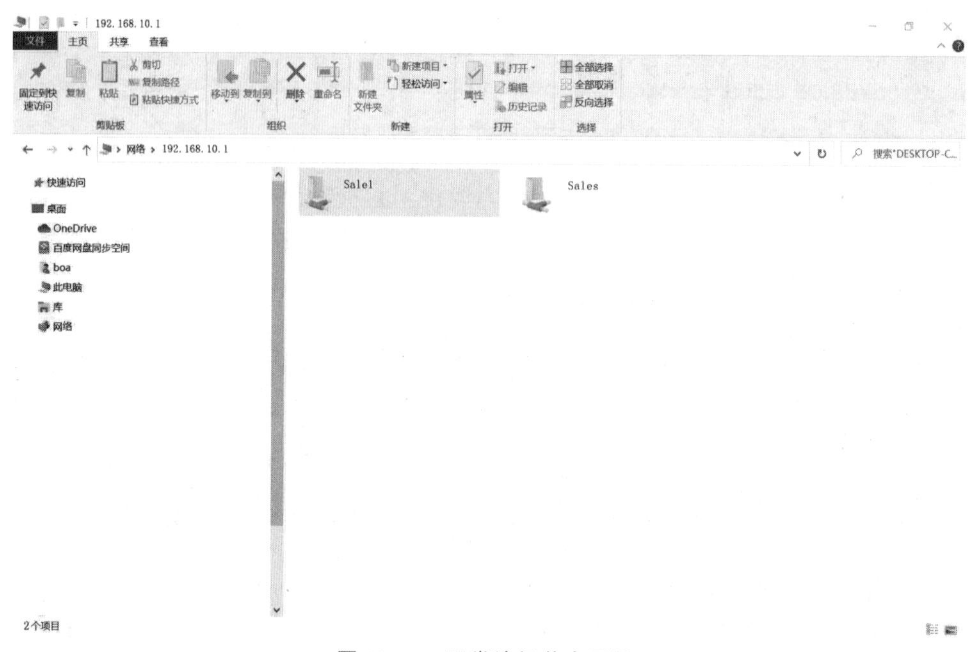

图 11 –5 正常访问共享目录

11.7 信创拓展

国产操作系统的 Samba 配置和管理与 RedHat 类似，请在麒麟系统上配置 Samba 服务，

具体步骤为:

(1) 在银河麒麟服务器上安装 Samba 软件包。

(2) 配置 Samba 共享服务。

11.8　巩固提升

一、选择题

1. (　　) 命令可以允许 198.168.0.0/24 访问 Samba 服务器。

A. hosts enable =198.168.0.　　B. hosts allow =198.168.0.

C. hosts accept =198.168.0.　　D. hosts accept =198.168.0.0/24

2. 启动 Samba 服务时，(　　) 是必须运行的端口监控程序。

A. nmbd　　B. lmbd　　C. mmbd　　D. smbd

3. 下面列出的服务器类型中，(　　) 可以使用户在异构网络操作系统之间进行文件系统共享。

A. FTP　　B. Samba　　C. DHCP　　D. Squid

4. Samba 服务的配置文件是 (　　)。

A. smb.conf　　B. samba.conf

C. smbpasswd　　D. smbclient

5. 用 Samba 共享了目录，但是在 Windows 网络邻居中却看不到它，应该在/etc/samba/smb.conf 中怎样设置才能正确工作? (　　)

A. AllowWindowsClients = yes　　B. Hidden = no

C. Browseable = yes　　D. 以上都不是

二、简答题

1. 简述 Samba 的工作流程。

2. 简述基本的 Samba 服务器搭建流程的 5 个主要步骤。

三、实操题

如果公司有多个部门，因工作需要，必须分门别类地建立相应部门的目录。要求将技术部的资料存放在 Samba 服务器的/companydept/tech/目录下集中管理，以便技术人员浏览，并且该目录只允许技术部员工访问。请给出实现方案并上机调试。

11.9　项目评价

本项目采用基于目标导向的“多主体、多维度、全过程”评价方式。

多主体采用智慧职教云课堂、教师、学生、企业兼职教师多主体评价；多维度从知识、能力、素质目标三个维度评价；全过程按照课前、课后、课中三个阶段全过程评价。

项目 11　配置与管理 Samba 服务器评分表				
考核方向	考核内容	分值	考核标准	评价方式
相关知识（30 分）	Samba 环境及协议是什么	5	答案准确规范，能有自己的理解为优	教师提问和学生进行课程平台自测
	Samba 服务密码文件的配置方法	5	答案准确规范，能有自己的理解为优	
	Samba 的工作原理	10	答案准确规范，能有自己的理解为优	
	Samba 文件和输出共享的设置方法	10	答案准确规范，能有自己的理解为优	
项目实施（50 分）	任务 11－1　安装并启动 Samba 服务	30	能够在规定时间内完成，有具体清晰的截图，各配置步骤正确，测试结果准确	客户评、学生评、教师评
	任务 11－2　配置 Samba 共享服务	20	能够在规定时间内完成，有具体清晰的截图，各配置步骤正确，测试结果准确	客户评、学生评、教师评
素质考核（20 分）	职业精神（操作规范、吃苦耐劳、团队合作）	10	操作规范、吃苦耐劳、团队合作愉快	学生评、组内评、教师评
	工匠精神（作品质量、创新意识）	5	作品质量好，有一定的创新意识	客户评、教师评
	信息安全意识	5	有自主安全可控的信创意识，有信息安全意识	客户评、教师评

项目 12

配置和管理DNS服务器

12.1 学习导航

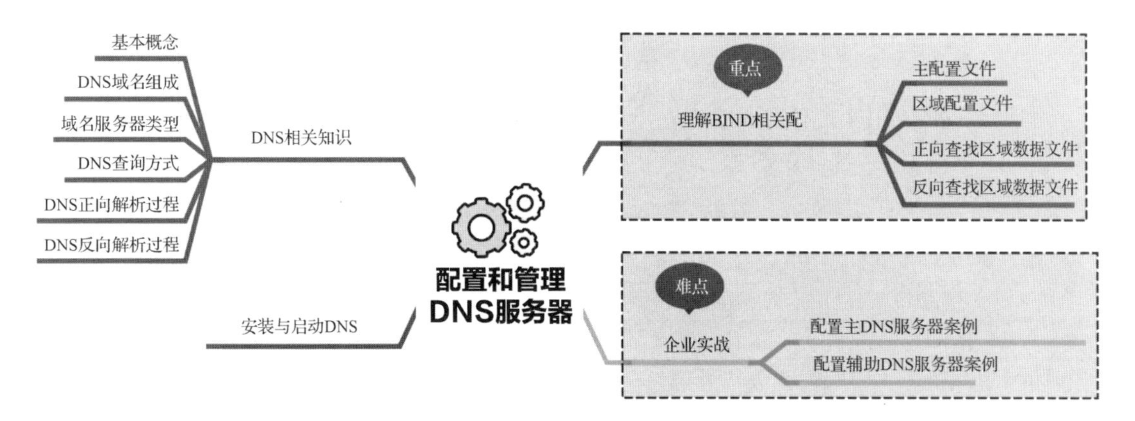

12.2 学习目标

知识目标：

- 了解 DNS 服务器的作用及其在网络中的重要性
- 理解 DNS 的域名空间结构
- 理解 DNS 服务器的分类
- 理解 DNS 查询方式
- 理解 DNS 正向解析过程和反向解析过程

能力目标：

- 熟练掌握 DNS 的安装与启动
- 熟练掌握根据实际工作需要进行不同类型 DNS 服务器的配置
- 熟练掌握 DNS 客户端的配置和测试

素质目标：

- 树立诚实守信、细心规范的工作态度
- 增强沟通与协调能力、团队合作精神
- 激励学生崇尚技能，走技能成才、技能报国之路

12.3 项目导入

某高校目前已部署了 Web 服务器、Mail 服务器和 FTP 服务器，师生们使用这些服务器的频率比较高，但服务器的 IP 地址不容易被记忆。为了提升学院服务器的工作效率，方便广大师生通过域名可靠地访问学校部署的各类网络服务，信息技术中心决定在学校部署 DNS 服务器，负责将域名转换成 IP 地址。

本方案在校园网内规划部署主 DNS 服务器和辅助 DNS 服务器来管理 university. com 域的域名解析，DNS 服务器的域名为 dns. university. com，要求分别能解析以下域名：Web 服务（www. university. com）、邮件服务（mail. university. com）、FTP 服务（ftp. university. com），并为 www. university. com 设置别名 web. university. com。

12.4 项目分析

本项目一共使用 4 台计算机，其中 3 台使用的是 RedHat 8 Linux 操作系统，1 台使用的是 Windows 10 操作系统。DNS 服务器和客户端信息见表 12－1。

表 12－1 DNS 服务器和客户端信息

主机名	操作系统	IP 地址	角色和网络连接模式
Server1	RedHat 8	192. 168. 1. 1/24	主 DNS 服务器；VMnet1
Server2	RedHat 8	192. 168. 1. 2/24	辅助 DNS；VMnet1
Linux 客户端：Client1	RedHat 8	192. 168. 1. 66/24	Linux 客户端；VMnet1
Windows 客户端：Client2	Windows 10	192. 168. 1. 88/24	Windows 客户端；VMnet1

DNS 是网络的一项服务，它作为将域名和 IP 地址相互映射的一个分布式数据库，能够使人更方便地访问互联网。完成该项目主要分为以下几个任务：

（1）理解 DNS 的基本概念和域名服务器类型。

（2）理解 DNS 正向和反向解析过程。

（3）理解并学会配置主配置文件。

（4）理解并学会配置区域配置文件。

（5）安装与启动 DNS 服务。

（6）理解并学会配置正向查找区域数据文件。

（7）理解并学会配置反向查找区域数据文件。

（8）企业实战：主 DNS 服务器和辅助 DNS 服务器案例的实现。

12.5 相关知识

12.5.1 DNS 基本概念

DNS（Domain Name Server，域名服务）是一种组织成层次结构的计算机和网络服务命名系统，用于实现网络访问中域名和IP地址的相互转换。通过域名解析出IP地址称为正向解析，通过IP地址解析出域名称为反向解析。IPv4地址不方便记忆，IPv6更加难以记忆，比如2001:0da8:0207:0000:ABAA:0000:AD80:8207，所以，DNS是互联网/局域网中最基础也是非常重要的一项服务。

12.5.2 DNS域名组成

DNS域的本质是一种管理范围的划分，域名空间结构像是一棵倒过来的树，也叫作树形结构。根域名就是树根（root），用点号“.”表示，往下是这棵树的各层枝叶，自顶向下可以划分为根域、顶级域（一级域）、二级域、三级域、四级域等。相对应的域名是根域名、顶级域名、二级域名、三级域名等。不同等级的域名使用点号分隔，级别最低的域名写在最左边，而级别最高的域名写在最右边。域名空间的结构如图12-1所示。

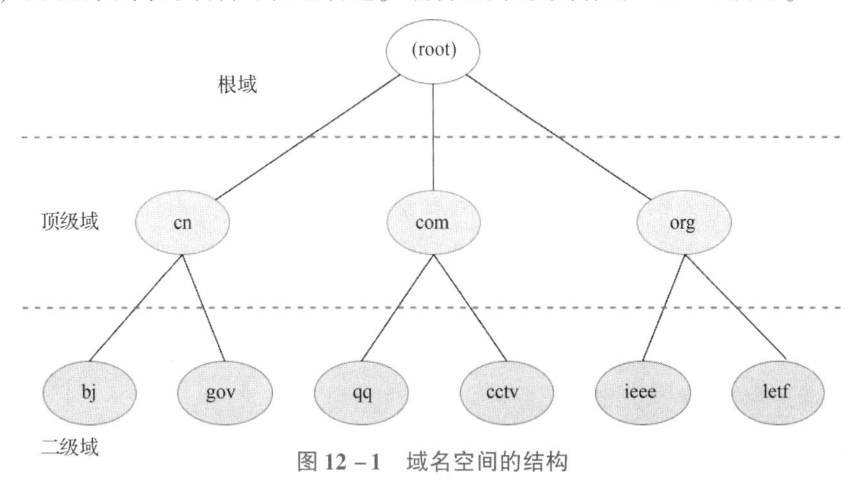

图12-1 域名空间的结构

网站域名http://www.tsinghua.edu.cn中，从右到左开始，cn是顶级域名，代表中国，edu是二级域名，代表教育机构，tsinghua是三级域名，表示清华大学，www则表示三级域名中的主机，并提供了Web服务。除了www主机外，常见的主机名还有mail、oa和ftp等，比如mail.tsinghua.edu.cn。图12-2所示是对http://www.tsinghua.edu.cn的网站域名分析。

图12-2 网站域名分析示例

顶级域名（一级域）包括三大类：

①国家顶级域名：采用ISO 3166的规定，例如，.cn表示中国，.us表示美国，.uk表示英国等。

②国际顶级域名：采用.int，国际性的组织可以在.int下注册。

③通用顶级域名：常见的通用顶级域名.com表示公司企业，.net表示网络服务机构，

.org 表示非盈利组织，.edu 表示教育机构，.gov 表示政府部门，.mil 表示军事部门。

顶级域名下面是二级域名。国家顶级域名下注册的二级域名由国家自行确定。我国二级域名分为类别域名和行政域名两大类，类别域名如 .com、.edu、.gov 等分别代表不同的机构；行政域名如 .bj 表示北京，.sh 表示上海，代表我国各省、自治区及直辖市等。

域名通常由一个完全合格域名（Fully Qualified Domain Name，FQDN）标志。FQDN 的完整格式是以点结尾的域名，接入互联网的主机、服务器或其他网络设备都可以拥有唯一的 FQDN。每一级的域名都由英文字母和数字组成，域名不区分大小写，每一级域名长度不能超过 63 字节，一个完整的域名不能超过 255 字节。根域名用“.”（点）表示。

12.5.3 DNS 域名服务器

域名是为了识别主机名或机构的一种分层名称。单独的一台域名服务器是无法知道所有域名信息的，所以域名系统是一个分布式数据库系统，域名（主机名）到 IP 地址的解析可以由若干个域名服务器共同完成。每一个站点维护自己的信息数据库，并运行一个服务器程序供互联网上的客户端查询。DNS 提供了客户端与服务器的通信协议，也提供了服务器之间交换信息的协议。

DNS 域名空间的层次结构，允许不同的域名服务器管理域名空间的不同部分。域名服务器是指管理域名的主机及软件，它可以管理所在分层的域，其所管理的分层叫作区域(zone)。一个 zone 对应 DNS 域名空间的一棵子树，它可以单独管理而不受其他 zone 的影响。每层都设有一个域名服务器，如图 12-3 所示。

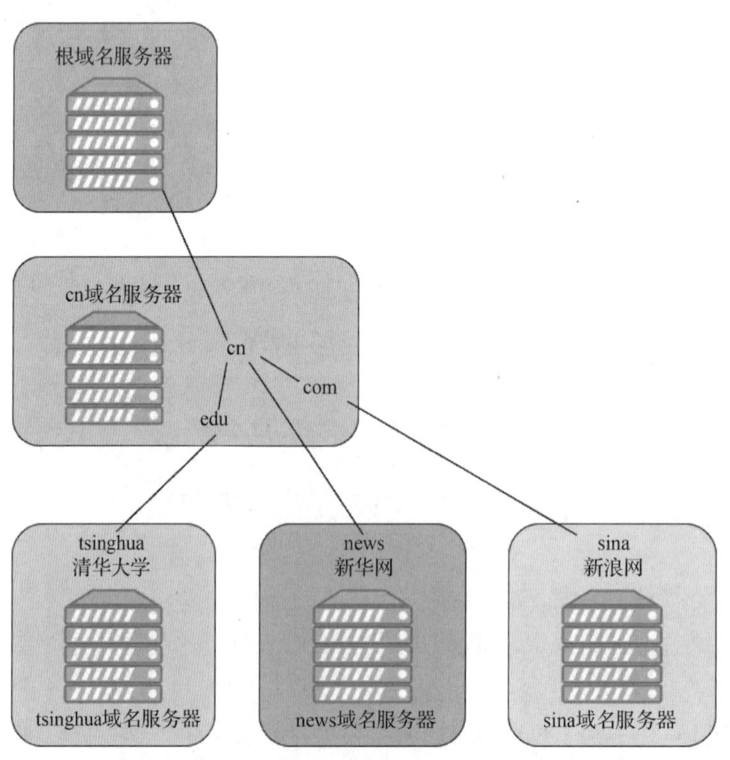

图 12-3　不同的域名服务器管理域名空间的不同部分

根所设置的DNS叫作根域名服务器，它对DNS的检索数据功能起着至关重要的作用。根域名服务器中注册了顶级域名服务器的IP地址。如果想要新增一个一级域名，或者修改已有的顶级域名，就要在根域名服务器中进行新增或变更。

类似的，顶级域名服务器中注册了二级域名服务器的IP地址。如果域名服务器下面没有其他分层，就可以自由地指定主机名称。如果想重新设置域名服务器的IP地址或修改域名，必须在上一层的域名服务器中进行修改。

域名和域名服务器都需要按照分层进行设置。如果域名服务器出现故障，那么针对这个域的DNS查询就无法正常工作。因此，为了提高可用性，至少设置两台域名服务器。一旦第一台域名服务器无法提供查询，就会自动转到第二个甚至第三个域名服务器上进行。

DNS服务器主要可以分为以下几类。

1. 主DNS服务器

每个DNS域都必须有主DNS服务器，主DNS服务器拥有区域文件的原始版本，信息以资源记录的形式进行存储。该名称空间的资源记录的任何变更都在这个服务器的原始版本上进行。当主DNS服务器接收到关于它的区域文件中的域名查询时，将从该区域文件中直接查找该名称的解析记录。

2. 辅助DNS服务器

为了信息的冗余性，每个域可以配置辅助DNS服务器，辅助DNS服务器像主DNS服务器一样提供区的信息。辅助DNS服务器的区域文件是从主DNS服务器复制的区域文件，且只有只读权限，关于区域文件的任何改动，都在主DNS服务器中进行，辅助DNS服务器通过区域传输（Zone Transfer）与主DNS服务器上的区域文件的变化保持同步。建立辅助DNS服务器后，当主DNS服务器出现故障时，辅助DNS服务器可以承担起服务的功能。为达到最大限度的容错，主DNS服务器与作为备份的辅助DNS服务器要做到尽可能的独立。当网络较大且服务较繁忙时，可以用辅助DNS服务器来减轻主DNS服务器的负担。

3. 转发DNS服务器

转发DNS服务器就是将本地DNS服务器无法解析的查询转发给网络上的其他DNS服务器。设置为转发DNS服务器能在一定程度上缓解此DNS服务器的负担。

12.5.4 DNS查询方式

DNS域名解析包括两种查询方式：一种是递归查询，另一种是迭代查询。

1. 递归查询

DNS服务器如果不能直接地响应解析请求，它将继续请求其他的DNS服务器，直到查询域名解析的结果。查询的结果可以是域名主机的IP地址，或者是域名无法解析。无论哪种结果，DNS服务器都会将结果返回给客户端。例如：当本地域名服务器接收了客户端的查询请求，本地域名服务器将代表客户端来找答案，而在本地域名服务器执行工作时，客户端只能等待，直到本地域名服务器将最终查询结果返回客户端。

2. 迭代查询

如果DNS服务器查不到相应记录，会向客户端返回一个可能知道结果的域名服务器IP

地址，由客户端继续向新的服务器发送查询请求。对域名服务器的迭代查询，只得到一个提示，则继续查询。例如：本地域名服务器发送请求到根域名服务器，根域名服务器并没有相应记录，它只是给本地域名服务器返回一个提示，引导本地域名服务器到另一台域名服务器进行查询。

客户端在查询 IP 地址时，向本地域名服务器进行递归查询。如果本地域名服务器的数据库有相应数据，则直接返回相应数据；如果没有，则本地域名服务器向根域名服务器进行迭代查询。从根开始对这棵树按照顺序进行遍历，直到找到指定的域名服务器，并由这个域名服务器返回相应的数据。客户端和本地域名服务器会将收到的信息保存在缓存里，这样可以减少每次查询时的性能消耗。

12.5.5 DNS 正向解析过程

客户端希望知道域名对应的 IP 地址，这种查询称为正向解析。

DNS 客户端对 www. tsinghua. edu. cn 的正向解析过程如图 12－4 所示，详细过程如下：

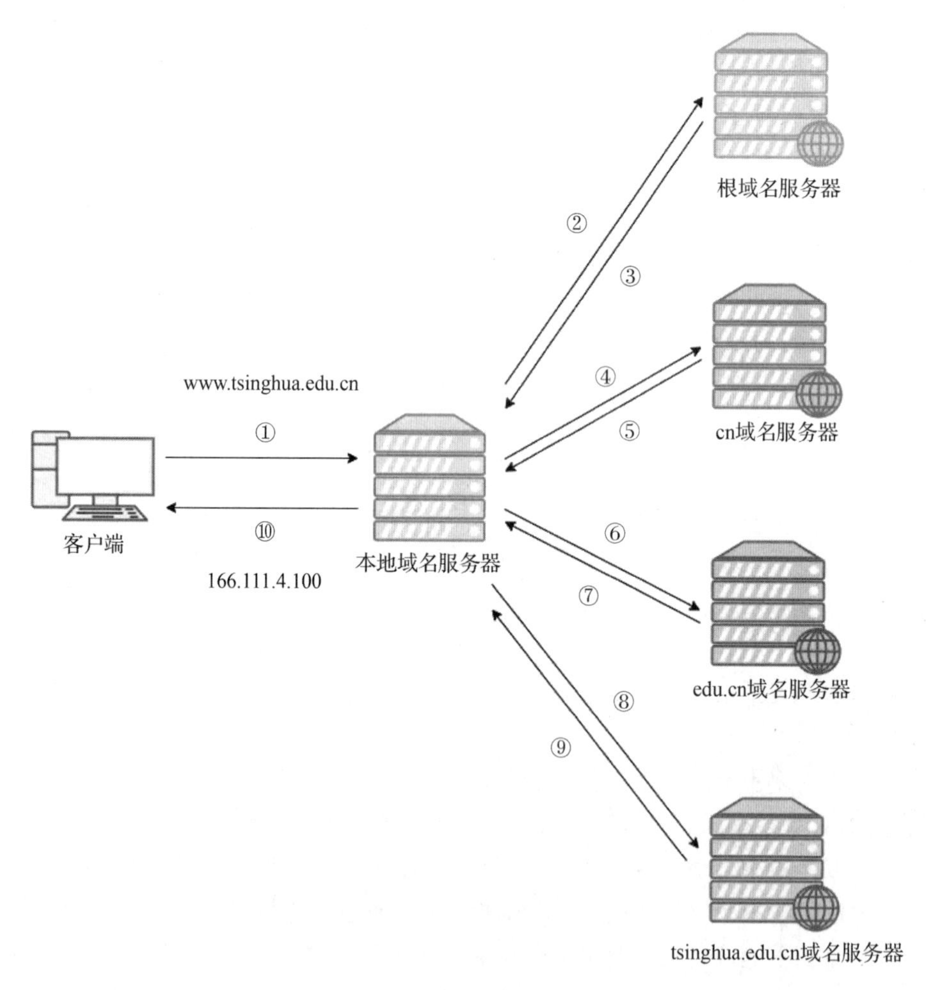

图 12－4　DNS 域名正向解析过程

（1）DNS 客户端向本地域名服务器发送请求，查询 www. tsinghua. edu. cn 的 IP 地址。

（2）本地域名服务器查询数据库，发现没有这个主机的域名记录，于是将请求发送给根域名服务器。

（3）根域名服务器查询数据库，发现没有这个主机的域名记录，但是在根域名服务器中注册了 IP 地址的 cn 域名服务器可以解析这个域名的“cn”部分，于是将 cn 域名服务器的 IP 地址返回给本地域名服务器。

（4）本地域名服务器向 cn 域名服务器查询这个主机的域名。

（5）cn 域名服务器查询数据库，也没有相关记录，但是在 cn 域名服务器中注册了 IP 地址的 edu. cn 域名服务器可以解析这个域名的“edu. cn”部分，于是将 edu. cn 域名服务器的 IP 地址返回给本地域名服务器。

（6）本地域名服务器再向 edu. cn 域名服务器查询这个主机的域名。

（7）edu. cn 域名服务器查询数据库，也没有相关记录，但是在 edu. cn 域名服务器中注册了 IP 地址的 tsinghua. edu. cn 域名服务器可以解析这个域名的“tsinghua. edu. cn”部分，于是将 tsinghua. edu. cn 的域名服务器 IP 地址返回给本地域名服务器。

（8）本地域名服务器向 tsinghua. edu. cn 域名服务器查询 www. tsinghua. edu. cn 主机的 IP 地址。

（9）tsinghua. edu. cn 域名服务器查询数据库，发现有相关记录，于是给本地域名服务器返回 www. tsinghua. edu. cn 主机的 IP 地址。

（10）最后本地域名服务器将 www. tsinghua. edu. cn 的 IP 地址返回给客户端，整个解析过程完成。

12.5.6 DNS 反向解析过程

与正向解析相对的是反向解析，它允许 DNS 客户端通过 IP 地址查找对应的域名。为实现反向查询，在 DNS 标准中定义了特色域 in – addr. arpa，并保留在域名空间中，以便执行反向解析。为创建反向域名空间，in – addr. arpa 域中的子域是按照 IP 地址相反的顺序构造的。例如：www. tsinghua. edu. cn 的 IP 地址是 166. 111. 4. 100，那么，在 in – addr. arpa 域中对应的节点就是 100. 4. 111. 166，具体如图 12 – 5 所示。

12.5.7 理解 BIND 相关配置文件

1. DNS 服务器配置流程

简单的 DNS 服务器配置流程主要分为如下步骤：

（1）建立主配置文件 named. conf，该文件主要用于设置 DNS 服务器的一些全局信息、指定区域配置文件和存放路径。

（2）建立区域配置文件，按照 named. conf 中指定的路径和文件名建立区域配置文件，在区域配置文件中设置正反区域，并指明正向和反向查找区域的数据文件名。

（3）在 named. conf 中指定的 directory 目录下建立正向和反向查找区域数据文件，在该数据文件中主要记录该区域内的资源记录。

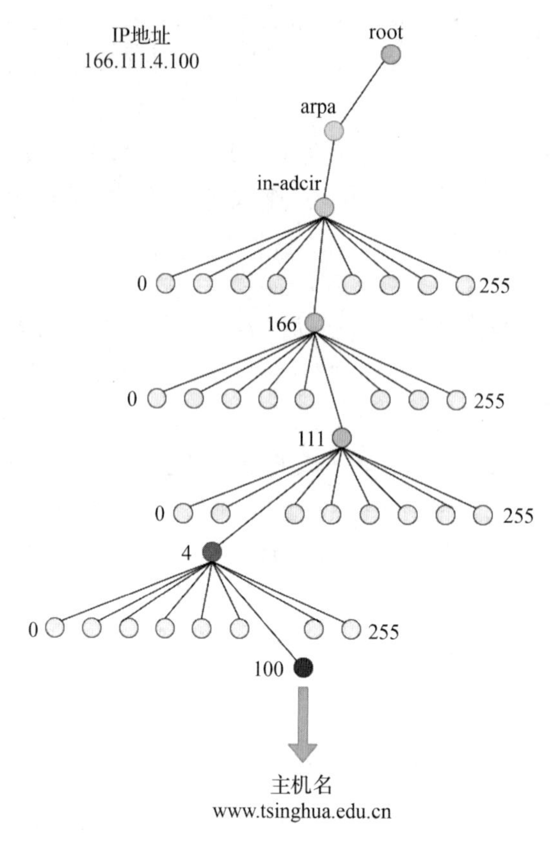

图 12－5　DNS 域名反向解析过程

（4）防火墙放行服务并设置相关文件的权限后，重新启动 named 服务使配置生效。

（5）前两个步骤中涉及的文件在本任务中依次介绍，后两个步骤中的相关文件在后续配置案例任务中再详细介绍。

2. 主配置文件

DNS 解析功能由 bind 程序完成，bind 程序在 RedHat 8 中的名称为 named，对应的管理配置文件是/etc/named. conf，这个配置文件主要分 3 段内容：options 是全局配置，logging 是日志配置，最后是区域解析库配置以及所包含的区域解析库文件配置。named. conf 文件已经有了基础配置参数以供参考，如果没有特殊要求，并不需要修改，只需要在文件的尾部根据实际情况修改区域配置文件路径即可。在 cat 命令后面添加“－n”参数可以显示行号。注意：行号信息仅是为了方便用户阅读，在实际文件中不存在。

```
[root@Server1 Desktop]# cat /etc/named.conf -n
......
    10  options { //options 选项用来定义一些影响整个 DNS 服务器的环境
    11          listen-on port 53 { 127.0.0.1; };  //监听目标为本机,端口为 53
    12          listen-on-v6 port 53 { ::1; };     //在 IPv6 地址上监听
    13          directory      "/var/named";/* DNS 服务器的工作目录,区域数据文件的
默认存放位置 */
```

```
    14          dump-file      "/var/named/data/cache_dump.db";/* 域名缓存数据
库文件的位置 */
    15          statistics-file "/var/named/data/named_stats.txt";/* 状态统计
文件的位置 */
    16          memstatistics-file "/var/named/data/named_mem_stats.txt";
/* 内存统计文件的位置 */
    17          secroots-file   "/var/named/data/named.secroots";
    18          recursing-file  "/var/named/data/named.recursing";
    19          allow-query     { localhost; };//指定接收 DNS 查询请求的客户端
  ……
    31          recursion yes;                  //是否允许递归查询
    32
    33         dnssec-enable yes;/* DNS 安全扩展的开关,提供了一种来源鉴定和数据完整性
的扩展 */
    34         dnssec-validation yes; //解析服务器对响应的记录进行验证的功能的开关
   ……
    43  };

    45  logging {                          //指定日志记录分类和它们的目标位置
    46          channel default_debug {
    47                  file "data/named.run";/* 结合第 13 行 Directory 的设置,此文
件的绝对路径是/var/named/data/named.run */
    48                  severity dynamic;
    49          };
    50  };
    51
    52  zone "." IN {               //用于指定根服务器的配置信息,一般不能改动
    53          type hint;                  //表明类型是根区域
    54          file "named.ca";           /* 区域数据文件,结合第 13 行 Directory 的设
置,此文件的绝对路径是/var/named/name.ca */
    55  };
    56
    57  include "/etc/named.rfc1912.zones"; /* 指定区域配置文件,一定要确保这个区域
的配置文件是真实存在的。include 表示后面的文件是此配置文件的组成部分 */
    58  include "/etc/named.root.key";
```

options 配置段属于全局性的设置，常用的配置命令和功能如下。

①listen-on：设置 named 守护进程监听的 IP 地址和端口。如果没有指定或者 IP 地址改为可匹配所有 IP 地址的 any，那么就会监听 DNS 服务器的全部网卡上所有 IP 地址的 53 号端口。如果想要设置 DNS 服务器仅仅监听 192.168.1.1 这个 IP 地址，使用命令为：

```
listen-on port 53 { 192.168.1.1;};
```

注意：{} 内部两端都要有空格，IP 地址要以；号结尾。

②directory：用于指定 DNS 服务器的工作目录，其是区域数据文件的默认存放位置，各区域正向、反向搜索解析文件和 DNS 根服务器地址列表文件 named.ca 都放在此配置所指定

的目录下。

③allow - query{}：表示允许哪些主机可以访问当前 dns 服务，可以指定具体 IP 地址或者某个网段，也可以使用地址匹配符来表达允许的主机：localhost 表示匹配本地主机使用的所有 IP 地址，any 表示可匹配所有的 IP 地址，none 表示不匹配任何 IP 地址，localhost 表示匹配同本地主机相连的网络中的所有主机。例如，允许 172.16.252.245 和 192.168.1.0/24 网段的主机查询该 DNS 服务器，则命令为：

```
allow - query {172.16.252.245;192.168.1.0/24};
```

④recursion：递归查询开关。设置为 yes 时，当 DNS 服务器收到一个本身无法解析的 dns 请求时，DNS 服务器会代为请求其他的 DNS 服务器，直到获得结果。设置为 no 时，当 DNS 服务器无法解析收到的 dns 请求时，它将仅仅回复一个参考应答。由于允许递归会大量消耗服务器资源，所以很多大型的 DNS 服务器如根域服务器就不允许做递归查询。

⑤dnssec - validation：解析服务器对响应的记录进行验证的功能。设置为 no 时，可以忽略 SELinux 安全子系统的影响。强烈建议初学者或者测试阶段关闭该选项。

⑥zone "." IN{}：在这个文件中是用 zone 关键字来定义区域的，一个 zone 关键字定义一个区域。“.”表示根服务器区域，{} 内配置的 type 类型有四种：hint、master、slave 和 forward，它们的含义分别是根区域、主区域、辅助区域和转发区域。hint 就是交给根的意思，说明根区域类型是缓冲服务器。根服务器配置文件/var/named/name. ca 中存储了全球 13 台根域名服务器信息。

根服务器配置文件/var/named/named. ca 是一个非常重要的文件，其包含了 Internet 的顶级域名服务器的名字和地址。利用该文件可以让 DNS 服务器找到根 DNS 服务器，并初始化 DNS 的缓冲区。当 DNS 服务器接到客户端主机的查询请求时，如果在缓存中找不到相应的数据，就会通过根服务器进行逐级查询。以下是通过命令 cat /var/named/named. ca 查看到的文件内容。

```
[root@Server1 ~]# cat /var/named/named.ca
; <<>> DiG 9.11.3 - RedHat - 9.11.3 - 3.fc27 < < > >  + bufsize = 1200  + norec @
a.root - servers.net
; (2 servers found)
;; global options: + cmd
;; Got answer:
;; - >>HEADER << - opcode: QUERY, status: NOERROR, id: 46900
;; flags: qr aa; QUERY: 1, ANSWER: 13, AUTHORITY: 0, ADDITIONAL: 27

;; OPT PSEUDOSECTION:
; EDNS: version: 0, flags:; udp: 1472
;; QUESTION SECTION:
```

```
;.      IN  NS

;; ANSWER SECTION:
.       518400  IN  NS  a.root-servers.net.
.       518400  IN  NS  b.root-servers.net.
.       518400  IN  NS  c.root-servers.net.
.       518400  IN  NS  d.root-servers.net.
.       518400  IN  NS  e.root-servers.net.
.       518400  IN  NS  f.root-servers.net.
.       518400  IN  NS  g.root-servers.net.
.       518400  IN  NS  h.root-servers.net.
.       518400  IN  NS  i.root-servers.net.
.       518400  IN  NS  j.root-servers.net.
.       518400  IN  NS  k.root-servers.net.
.       518400  IN  NS  l.root-servers.net.
.       518400  IN  NS  m.root-servers.net.

;; ADDITIONAL SECTION:
a.root-servers.net.  518400  IN  A  198.41.0.4
b.root-servers.net.  518400  IN  A  199.9.14.201
  …省略部分内容
a.root-servers.net.  518400  IN  AAAA  2001:503:ba3e::2:30
b.root-servers.net.  518400  IN  AAAA  2001:500:200::b
  …省略部分内容
```

说明：

①以“;”开始的行是注释行。

②其他每行都和某个域名服务器有关，分别是NS和A资源记录。行“. 518400 IN NS a. root - servers. net.”的含义是：“.”表示根域；518400是存活期；IN是资源记录的网络类型，表示Internet类型；NS是资源记录类型；“a. root - servers. net.”是主机域名。

③行“a. root - servers. net. 518400 IN A 198. 41. 0. 4”的含义是：a. root - servers. net. 是主机名；518400是存活期；A是资源记录类型，代表IPv4，最后对应的是IPv4地址。

④行“a. root - servers. net. 518400INAAAA2001:503:ba3e::2:30”中，AAAA代表IPv6，最后对应的是IPv6地址。

3. 区域配置文件

区域配置文件默认在/etc目录下，可将/etc/named. rfc1912. zones复制为主配置文件中指定的区域配置文件，在本书实例中是/etc/university. zones。采用cp -p把修改时间和访问权限也都复制到新文件中，这个步骤非常重要，能够确保区域配置文件university. zones所属的用户组和named. rfc1912. zones文件一样，都是named（可以使用ls - all /etc/university. zones查看所属用户组组是否为named），否则，named程序无法解析。

```
[root@Server1 etc]# cp -p /etc/named.rfc1912.zones /etc/university.zones
[root@Server1 etc]# cat /etc/university.zones -n
    ……
    17  zone "localhost.localdomain" IN { //正向查找区域
    18          type master;  //类型为主区域
    19          file "named.localhost";//指定正向查找区域数据文件
    20          allow-update { none; };
    21  };
……
    35  zone "1.0.0.127.in-addr.arpa" IN {//反向查找区域
    36          type master;
    37          file "named.loopback";//指定反向查找区域数据文件
    38          allow-update { none; };
    39  };
……
```

①zone：用于定义 DNS 服务器所服务的区域，其中包括区域名、区域类型和区域文件名等信息。

②"localhost. localdomain"：正向区域名称，比如 qq. com。正向查找区域用于 FQDN（主机名 + 域名）到 IP 地址的映射，当 DNS 客户端请求解析某个 FQDN 时，DNS 服务器在正向查找区域中进行查找，并返回给 DNS 客户端对应的 IP 地址。

③"1. 0. 0. 127. in - addr. arpa"：反向区域名称，如果要解析 a. b. c 网段的主机，则反向区域名称应该设置为 c. b. a. in - addr. arpa。反向查找区域用于 IP 地址到 FQDN 的映射，当 DNS 客户端请求解析某个 IP 地址时，DNS 服务器在反向查找区域中进行查找，并返回给 DNS 客户端对应的 FQDN。

④type：指定区域类型。有 hint、master、slave 和 forward 等类型，分别表示根区域、主区域、辅助区域和转发区域。

⑤file：指定区域数据库文件的名称，应在文件名两边使用双引号。这里只写了文件名，对应的文件保存位置是由 options 部分的 directory 选项指定的，这个选项默认是/var/named。

12. 6　项目实施

任务 12 - 1　安装与启动 DNS

在 RedHat 8 Linux 操作系统中，DNS 域名服务是由 Berkeley Internet Name Domain（BIND）软件实现的。BIND 是美国加利福尼亚大学伯克利分校开发的一个域名服务器软件包，包含对域名的查询和响应所需的所有软件，它也是使用最为广泛的 DNS 服务器软件。BIND 的服务器端软件被称作 named 的守护进程。

1. 安装 BIND 软件包

①准备 RedHat 8 操作系统的 ISO 文件。

选中虚拟机，右击，选择“设置”，单击“虚拟机设置”→“CD/DVD(SATA)”，进行相关设置，具体设置如图 12-6 所示。

图 12-6　准备 RedHat 8 操作系统的 ISO 文件

②配置本地 yum 源文件。

```
[root@Server1 Desktop]# vim /etc/yum.repos.d/RedHat8dvd.repo
```

按 i 键后进入编辑状态，把文本修改为如下内容，按 Esc 键后，输入“：wq!”进行保存退出。

```
[Media]
name=Meida
baseurl=file:///media/BaseOS
gpgcheck=0
enabled=1

[RedHat8-AppStream]
name=RedHat8-AppStream
baseurl=file:///media/AppStream
gpgcheck=0
enabled=1
```

③挂载 ISO 映像文件。

```
[root@Server1 Desktop]# mount /dev/cdrom /media
mount: /media: WARNING: device write-protected, mounted read-only.
```

④使用 DNF 命令清理缓存和安装 BIND 服务。

```
[root@Server1 Desktop]# dnf clean all
[root@Server1 Desktop]# dnf install bind bind-chroot bind-utils -y
……
已安装:
bind-32:9.11.20-5.el8.x86_64
bind-chroot-32:9.11.20-5.el8.x86_64

完毕!
```

说明: -y 表示对安装过程中的确认回答 yes，如果不写 -y，也可以在安装过程中出现“确定吗? [y/N]:”时输入“y”。

⑤安装完成后，再次查询是否已经安装成功，要确保 BIND 软件包安装成功才能继续后面的项目配置。

```
[root@Server1 Desktop]# rpm -qa |grep bind
rpcbind-1.2.5-7.el8.x86_64
python3-bind-9.11.20-5.el8.noarch
keybinder3-0.3.2-4.el8.x86_64
bind-chroot-9.11.20-5.el8.x86_64
bind-license-9.11.20-5.el8.noarch
bind-libs-lite-9.11.20-5.el8.x86_64
bind-libs-9.11.20-5.el8.x86_64
bind-utils-9.11.20-5.el8.x86_64
bind-export-libs-9.11.20-5.el8.x86_64
bind-9.11.20-5.el8.x86_64
```

2. 启动 DNS 服务

```
[root@Server1 Desktop]# systemctl start named
```

3. 查看 DNS 服务运行状态

```
[root@Server1 Desktop]# systemctl status named
```

4. 停止 DNS

```
[root@Server1 Desktop]# systemctl stop named
```

5. 重启 DNS

```
[root@Server1 Desktop]# systemctl restart named
```

6. 将DNS服务设置为开机自启动

```
[root@Server1 Desktop]# systemctl enable named
Created symlink /etc/systemd/system/multi-user.target.wants/named.service
→ /usr/lib/systemd/system/named.service.
```

任务12-2　配置主DNS服务器案例

1. 案例分析

校园网要假设一台DNS服务器来负责university.com域的域名解析工作。DNS服务器的FQDN为dns.university.com，IP地址为192.168.1.1。要求为以下域名实现正、反向域名解析。

dns.university.com　　192.168.1.1
mail.university.com　　192.168.1.2
ftp.university.com　　192.168.1.3
www.university.com　　192.168.1.4

MX资源记录

另外，为www.university.com设置别名为web.university.com。

2. 配置过程

首先依次为主配置文件、区域配置文件、正向查找区域数据文件和反向查找区域数据文件进行配置，然后设置防火墙放行和相关文件的属组为named，最后重启DNS服务，使修改的配置生效。

1）配置主配置文件/etc/named.conf

把options选项中侦听IP地址127.0.0.1改为any，把指定接受DNS查询请求的客户端改为any，把dnssec验证功能关闭，避免被SELinux安全子系统所影响，把include指定区域配置文件修改为university.zones文件所在的绝对路径，并在后续配置中确保该文件真实存在，其他数据保持默认，修改内容如下：

```
[root@Server1 etc]# vim /etc/named.conf
options {
        listen-on port 53 { any; };
        listen-on-v6 port 53 { ::1; };
        directory        "/var/named";
        dump-file        "/var/named/data/cache_dump.db";
        statistics-file "/var/named/data/named_stats.txt";
        memstatistics-file "/var/named/data/named_mem_stats.txt";
        secroots-file    "/var/named/data/named.secroots";
        recursing-file   "/var/named/data/named.recursing";
        allow-query      { any; };
        recursion yes;
        dnssec-enable yes;
        dnssec-validation no;
……
```

```
include "/etc/university.zones";
include "/etc/named.root.key";
```

2）配置区域配置文件/etc/university. zones

```
[root@Server1 etc]# cp -p /etc/named.rfc1912.zones /etc/university.zones
[root@Server1 etc]# vim /etc/university.zones
```

把文件内容修改为如下内容：

```
zone "university.com" IN {
        type master;
        file "university.com.zone";
        allow-update { none; };
};

zone "1.168.192.in-addr.arpa" IN {
        type master;
        file "1.168.192.zone";
        allow-update { none; };
};
```

注意：区域配置文件的路径和名称一定要与/etc/named. conf 文件中指定的文件名保持一致，本案例中是/etc/university. zones。

3）配置正向查找区域数据文件

正向查找区域数据文件位于/etc/named. conf 主配置文件中 options 部分的 directory 选项指定的目录/var/named 下，在本案例中可以利用 cp -p 命令把样本文件 named. localhost 的内容和访问权限一起复制到 university. com. zone，然后对 university. com. zone 进行修改，可以使用 ls -all /var/named/university. com. zone 查看所属的用户组是否为 named。

```
[root@Server1 etc]# cd /var/named
[root@Server1 named]# cp -p named.localhost university.com.zone
[root@Server1 named]# vim /var/named/university.com.zone
$TTL 1D
@       IN SOA  @root.university.com. (
                                        0     ; serial
                                        1D      ; refresh
                                        1H      ; retry
                                        1W      ; expire
                                        3H )    ; minimum
@       IN NS     dns.university.com.
@       IN MX  6  mail.university.com.
dns     IN A      192.168.1.1
mail    IN A      192.168.1.2
ftp     IN A      192.168.1.3
www     IN A      192.168.1.4
web     IN CNAME  www.university.com.
```

注意：正向和反向查找区域数据文件必须与区域配置文件/etc/university. zones 中 file 指定的对应文件名保持一致。正向和反向查找区域数据文件中所有的记录行都必须要顶格写，前面不要留有空格，否则会导致 DNS 服务器不能正常工作。

正向和反向查找区域数据文件内容说明：

;：注释内容。

@：表示该域的替代符，这里的域根据区域配置文件中 zone 定义的区域名称而定，比如，university. com. zone 文件的@代表 university. com。

( )：允许数据跨行，通常用于 SOA 记录。

这类数据文件由众多 RR（Resource Record）值组成，资源记录格式为：

```
domain_name  [TTL]  IN  rr_type    value
```

（1）domain_name：当前区域的名字，因为在/etc/named. zones 的区域配置文件中已经定义了当前区域名称，所以此处可以使用@来简写，本案例中@为 university. com。

（2）TTL：生存时间值，可以从全局继承，即在数据文件的首部使用 $TTL 来定义，本案例中设置为 1D，也就是 1 天。

（3）rr_type：资源记录类型，包括 SOA、NS、MX、A、CNAME 等。

①一个正/反向查找区域数据文件中有且仅能有一个 SOA（Start Of Authority，开始授权机构）记录，而且必须为解析库的第一条记录。

②名称服务器（Name Server，NS）：表示该区的授权服务器，表示 SOA 资源记录中指定的该区的主/辅助服务器，也表示了任何授权区的服务器。每个区在区根处至少包含一个 NS 记录。创建新区域时，该资源记录被自动创建。NS 记录格式如下：

```
区域名称 IN  NS  FQDN
```

③邮件交换器资源记录 MX（Mail Exchange）：DNS 域名指定邮件交换服务器。邮件交换服务器是为 DNS 域名处理或转发邮件的主机。处理邮件指把邮件投递到目的地或转交另一不同类型的邮件传送者。转发邮件指把邮件发送到最终目的服务器，用简单邮件传输协议（SMTP）把邮件发送给离最终目的地最近的邮件交换服务器，或使邮件经过一定时间的排队。MX 格式为：

```
区域名 IN  MX 优先级(数字) 邮件服务器 A 记录
```

④主机地址 A（Address）：表示该资源记录主机名映射到 DNS 区域中的一个 IP 地址，这是名称解析的重要记录。A 记录的格式如下：

```
FQDN  IN  A  IP 地址
```

⑤别名 CNAME（Canonical Name）：用来记录某台主机的别名。一台主机可以有多个别名，每一个别名代表一个应用。用户使用 CNAME 记录来隐藏用户网络的实现细节，使连接的客户机无法知道。格式为：

```
别名 IN  CNAME  对应的 A 记录
```

⑥指针 PTR（Point）：指针是与主机记录类似的记录，不同的是，主机记录将一个主机名映射到一个 IP 地址上。指针记录刚好相反，它是将一个 IP 地址映射到一个主机上。格式为：

```
IP 地址 IN  PTR  FQDN
```

（4）value：

①SOA 的 value 为“主域名服务器（FQDN）　管理员邮箱地址（序列号 刷新间隔　重试时间 过期时间 TTL）”。

√主域名服务器：区域中主 DNS 服务器的 FQDN。

√管理员邮箱地址：因为@在该文件中有特殊用法，所以邮箱中出现@的地方都用“.”来代替。

√序列号（serial）：区域复制依据。当管理员修改了主 DNS 服务器的区域数据文件后，应增大序列号数字，因为只有当辅助 DNS 服务器的序列号小于主 DNS 服务器时，才会复制此区域。

√刷新间隔（refresh）：辅助 DNS 服务器请求与主 DNS 服务器同步的等待时间。当刷新间隔到期时，辅助 DNS 服务器请求主 DNS 服务器的 SOA 记录副本。然后，辅助 DNS 服务器将主 DNS 服务器的 SOA 记录的序列号与其本地 SOA 记录的序列号进行比较，如果辅助 DNS 服务器的序列号小于主 DNS 服务器的序列号，则辅助 DNS 服务器从主 DNS 服务器请求区域传输。

√重试时间（retry）：辅助 DNS 服务器在请求失败后等待多长时间重试。这个时间应短于刷新时间。

√过期时间（expire）：当过期时间到期时，如辅助 DNS 服务器还无法与主 DNS 服务器进行区域传输，则辅助 DNS 服务器会把它的本地数据当作不可靠数据。

√minimum：记录在缓存中的最小生存时间。

注意：当主 DNS 服务器上修改完成后重启服务，会主动传送 notify 值，如果辅助服务器没有收到，会参考 refresh，refresh 不成功，则参考 retry，retry 不成功，则参考 expire，如果 expire 也不成功，则放弃区域复制的过程。

②NS 的 value 为“dns. university. com.”，说明该域的 DNS 服务器至少应该定义一个。

③MX 的 value 为“6 mail. university. com.”，用于定义邮件交换器，其中，6 表示优先级别，数字越小，优先级别越高。

④A 的 value 为 IP 地址，也就是与该行中指定的当前区域名字对应的 IP 地址。

⑤CNAME 的 value 为“web. university. com.”，也就是该行中指定的当前区域名字的别名，即 www. university. com. 的一个别名。

⑥PTR 的 value 为 FQDN，比如“www. university. com.”，也就是与该行中指定的 IP 地址对应的区域名字。

注意：在该文件中，当前区域名称如果不是以“.”结尾的值，它会自动补上区域名称，比如文件中的“dns. university. com.”可以是“dns.”，也可以是“dns. university. com.”，但如果是“dns.”，就是错误的数值。

4）配置反向查找区域数据文件

反向查找区域数据文件位于/etc/named. conf主配置文件中options部分的directory选项指定的目录/var/named下，在本案例中，可以利用cp -p命令把样本文件named. loopback内容和访问权限一起复制到1. 168. 192. zone，然后对1. 168. 192. zone进行修改，可以使用ls -all /var/named/1. 168. 192. zone查看所属的用户组是否为named。

```
[root@Server1 etc]# cd /var/named
[root@Server1 named]# cp -p named.loopback 1.168.192.zone
[root@Server1 named]# vim /var/named/1.168.192.zone
$TTL 1D
@         IN SOA  @root.university.com. (
                                        0       ; serial
                                        1D      ; refresh
                                        1H      ; retry
                                        1W      ; expire
                                        3H )    ; minimum
@         IN NS   dns.university.com.
@         IN MX 6 mail.university.com.
1         IN PTR  dns.university.com.
2         IN PTR  mail.university.com.
3         IN PTR  ftp.university.com.
4         IN PTR  www.university.com.
```

5）设置防火墙放行

```
[root@Server1 named]# firewall-cmd --permanent --add-service=dns
[root@Server1 named]# firewall-cmd --reload
```

6）确保主配置文件、区域配置文件、正向查找区域数据文件和反向查找区域数据文件的属组为named（如果前面复制相关文件时使用了-p选项，此步骤可以省略）

```
[root@Server1 named]# chgrp named /etc/named.conf /etc/university.zones
[root@Server1 named]# chgrp named /var/named/1.168.192.zone /var/named/
university.com.zone
```

7）配置文件编辑完成，可以先检查配置文件的语法是否正确

```
[root@Server1 named]# named-checkconf /etc/named.conf
[root@Server1 named]# named-checkconf /etc/university.zones
[root@Server1 named]# named-checkzone university.com /var/named/
university.com.zone
[root@Server1 named]# named-checkzone 1.168.192.in-addr.arpa /var/
named/1.168.192.zone
```

8）重启DNS服务，使修改的配置生效，并将服务添加到开机自启动

```
[root@Server1 named]# systemctl restart named
[root@Server1 named]# systemctl enable named
```

3. 测试

1）配置主 DNS 服务器的 IP 地址

在主 DNS 服务器的网络设置页面设置 IP 地址为 192.168.1.1，子网掩码为 255.255.255.0，图 12-7 所示即为设置成功。

图 12-7 配置主 DNS 服务器的 IP 地址

2）在 RedHat 8 Linux 客户端的 Client1 中进行测试

（1）在通过命令方式或者图形化界面配置 Client1 的 IP 地址为 192.168.1.66，子网掩码为 255.255.255.0。

（2）在客户端 Client1 中指定 DNS 服务器。

进入网络设置页面，切换到“IPv4”选项卡，配置客户机的 DNS 服务器为 192.168.1.1，并单击“应用”按钮，如图 12-8 所示。

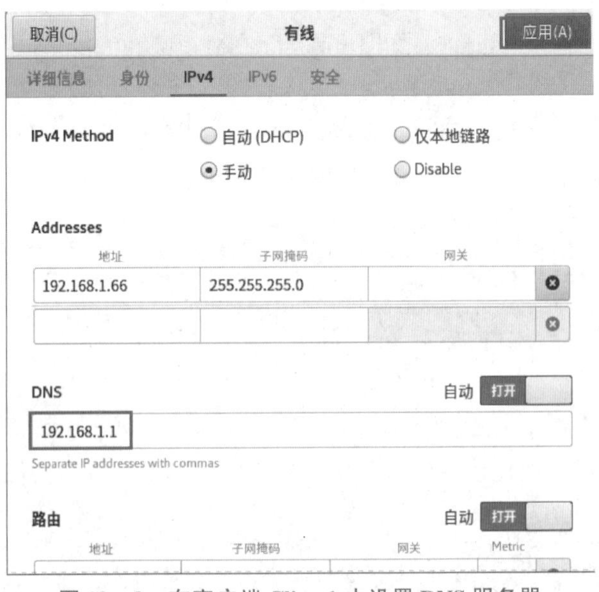

图 12-8 在客户端 Client1 中设置 DNS 服务器

(3) 测试。

BIND 软件包提供了3个 DNS 测试工具：nslookup、dig 和 host。nslookup 可以既提供命令行模式，也使用交互模式，而 dig 和 host 是命令行工具。

①使用 nslookup 测试。

```
[root@Client1 Desktop]# nslookup   //进入nslookup的交互模式
 > server      //查看DNS服务器信息
Default server: 192.168.1.1
Address: 192.168.1.1#53
 > mail.university.com   //正向查询mail.university.com对应的IP地址
Server:         192.168.1.1
Address:        192.168.1.1#53

Name:   mail.university.com
Address: 192.168.1.2       //显示正向查询的IP地址
 > 192.168.1.4          //反向查询IP地址为192.168.1.4对应的域名信息
4.1.168.192.in-addr.arpa        name = www.university.com. /* 显示反向查询的域名 */
 > ftp             /* 对于缺少域名后缀的主机名,会在查询时自动带上/etc/resolv.conf中search指定的域名 */
Server:         192.168.1.1
Address:        192.168.1.1#53

Name:   ftp.university.com
Address: 192.168.1.3
 >set all      //显示当前设置的所有值
Default server: 192.168.1.1
Address: 192.168.1.1#53

Set options:
  novc                   nodebug        nod2
  search                 recurse
  timeout = 0            retry = 3      port = 53      ndots = 1
  querytype = A          class = IN
  srchlist = university.com
 > exit

[root@Client1 Desktop]#nslookup ftp.university.com //进入nslookup的命令行模式
Server:         192.168.1.1
Address:        192.168.1.1#53

Name:   ftp.university.com
Address: 192.168.1.3
```

②使用 dig 测试，如图12-9和图12-10所示。

```
[root@Server01 ~]# dig www.university.com

; <<>> DiG 9.11.20-RedHat-9.11.20-5.el8 <<>> www.university.com
;; global options: +cmd
;; Got answer:
;; ->>HEADER<<- opcode: QUERY, status: NOERROR, id: 49800
;; flags: qr aa rd ra; QUERY: 1, ANSWER: 1, AUTHORITY: 1, ADDITIONAL: 2

;; OPT PSEUDOSECTION:
; EDNS: version: 0, flags:; udp: 4096
; COOKIE: 1eb39bec4cc274696fc23e6f64fa27ccc98da22cc683a4e4 (good)
;; QUESTION SECTION:
;www.university.com.            IN      A

;; ANSWER SECTION:
www.university.com.     86400   IN      A       192.168.1.4

;; AUTHORITY SECTION:
university.com.         86400   IN      NS      dns.university.com.

;; ADDITIONAL SECTION:
dns.university.com.     86400   IN      A       192.168.1.1

;; Query time: 1 msec
;; SERVER: 192.168.1.1#53(192.168.1.1)
;; WHEN: 五 9月 08 03:43:07 CST 2023
;; MSG SIZE  rcvd: 125
```

图 12-9　dig 测试界面 1

```
[root@Server01 ~]# dig university.com any

; <<>> DiG 9.11.20-RedHat-9.11.20-5.el8 <<>> university.com any
;; global options: +cmd
;; Got answer:
;; ->>HEADER<<- opcode: QUERY, status: NOERROR, id: 35145
;; flags: qr aa rd ra; QUERY: 1, ANSWER: 3, AUTHORITY: 0, ADDITIONAL: 3

;; OPT PSEUDOSECTION:
; EDNS: version: 0, flags:; udp: 4096
; COOKIE: bababe8dcdbb7d773a20d48764fa286f599ee431f941cce4 (good)
;; QUESTION SECTION:
;university.com.                        IN      ANY

;; ANSWER SECTION:
university.com.         86400   IN      SOA     university.com. root.university.com. 0 8
6400 3600 604800 10800
university.com.         86400   IN      NS      dns.university.com.
university.com.         86400   IN      MX      6 mail.university.com.

;; ADDITIONAL SECTION:
dns.university.com.     86400   IN      A       192.168.1.1
mail.university.com.    86400   IN      A       192.168.1.2

;; Query time: 2 msec
;; SERVER: 192.168.1.1#53(192.168.1.1)
;; WHEN: 五 9月 08 03:45:50 CST 2023
;; MSG SIZE  rcvd: 183
```

图 12-10　dig 测试界面 2

③使用 host 测试。

```
[root@Client1 Desktop]# host www.university.com
www.university.com has address 192.168.1.4
[root@Client1 Desktop]# host 192.168.1.3
3.1.168.192.in-addr.arpa domain name pointer ftp.university.com.
[root@Client1 Desktop]# host -t NS university.com
university.com name server dns.university.com.
[root@Client1 Desktop]# host -l university.com
university.com name server dns.university.com.
dns.university.com has address 192.168.1.1
ftp.university.com has address 192.168.1.3
mail.university.com has address 192.168.1.2
www.university.com has address 192.168.1.4
```

3）在 Windows 客户端的 Client2 中进行测试

（1）在 Server1 的“虚拟机设置”→“网络适配器”中设置“网络连接”为“仅主机模式”，具体如图 12－11 所示。

图 12－11　配置虚拟机的网络连接方式为“仅主机模式”

（2）在 Client2 的 VMnet1 虚拟网卡的 TCP/IPv4 属性中，设置 IP 地址为 192.168.1.88，子网掩码为 255.255.255.0，首选 DNS 服务器为 192.168.1.1，如图 12－12 所示。

图 12－12　在客户端 Client2 设置 IP 地址和 DNS 服务器

（3）使用 cmd 进入命令提示符，使用 nslookup 命令进行测试，如图 12－13 所示。

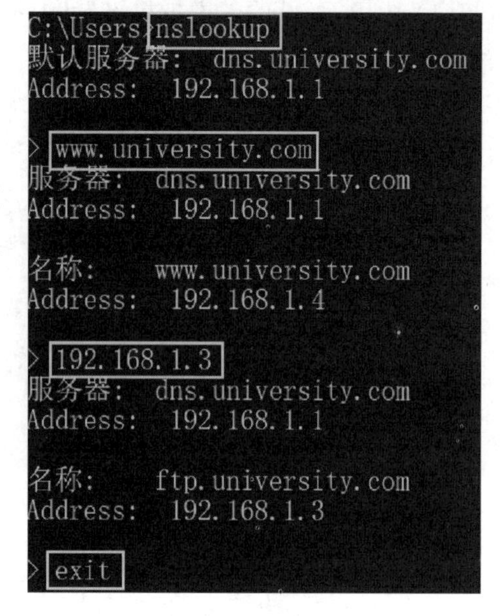

图 12－13　nslookup 命令测试

任务 12－3　配置辅助 DNS 服务器案例

1. 案例分析

随着学校客户端的增多，访问量也随之增多，为了提高 DNS 解析的速度和可靠性，信息中心在原有的主 DNS 服务器的基础上部署了辅助 DNS 服务器。辅助 DNS 服务器的 IP 地址为 192.168.1.2。

每个区域只能有一个主 DNS 服务器，但它可以有任意数量的辅助 DNS 服务器。辅助域名服务器（Secondary Name Server）是一种容错设计，一旦 DNS 主服务器出现故障或因负载太重无法及时响应客户机请求，辅助服务器将作为主服务器的备份发挥作用。辅助服务器的区域数据是通过区域传输通信从主服务器复制而来的，因此，辅助服务器的数据都是只读的，可从主服务器中同步下载到正向和反向查找区域的数据文件，并作为本地磁盘文件存储在辅助服务器中，当主服务器做修改时，辅服务器也要求做相应修改。在辅助域名服务器中，有所有域信息的完整拷贝，可以有权威地回答对该域的查询，因此，辅助域名服务器也称作权威性服务器。

配置辅助域名服务器不需要建立本地的正向和反向查找区域的数据文件，因为可以从主服务器中下载该区文件，但主配置文件 named.conf 和区域配置文件的配置是必要的，辅助服务器的配置与主服务器的配置不同，它使用 slave 语句代替 master 语句。

2. 配置过程

（1）配置主 DNS 服务器。

在本案例中承接任务 12－2 的主 DNS 服务器配置案例，主 DNS 服务器相关配置已经完成，其 IP 地址是 192.168.1.1，区域是 university.com。

（2）参考前面任务相关步骤，在辅助 DNS 服务器上安装 DNS。

（3）将辅助 DNS 服务器的 IP 地址设置为 192.168.1.2，并确保 IP 生效。

（4）在辅助 DNS 服务器中配置主配置文件/etc/named.conf。

与主 DNS 服务器配置类似，对如下加粗的内容进行修改，把 include 指定区域配置文件修改为 slave.university.zones 文件所在的绝对路径，并在后续配置中确保该文件真实存在，其他数据保持默认。修改内容如下：

```
[root@Server2 etc]# vim /etc/named.conf
options {
        listen-on port 53 { any; };
        listen-on-v6 port 53 { ::1; };
        directory       "/var/named";
        dump-file       "/var/named/data/cache_dump.db";
        statistics-file "/var/named/data/named_stats.txt";
        memstatistics-file "/var/named/data/named_mem_stats.txt";
        secroots-file   "/var/named/data/named.secroots";
        recursing-file  "/var/named/data/named.recursing";
        allow-query     { any; };
        recursion yes;
        dnssec-enable yes;
        dnssec-validation no;
……
include "/etc/slave.university.zones";
include "/etc/named.root.key";
```

（5）在辅助DNS服务器中配置区域配置文件/etc/slave.university.zones。

```
[root@Server2 etc]# cp -p /etc/named.rfc1912.zones /etc/slave.university.
zones
[root@Server2 etc]# vim /etc/slave.university.zones
```

把文件修改为如下内容：

```
zone "university.com" IN {  //正向查找区域
        type slave;         //类型为辅助区域
        file "slaves/university.com.zone";/* 正向查找区域数据文件在/var/named/
slaves下*/
        masters {192.168.1.1;};
};

zone "1.168.192.in-addr.arpa" IN {//反向查找区域
        type slave;                 //类型为辅助区域
        file "slaves/slave.1.168.192.zone";/* 正向查找区域数据文件在/var/named/
slaves下*/
        masters {192.168.1.1;};
};
```

（6）设置防火墙放行。

```
[root@Server2 named]# firewall-cmd --permanent --add-service=dns
[root@Server2 named]# firewall-cmd --reload
```

（7）确保主配置文件、区域配置文件、正向查找区域数据文件和反向查找区域数据文件的属组为named（如果前面复制相关文件时使用了-p选项，此步骤可以省略）。

```
[root@Server2 named]# chgrp named /etc/named.conf /etc/slave.university.zones
```

（8）重启 DNS 服务使修改的配置生效，并将服务设置为开机自启动。

```
[root@Server2 named]# systemctl restart named
[root@Server2 named]# systemctl enable named
```

（9）进入/var/named，会发现已经生成了 slaves，并且包含了两个文件，用命令查看并注意到文件的属组也都是 named（如果属组不是 named，需要使用 chgrp named 修改文件属组），说明辅助 DNS 已经成功从主服务器同步到了正向和反向查找区域数据文件。

```
[root@Client1 slaves]# ls -all /var/named/slaves/
总用量 8
drwxrwx---.  2 named named  61 9 月  8 18:10 .
drwxrwx--T.  6 root  named 141 9 月  8 17:56 ..
-rw-r--r--. 1 named named 543 9 月  8 17:56 slave.1.168.192.zone
-rw-r--r--. 1 named named 486 9 月  8 17:56 university.com.zone
```

注意：配置区域复制时，一定要关闭防火墙。

3. 测试

在 RedHat 8 Linux 客户端 Client1 测试辅助 DNS 服务器，把 Client1 的 IP 地址配置为 192.168.1.66 后，将主 DNS 服务器地址设置为 192.168.1.2，然后使用 nslookup 进行测试。

```
[root@Client1 Desktop]# nslookup
> server
Default server: 192.168.1.2
Address: 192.168.1.2#53
> web.university.com
Server:         192.168.1.2
Address:        192.168.1.2#53

web.university.com      canonical name = www.university.com.
Name:   www.university.com
Address: 192.168.1.4
> 192.168.1.4
4.1.168.192.in-addr.arpa        name = www.university.com.
> exit
```

拓展知识：如果主 DNS 服务器中 DNS 相关配置文件有修改，那么如何让辅助 DNS 服务器同步到最新的配置?

首先对 DNS 相关配置文件进行修改后，需要使用 systemctl restart named 命令重启 named 服务，然后按照以下两种方式之一进行同步。

方式一（此方式为非常规配置方式，因为主 DNS 服务器在更新后并没有主动通知辅助 DNS 服务器去同步最新文件，所以辅助 DNS 服务器并不知道主 DNS 服务器什么时候更新。此方式仅在测试过程中用于观察辅助 DNS 服务器在没有正向和反向查找区域数据文件时，

重启 named 服务会主动同步主 DNS 服务器相关文件）：

（1）在辅助 DNS 服务器的/var/named 目录下删除之前从主 DNS 服务器同步到的正向和反向查找区域数据文件。

```
[root@Server2 ~]# rm -rf /var/named/slaves/university.com.zone
[root@Server2 ~]# rm -rf /var/named/slaves/slave.1.168.192.zone
[root@Server2 ~]# ls -all /var/named/slaves
总用量 0
drwxrwx---. 2 named named   6 9月   9 02:09 .
drwxrwx--T. 6 root  named 141 9月   8 22:39 ..
```

（2）执行 systemctl restart named，会重新从主 DNS 服务器同步最新的正向和反向查找区域数据文件，实现最新配置文件的同步。

```
[root@Server2 ~]# systemctl restart named
[root@Server2 ~]# ls -all /var/named/slaves
总用量 8
drwxrwx---.  2 named named  61 9月   9 02:10 .
drwxrwx--T.  6 root  named 141 9月   9 02:10 ..
-rw-r--r--. 1 named named 543 9月   9 02:10 slave.1.168.192.zone
-rw-r--r--. 1 named named 583 9月   9 02:10 university.com.zone
```

方式二（此方式为常规配置方式，主 DNS 服务器有更新时，会自动通知辅助服务器进行更新）：

（1）在主 DNS 服务器的区域配置文件/etc/university. zones 中添加 also-notify 字段，以便每次主 DNS 服务器的 DNS 相关配置修改并重启 named 服务后，能及时发送 notify 值通知辅助 DNS 服务器 192. 168. 1. 2 进行同步。

```
[root@Server1 etc]# vim /etc/university.zones
zone "university.com" IN {
        type master;
        file "university.com.zone";
        also-notify {192.168.1.2;};
        allow-update { none; };
};

zone "1.168.192.in-addr.arpa" IN {
        type master;
        file "1.168.192.zone";
        also-notify {192.168.1.2;};
        allow-update { none; };
};
```

（2）修改主 DNS 服务器的正向或者反向查找区域数据文件时，需要将 serial 序列号增加，比如加 1。因为只有当辅助 DNS 服务器中查找区域数据文件的序列号小于主 DNS 服务器时，才会复制此区域。以下以主 DNS 服务器的正向查找区域数据文件的修改进行演示，将序列号设置为66，并修改了 CNAME 别名相关配置，以便测试主 DNS 服务器的修改是否同步到辅助 DNS 服务器，如图 12－14 所示。

```
[root@Server1 named]# vim /var/named/university.com.zone
```

```
$TTL 1D
@       IN SOA  @ root.university.com. (
                                        66      ; serial
                                        1D      ; refresh
                                        1H      ; retry
                                        1W      ; expire
                                        3H )    ; minimum
@       IN NS      dns.university.com.
@       IN MX   6  mail.university.com.
dns     IN A       192.168.1.1
mail    IN A       192.168.1.2
ftp     IN A       192.168.1.3
www     IN A       192.168.1.4
web66     IN CNAME   www.university.com.
```

图 12－14　修改主 DNS 服务器的正向查找区域数据文件

（3）在主 DNS 服务器中重启 DNS 服务。

```
[root@Server1 Desktop]# systemctl restart named
```

（4）在辅助 DNS 服务器中查看对应的正向查找区域数据文件是否同步成功（可通过 ls －all 命令查看文件的时间进行确认），如图 12－15 所示。

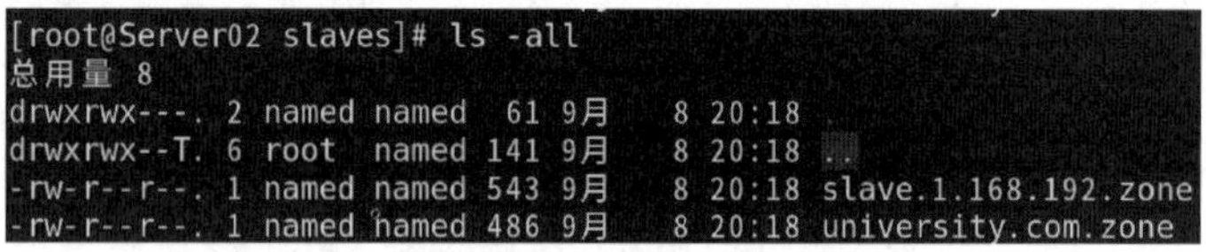

```
[root@Server02 slaves]# ls -all
总用量 8
drwxrwx---. 2 named named  61 9月   8 20:18 .
drwxrwx--T. 6 root  named 141 9月   8 20:18 ..
-rw-r--r--. 1 named named 543 9月   8 20:18 slave.1.168.192.zone
-rw-r--r--. 1 named named 486 9月   8 20:18 university.com.zone
```

图 12－15　在辅助 DNS 服务器查看同步结果

注意： 在主 DNS 服务器 Server1 中可以使用 tail －f 命令实时查看系统日志，观察辅助 DNS 通过区域传输获得了 university. com 的正向和反向查找区域数据文件的过程。

```
[root@Server1 Desktop]# tail -f /var/log/messages
  ......
  Sep  8 19:56:46 Server1 named[6801]: client @0x7f3078109550 192.168.1.2#45319 (1.168.192.in-addr.arpa): transfer of '1.168.192.in-addr.arpa/IN': AXFR started (serial 0)
  Sep  8 19:56:46 Server1 named[6801]: client @0x7f3078109550 192.168.1.2#45319 (1.168.192.in-addr.arpa): transfer of '1.168.192.in-addr.arpa/IN': AXFR ended
  Sep  8 19:56:47 Server1 named[6801]: client @0x7f3078126cf0 192.168.1.2#44917 (university.com): transfer of 'university.com/IN': AXFR started (serial 9)
  Sep  8 19:56:47 Server1 named[6801]: client @0x7f3078126cf0 192.168.1.2#44917 (university.com): transfer of 'university.com/IN': AXFR ended
  Sep  8 19:56:47 Server1 named[6801]: client @0x7f30780fa980 192.168.1.2#50801: received notify for zone 'university.com'
```

（5）在 RedHat 8 Linux 客户端 Client1 测试辅助 DNS 服务器，把 Client1 的 IP 地址配置为 192. 168. 1. 66 后，将首要 DNS 服务器地址设置为 192. 168. 1. 2，然后使用 nslookup 来进

行测试，成功解析 web66. university. com 为 www. university. com 的别名说明辅助 DNS 服务器成功同步到最新的正向查找区域数据文件。

```
[root@Client1 Desktop]# nslookup
> web66.university.com
Server:         192.168.1.1
Address:        192.168.1.1#53

web66.university.comcanonical name = www.university.com.
Name:www.university.com
Address: 192.168.1.4
>
```

12.7 信创拓展

12.7.1 根服务器分布情况和“雪人计划”

互联网的顶级域名解析服务由根服务器完成，根服务器对网络安全、运行稳定至关重要，被称为互联网的“中枢神经”。IPv4 根服务器主要用来管理互联网的主目录。所有 IPv4 根服务器均由美国政府授权的互联网域名与号码分配机构 ICANN 统一管理，ICANN 负责全球互联网域名 IPv4 根服务器、域名体系和 IP 地址等的管理。全世界只有 13 台 IPv4 根域名服务器，1 台为主根服务器在美国，其余 12 台均为辅根服务器，其中，9 台在美国，欧洲 2 台位于英国和瑞典，亚洲 1 台位于日本。自成立以来，世界对美国互联网的依赖性非常大。所谓依赖性，根据国际互联网的工作机理所体现的，就是“根服务器”的问题。从理论上说，任何形式的标准域名要想被实现解析，按照技术流程，都必须经过全球“层级式”域名解析体系的工作才能完成。“层级式”域名解析体系第一层就是根服务器，负责管理世界各国的域名信息，在根服务器下面是顶级域名服务器，即相关国家域名管理机构的数据库，如中国的 CNNIC，然后是在下一级的域名数据库和 ISP 的缓存服务器。一个域名必须首先经过根数据库的解析后，才能转到顶级域名服务器进行解析。表 12－2 是 IPv4 根服务器分布。

表 12－2　IPv4 根服务器分布

名称	地位	主服务器位置
A	DM、Root Server	美国弗吉尼亚州
B	Root Server	美国加利福尼亚州
C	Root Server	美国弗吉尼亚州
D	Root Server	美国马里兰州
E	Root Server	美国加利福尼亚州

续表

名称	地位	主服务器位置
F	Root Server	美国加利福尼亚州
G	Root Server	美国弗吉尼亚州
H	Root Server	美国马里兰州
I	Root Server	瑞典斯德哥尔摩
J	Root Server	美国弗吉尼亚州
K	Root Server	英国伦敦
L	Root Server	美国弗吉尼亚州
M	Root Server	日本东京

随着互联网+、物联网和工业互联网等网络应用融合发展，原有的 IPv4 体系已经不能满足需求，基于 IPv6 的新型地址结构为新增根服务器提供了契机。我国下一代互联网工程中心于 2013 年联合日本和美国相关运营机构及专业人士发起“雪人计划”，提出以 IPv6 为基础、面向新兴应用、自主可控的一整套根服务器解决方案和技术体系。IPv6 是英文“Internet Protocol Version 6”（互联网协议第 6 版）的缩写，是互联网工程任务组（IETF）设计的用于替代 IPv4 的下一代 IP 协议，其地址数量号称可以为全世界的每一粒沙子编上一个地址。互联网数字分配机构（IANA）在 2016 年已向国际互联网工程任务组（IETF）提出建议，要求新制定的国际互联网标准只支持 IPv6，不再兼容 IPv4。图 12－16 所示是 IPv6 根域名服务器分布列表，中国部署了其中的 4 台，由 1 台主根服务器和 3 台辅根服务器组成，打破了中国过去没有根服务器的困境。

“雪人计划”IPv6根服务器全球分布情况

国家	主根服务器	辅根服务器	国家	主根服务器	辅根服务器
中国	1	3	西班牙	0	1
美国	1	2	奥地利	0	1
日本	1	0	智利	0	1
印度	0	3	南非	0	1
法国	0	3	澳大利亚	0	1
德国	0	2	瑞士	0	1
俄罗斯	0	1	荷兰	0	1
意大利	0	1			

图 12－16 “雪人计划”IPv6 根服务器全球分布情况

说明：

SELinux（Security－Enhanced Linux）是美国国家安全局（NSA）对于强制访问控制的实现，在这种访问控制体系的限制下，进程只能访问那些在自身任务中所需的文件，以此来提高操作系统的安全性。SELinux 的特点有：对访问的控制彻底化，对于进程，只赋予最小的权限，防止权限升级，对于用户，只赋予最小的权限。由于其严格地细分程序和文件的访问权限，所以会对 DNS 服务器、Web 服务器 httpd、dhcpd 等带来一些限制，作为初学者，为了避免SELinux给DNS服务器配置带来的不便，可以使用命令行方式编辑修改/etc/sysconfig/selinux配置文件为SELinux =0，并重新启动使该配置生效。

12.7.2 国产操作系统下配置DNS服务器

国产操作系统的DNS服务器的配置和管理与RedHat类似，请在麒麟系统上配置主DNS服务器，具体步骤为：

(1) 安装BIND软件包。

(2) 配置主DNS服务器的IP地址。

(3) 配置主配置文件/etc/named.conf。

(4) 配置区域配置文件（默认在/etc目录下）。

(5) 配置正向查找区域数据文件（默认在/var/named目录下）。

(6) 配置反向查找区域数据文件（默认在/var/named目录下）。

(7) 设置防火墙放行DNS服务。

(8) 确保主配置文件、区域配置文件、正向查找区域数据文件和反向查找区域数据文件的属组为named。

(9) 使用named - checkconf命令检查所有配置文件的语法是否正确。

(10) 重启DNS服务，并将服务设置为开机自启动。

(11) 在客户端设置IP地址和DNS服务器。

(12) 在客户端使用nslookup、dig、host命令进行DNS测试。

12.8 巩固提升

一、选择题

1. DNS解析的默认端口是（　　）。

A. 53　　B. 80　　C. 443　　D. 8080

2. 域名解析器向本地DNS服务器发起查询，请求解析目标域名对应的（　　）。

A. 域名　　B. IP地址　　C. MAC地址　　D. 端口号

3. DNS服务器软件的常见实现是（　　）。

A. Apache　　B. Nginx　　C. Bind　　D. MySQL

4. 用于测试DNS解析的命令是（　　）。

A. ifconfig　　B. nslookup　　C. ping　　D. traceroute

5. 在Linux系统中，可以使用（　　）命令来重启DNS服务器。

A. systemctl restart named　　B. systemctl restart dhcpd

C. systemctl restart dnsmasq　　D. systemctl restart networking

6. 在DNS中，逆向解析用于（　　）。

A. 将域名转换为IP地址　　B. 将IP地址转换为域名

C. 检测网络的连通性　　D. 指定域名对应的IPv6地址

7. 在 DNS 中，正向解析用于（　　）。

A. 将域名转换为 IP 地址　　B. 将 IP 地址转换为域名

C. 检测网络的连通性　　D. 指定域名对应的 IPv6 地址

8. DNS 服务器在解析过程中，会首先查询本地 DNS 的（　　）。

A. 缓存　　B. 记录　　C. 服务器　　D. 文件

9. 域名中最后一个点“.”代表（　　）。

A. 域名的顶级域名　　B. 域名的根域名

C. 域名的主机名　　D. 域名的子域名

10. 当主 DNS 服务器出现故障时，辅助 DNS 服务器会（　　）。

A. 接管所有的域名请求　　B. 通知管理员解决问题

C. 停止响应所有的域名请求　　D. 转发所有的域名请求

二、简答题

1. 什么是 DNS？它的作用是什么？
2. DNS 查询的过程是什么？包括哪些步骤？
3. 如何在 Linux 中修改 DNS 配置？

12.9　项目评价

本项目采用基于目标导向的“多主体、多维度、全过程”评价方式。

多主体采用智慧职教云课堂、教师、学生、企业兼职教师多主体评价；多维度从知识、能力、素质目标三个维度评价；全过程按照课前、课后、课中三个阶段全过程评价。

项目 12　配置和管理 DNS 服务器评分表

考核方向	考核内容	分值	考核标准	评价方式
相关知识（30 分）	DNS 域名组成	5	答案准确规范，能有自己的理解为优	教师提问和学生进行课程平台自测
	DNS 域名服务器	5	答案准确规范，能有自己的理解为优	
	DNS 查询方式	5	答案准确规范，能有自己的理解为优	
	DNS 正向解析过程	5	答案准确规范，能有自己的理解为优	
	DNS 反向解析过程	5	答案准确规范，能有自己的理解为优	
	理解 BIND 相关配置文件	5	答案准确规范，能有自己的理解为优	

续表

考核方向	考核内容	分值	考核标准	评价方式
项目实施（50分）	任务12－1　安装与启动DNS	10	能够在规定时间内完成，有具体清晰的截图，各配置步骤正确，测试结果准确	客户评、学生评、教师评
	任务12－2　配置主DNS服务器案例	10	能够在规定时间内完成，有具体清晰的截图，各配置步骤正确，测试结果准确	客户评、学生评、教师评
	任务12－3　配置辅助DNS服务器案例	30	能够在规定时间内完成，有具体清晰的截图，各配置步骤正确，测试结果准确	客户评、学生评、教师评
素质考核（20分）	职业精神（操作规范、吃苦耐劳、团队合作）	10	操作规范、吃苦耐劳、团队合作愉快	学生评、组内评、教师评
	工匠精神（作品质量、创新意识）	5	作品质量好，有一定的创新意识	客户评、教师评
	崇尚技能	5	崇尚技能，走技能成才、技能报国之路	客户评、教师评

项目13

配置和管理Apache服务器

13.1 学习导航

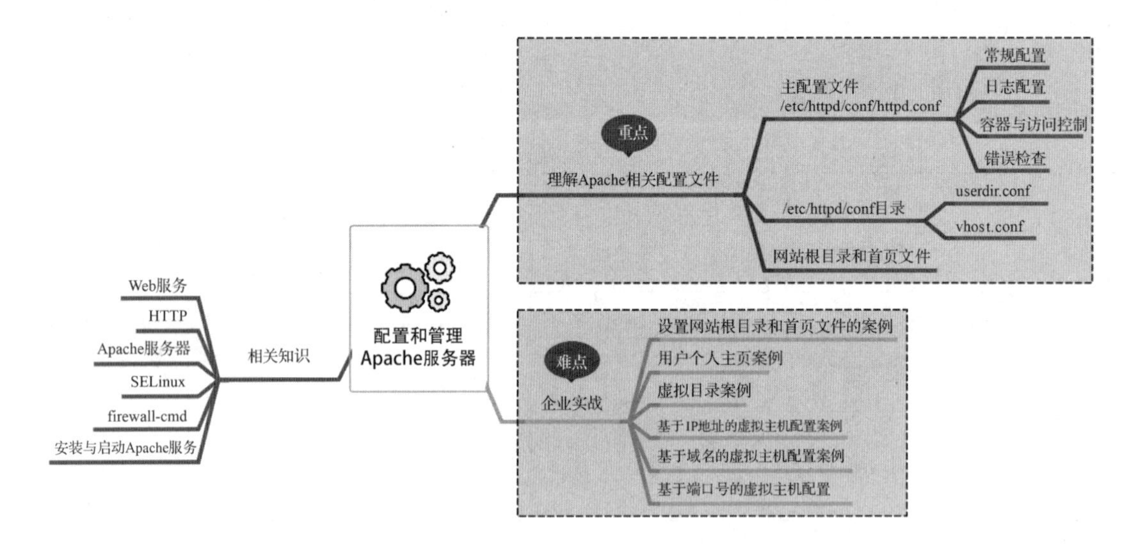

13.2 学习目标

知识目标：

- 认识 Apache
- 理解 Apache 服务器的主配置文件和服务目录下其他文件

能力目标：

- 熟练掌握 Apache 服务器的安装与启动
- 熟练创建 Web 网站和虚拟主机
- 熟练掌握 Apache 客户端的配置和测试

素质目标：

- 树立诚实守信、细心规范的工作态度
- 增强沟通与协调能力、团队合作精神
- 树立正确的人生观、价值观和世界观，建立社会责任感

13.3　项目导入

某高校为了满足师生日常工作和学习需要，计划搭建学校官网、师生个人主页、财务管理系统网站、教学管理信息系统网站、不同院系网站、多门课程的线上教学资源网站等网络资源。本案例中利用 Apache 服务建立学校官网、校园网内用户个人主页、虚拟目录网页、基于 IP 地址的虚拟主机网页、基于域名的虚拟主机配置网页以及基于端口号的虚拟主机配置网页。

13.4　项目分析

本项目一共使用 3 台计算机，其中 2 台使用的是 RedHat 8 Linux 操作系统，1 台使用的是 Windows 10 操作系统，设备情况见表 13－1。

表 13－1　Web 服务器和客户端信息

主机名	操作系统	IP 地址	网络连接模式
Web 服务器：Server1	RedHat 8	192.168.1.1/24 192.168.1.11/24 192.168.1.22/24 192.168.1.33/24	VMnet1
Linux 客户端：Client1	RedHat 8	192.168.1.66/24	VMnet1
Windows 客户端：Client2	Windows 10	192.168.1.88/24	VMnet1

Apache 可以运行在几乎所有广泛使用的计算机平台上，由于其跨平台和安全性而被广泛使用，是最流行的 Web 服务器端软件之一。完成该项目主要分为以下几个任务：

（1）了解 Web、HTTP、Apache 服务器。

（2）学会 SELinux、防火墙相关设置命令。

（3）理解并学会 Apache 主配置文件的配置。

（4）理解/etc/httpd/conf.d 目录下文件的作用。

（5）安装与启动 Apache 服务。

（6）掌握设置网站根目录和首页文件的案例。

（7）掌握用户个人主页案例。

（8）掌握虚拟目录案例。

（9）掌握基于 IP 地址的虚拟主机配置案例。

（10）掌握基于域名的虚拟主机配置案例。

（11）掌握基于端口号的虚拟主机配置案例。

13.5 相关知识

13.5.1 Web 服务

Web 服务是指基于互联网的客户端/服务器模型，通过一系列标准的协议来提供应用程序的功能，使应用程序可以跨平台、跨语言、跨设备进行交互。Web 服务具有高度的可扩展性和互操作性，适用于各种领域的应用程序，如电子商务、社交媒体、金融服务等。Web 服务的原理是基于 REST（Representational State Transfer）架构风格，使用 HTTP 协议进行通信，传输的数据格式通常为 JSON 或 XML。REST 是一种软件架构风格，强调以资源为中心，通过 HTTP 请求的方法（如 GET、POST、PUT、DELETE 等）对资源进行操作，返回资源的表述，使客户端与服务器之间的交互更加简单、可预测和可维护。

13.5.2 HTTP

HTTP（Hypertext Transfer Protocol）是一个用于传输 Web 页面和其他资源的应用层协议。HTTP 协议的主要作用是定义客户端和服务器之间的通信规则和格式。HTTP 协议是 Web 应用程序的基础，允许浏览器和服务器之间传输 HTML、CSS、JavaScript 等资源，从而实现 Web 页面的呈现和交互。

HTTP 协议采用客户端 - 服务器模型，客户端向服务器发送请求，服务器向客户端返回响应。当一个客户端使用 HTTP 与服务器进行通信时，其大致过程如下。

（1）建立 TCP 连接：客户端通过 TCP/IP 连接到服务器。此时，客户端将向服务器发送一个 SYN（同步）请求。服务器接收到请求后，将会向客户端发送 SYN - ACK（同步 - 确认）应答。最后，客户端会发送 ACK（确认）应答，以此确认连接已经建立。

（2）发送 HTTP 请求：一旦 TCP 连接建立成功，客户端就可以开始发送 HTTP 请求。HTTP 请求通常由以下部分组成。

①请求行：包含请求方法、请求的 URL 和 HTTP 协议版本。

②请求头部：包含请求的元数据，如请求体的长度、客户端类型、被请求的资源等。

③请求体：在某些请求中，如 POST 请求，会带有请求体，用于传递客户端向服务器提交的数据。

（3）服务器处理请求：一旦服务器收到 HTTP 请求，它将会对请求进行解析并执行相应的处理。如果请求的资源存在，服务器将会返回请求的资源，否则返回 404 状态码。

（4）服务器返回 HTTP 响应：一旦服务器完成请求处理，它将会构造一个 HTTP 响应。HTTP 响应通常由以下部分组成。

①响应状态行：包含响应的状态码和状态描述。

②响应头部：包含响应的元数据，如响应体的长度、服务器类型、响应的 MIME 类型等。

③响应体：实际的响应数据，可以是 HTML、JSON、XML 等格式的数据。

（5）客户端处理响应：一旦客户端接收到 HTTP 响应，它将会对响应进行解析并执行相应的处理。如果响应是 HTML 页面，客户端会将其渲染在浏览器中；如果响应是 JSON 数据，客户端会将其解析为 JavaScript 对象。

（6）断开 TCP 连接：一旦 HTTP 响应处理完毕，客户端将会关闭与服务器的 TCP 连接。这个过程涉及发送一个 FIN（结束）请求，服务器接收到该请求后，将发送 ACK 应答，确认连接已经断开。

HTTP 协议默认使用 TCP 作为传输层协议，默认端口号为 80，也可以配置某个 Web 服务器使用另外一个端口（如 8080 等），这样能让同一台服务器上运行多个 Web 服务器，每个服务器监听不同的端口。当客户端发送 HTTP 请求时，它会打开一个 TCP 连接到服务器，然后发送请求数据，服务器接收请求数据并返回响应数据，最后关闭 TCP 连接。这种请求-响应模型可以支持多种不同的 Web 应用程序，包括静态 Web 页面、动态 Web 页面、Web 服务等。

13.5.3　Apache 服务器

Apache 服务器是一款流行的开源 Web 服务器软件，由 Apache 软件基金会开发。它最初于 1995 年发布，旨在提供一个强大、灵活且可扩展的 Web 服务器软件。Apache 服务器被广泛使用，特别是在 Linux 和 Unix 操作系统中。它可以运行在多种操作系统上，包括 Windows、macOS 和各种 Linux 发行版。Apache 服务器支持多种编程语言，如 Perl、Python、PHP 和 Ruby 等。它还支持多种协议，如 HTTP、HTTPS、FTP 和 SMTP 等。Apache 服务器具有高度可配置性和可扩展性，使其成为一个理想的 Web 服务器软件选择。许多大型网站和企业都使用 Apache 服务器来处理其 Web 服务请求。

Apache 服务器的开源性质也使其成为一个活跃的社区项目。许多人贡献了他们的时间和专业知识来改进和维护它。在 Apache 服务器的使用中，还出现了许多与其相关的技术和工具，例如 Apache Tomcat、mod_rewrite 和 .htaccess 文件等。这些工具和技术使 Apache 服务器更加灵活和易于配置，可以满足各种 Web 服务器需求。

Apache 的作用是接收客户端的 HTTP 请求，然后向客户端发送 HTML、CSS、JavaScript、图片等静态或动态的 Web 页面内容。Apache 可以支持多个虚拟主机，每个虚拟主机可以拥有自己的域名和网站内容。

13.5.4　理解 Apache 服务器的主配置文件

Apache 的主配置文件是/etc/httpd/conf/httpd.conf，其包含了若干指令的纯文本文件，在 Apache 启动时，会自动读取配置文件中的内容，并根据配置指令影响 Apache 服务器的运行。配置文件改变后，只有在下次启动或重新启动后才会生效。使用以下命令可以查看主配置文件 httpd.conf 的内容：

```
[root@Server1 conf]# cat /etc/httpd/conf/httpd.conf -n
```

配置文件中的内容分为注释行和服务器配置命令行。行首有“#”的即为注释行，注释不能出现在指令的后边。除了注释行和空行外，服务器会认为其他的行都是配置命令行。配置文件中的指令不区分大小写，但指令的参数通常是对大小写敏感的。对于较长的配置命令，行末可使用反斜杠“\”换行，但反斜杠与下一行之间不能有任何其他字符（包括空白）。

1. 主配置文件中的常规配置

1）ServerRoot

ServerRoot 是指整个 Apache 目录结构的最上层，也就是服务器保存其配置、出错和日志文件等的根目录。默认值是/etc/httpd。注意，这里不能在目录路径的后面加上斜线（/），默认的 httpd. conf 文件的第 34 行内容如下所示。

```
34  ServerRoot "/etc/httpd"
```

2）Listen

Listen 命令指定服务器接受来自指定端口或者指定地址的某端口的请求。如果 Listen 仅指定了端口，则服务器会监听本机的所有地址；如果指定了地址和端口，则服务器只监听来自该地址和端口的请求。利用多个 Listen 指令，可以指定要监听的多个地址和端口，比如在使用虚拟主机时，对不同的 IP、主机名和端口需要做出不同的响应，此时就必须明确指出要监听的地址和端口。其命令用法为“Listen [IP 地址]:端口号”。Web 服务器使用标准的 80 号端口，若要对当前主机的 80 端口进行侦听，则配置命令为“Listen 80”。假设当前服务器绑定了 172. 16. 1. 11 和 172. 16. 1. 12 两个 IP 地址，现需要对其 80 端口和 8090 端口进行监听，则配置命令是：

```
Listen  172.16.1.11:80
Listen  172.16.1.11:8090
Listen  172.16.1.12:80
Listen  172.16.1.12:8090
```

默认的 httpd. conf 文件的第 45 行内容如下所示。

```
45  Listen 80
```

3）User 和 Group

User 用于设置服务器以哪种用户身份来响应客户端的请求。Group 用于设置将由哪一组来响应用户的请求。User 和 Group 是 Apache 安全的保证，不要把 User 和 Group 设置为 root。默认的 httpd. conf 文件的第 69 和 70 行内容如下所示，表示响应客户端请求的用户和用户组都是 apache。apache 用户的相关信息可以使用命令 cat /etc/passwd | grep apache 查看，apache 用户组的相关信息可以使用命令 cat /etc/group | grep apache 查看。

```
69  User apache
70  Group apache
```

4）ServerAdmin

用于设置 Web 站点管理员的 E-mail 地址。当服务器产生错误时（如指定的网页找不到），服务器返回给客户端的错误信息中将包含该邮件地址，就可以告诉用户从何种渠道报告错误。其命令用法为“ServerAdmin E-mail 地址”。默认的 httpd. conf 文件的第 89 行内容如下所示。

```
89  ServerAdmin root@localhost
```

5）DocumentRoot

用于设置 Web 服务器的站点根目录，其命令用法为“DocumentRoot 目录路径名”。注意，目录路径名的最后不能加“/”，否则将会发生错误。

默认的 httpd. conf 文件的第 122 行内容如下所示。

```
122  DocumentRoot "/var/www/html"
```

6）DirectoryIndex

默认的索引页页面，页面默认存在于 DocumentRoot 所指定的/var/www/html 目录下。支持设置多个参数用于指定站点主页文件的搜索顺序，各文件间用空格分隔。例如，要将主页文件的搜索顺序设置为 indexA. php、indexB. html、indexC. htm、default. htm，则配置命令为“DirectoryIndex indexA. php、indexB. html、indexC. htm、default. htm”。默认的 httpd. conf 文件的第 167 行内容如下所示，表示默认的索引页面只有 index. html 一个。

```
167    DirectoryIndex index.html
```

2. 主配置文件中的日志配置

1）ErrorLog

用于指定服务器存放错误日志文件的位置和文件名，在 error_log 日志文件中，记录了 Apache 守护进程 httpd 发出的诊断信息和服务器在处理请求时所产生的出错信息。在 Apache 服务器出现故障时，可以查看该文件以了解出错的原因。其默认存在于 ServerRoot 所指定的/etc/httpd 目录下，默认的 httpd. conf 文件的第 185 行内容如下所示。

```
185  ErrorLog "logs/error_log"
```

2）CustomLog

此选项可以用来设置记录文件的位置和格式，其默认存在于 ServerRoot 所指定的/etc/httpd 目录下，默认的 httpd. conf 文件的第 220 行内容如下所示。

```
220  CustomLog "logs/access_log" combined
```

3. 主配置文件中的容器与访问控制

1）容器指令简介

容器指令通常用于封装一组指令，使其在容器条件成立时有效，或者用于改变指令的作用域。容器指令通常成对出现，具有以下格式特点：

```
<容器指令名 参数>
……
</容器指令名>
```

Apache 提供了先判断指定的模块是否存在再做操作，并且支持嵌套使用 <IfModule>，以及用于定义虚拟主机的 <VirtualHost>、<Directory>、<Files>、<Location> 等容器指令。<Directory>、<Files>、<Location> 等容器指令主要用来封装一组指令，使指令的作用域限制在容器指定的目录、文件或某个以 URL 开始的地址。在容器中，通过使用访问控制指令可实现对这些目录、文件或 URL 地址的访问控制。

2）对目录操作的容器 <Directory>

<Directory>容器用于封装一组指令，使其对指定的目录及其子目录有效。该指令不能嵌套使用，其命令用法：

```
<Directory  "目录名">
……
</Directory>
```

容器中所指定的目录名可以采用文件系统的绝对路径，也可以是包含通配符的表达式。默认的 httpd. conf 文件的第 134 ~ 160 行中设置所有主机均能访问/var/www/html 目录，则容器指令表达为：

```
134   <Directory "/var/www/html">
 ……
  147       Options Indexes FollowSymLinks
 ……
  154       AllowOverride None
 ……
  159       Require all granted
  160    </Directory>
 ……
```

<Directory>容器中常见配置的含义如下。

（1）Options 指令常用选项：

None：表示不启用任何服务器特性。

FollowSymLinks：服务器允许在此目录中使用符号连接（软链接）。

Indexes：如果输入的网址对应服务器上的一个文件目录，而此目录中又没有 Apache 配置文件中的 DirectoryIndex 指令指定的文件（例如：DirectoryIndex index. html index. php），则列出该目录下的所有文件。

MultiViews：如果客户端请求的路径可能对应多种类型的文件，那么服务器将根据客户端请求的具体情况自动选择一个最匹配客户端要求的文件。例如，在服务器站点的 file 文件夹下中存在名为 hello. jpg 和 hello. html 的两个文件，此时用户输入 http://localhost/file/hello，如果在 file 文件夹下并没有 hello 子目录，那么服务器将会尝试在 file 目录下查找形如 hello. * 的文件，然后根据用户请求的具体情况返回最匹配要求的 hello. jpg 或者 hello. html。

All：表示除 MultiViews 之外的所有特性。

（2）AllowOverride 指令：

. htaccess（分布式隐含配置文件）：提供了针对每个目录改变配置的方法，即在一个特定的目录中放置一个包含特定指令的文件，其中的指令作用于此目录及其所有子目录。

当 AllowOverride 设置成 None 时，相应的配置目录下的 . htaccess 文件是不被读取的，即无法生效。

当 AllowOverride 设置成 All 时，每一次请求访问相应目录下的文件时，都会读取 .htaccess 文件的配置，意味着原 Apache 指令会被 .htaccess 文件中的指令重写。

从性能和安全性考虑，一般都尽可能避免使用 .htaccess 文件，任何希望放在 .htaccess 文件中的配置，都可放在主配置文件（httpd.conf）的 <Directory>段中，而且高效。因此，AllowOverride 属性一般都配置成 None。

（3）地址限制策略：

Require all granted：允许所有主机访问。

Require all denied：拒绝所有主机访问。

Require local：仅允许本地主机访问。

Require [not] host <主机名或域名列表>：允许或拒绝指定主机或域名访问。

Require [not] ip <IP 地址或网段列表>：允许或拒绝指定 IP 地址网络访问。

4. 主配置文件错误检查

可以使用 apachectl 或者 httpd 的命令行参数 -t 来检查配置文件中的错误，而无须启动 Apache 服务器。

```
[root@Server1 Desktop]# httpd  -t
AH00558: httpd: Could not reliably determine the server's fully qualified domain name, using fe80::20c:29ff:fe35:a573. Set the 'ServerName' directive globally to suppress this message
Syntax OK
[root@Server1 Desktop]# apachectl  -t
AH00558: httpd: Could not reliably determine the server's fully qualified domain name, using fe80::20c:29ff:fe35:a573. Set the 'ServerName' directive globally to suppress this message
Syntax OK
```

13.5.5 熟悉 conf.d 文件夹中的文件

/etc/httpd/conf.d 目录是 Apache Web 服务器的配置目录之一，用于存放 Apache 的模块配置文件。在 Apache 主配置文件的最后一行包含了这个目录下所有以 .conf 结尾的文件：IncludeOptional conf.d/*.conf。该目录中的每个以 .conf 结尾的文件都包含一组配置指令，用于配置 Apache 服务器的不同方面。以下是该目录中常见的一些配置文件及其作用，在本书中将主要讲解 userdir.conf、vhost.conf 和 welcome.conf。

（1）autoindex.conf：用于启用或禁用目录列表功能。如果启用了目录列表，当用户访问一个没有默认文档的目录时，Web 服务器将列出该目录中的所有文件和子目录。

（2）fcgid.conf：文件主要用于全局配置，可以设置 FastCGI 应用程序的进程数、请求超时时间、日志记录等参数。

（3）manual.conf：用于配置 FastCGI 应用程序的虚拟主机。可以为每个虚拟主机设置独立的 FastCGI 应用程序参数，从而可以针对特定的站点进行优化和调整。

（4）ssl. conf：用于启用和配置 SSL/TLS 加密连接。它包含一组指令，用于指定 SSL 证书和密钥文件的位置，以及其他与 SSL 相关的设置。

（5）userdir. conf：用于启用用户目录功能。如果启用了用户目录，用户可以通过 http://example. com/ ~ username 的方式访问他们的主目录中的文件。

（6）vhost. conf：用于配置虚拟主机。默认不存在时，可以用 touch 创建该文件。它包含一组指令，用于指定虚拟主机的主机名、IP 地址、文档根目录和其他与虚拟主机相关的设置。

（7）welcome. conf：用于配置 Apache 默认欢迎页面。如果用户访问的目录没有默认文档，并且目录列表功能被禁用，则会显示默认欢迎页面。

13.6 项目实施

任务 13－1 相关主机的 IP 配置

（1）配置 Web 服务器的 IP 地址为 192. 168. 1. 1，子网掩码为 255. 255. 255. 0。

（2）配置 Linux 客户端 Client1 的 IP 地址为 192. 168. 1. 66，子网掩码为 255. 255. 255. 0，DNS 设置为 Server1 的 IP 地址 192. 168. 1. 1。

（3）将 Server1 的网络连接设置为“仅主机模式”后，配置 Windows 操作系统的 Client2 的 VMnet1 虚拟网卡的 IP 地址为 192. 168. 1. 88，子网掩码为 255. 255. 255. 0，首选 DNS 服务器为 192. 168. 1. 1。

任务 13－2 安装与启动 Apache 服务

在 RedHat 8 Linux 操作系统中，Apache 服务是由 Apache HTTP Server 软件实现的。Apache 服务器端软件被称作 httpd 的守护进程。

1. 安装 Apache 软件包

①准备 RedHat 8 操作系统的 ISO 文件。

选中虚拟机，右击，选择“设置”，单击“虚拟机设置”→“CD/DVD(SATA)”，进行相关设置。具体设置如图 13－1 所示。

②配置本地 yum 源文件。

```
[root@Server1 Desktop]# vim /etc/yum.repos.d/RedHat8dvd.repo
```

按 i 键后进入编辑状态，把文本修改为如下内容，按 Esc 键后，输入“：wq!”进行保存退出。

```
[Media]
name = Meida
baseurl = file:///media/BaseOS
gpgcheck = 0
enabled = 1
```

```
[RedHat8 - AppStream]
name = RedHat8 - AppStream
baseurl = file:///media/AppStream
gpgcheck = 0
enabled = 1
```

图 13 - 1　准备 RedHat 8 操作系统的 ISO 文件

③挂载 ISO 映像文件。

```
[root@Server1 Desktop]# mount /dev/cdrom /media
mount: /media: WARNING: device write - protected, mounted read - only.
```

④使用 DNF 命令清理缓存和安装 httpd 服务。

```
[root@Server1 Desktop]# dnf clean all
[root@Server1 Desktop]# dnf install httpd -y
```

⑤安装完成后，再次查询是否已经安装成功，要确保 httpd 软件包安装成功才能继续后面的项目配置。

```
[root@Server1 Desktop]# rpm -qa |grep httpd
httpd-tools-2.4.37-30.module+el8.3.0+7001+0766b9e7.x86_64
httpd-2.4.37-30.module+el8.3.0+7001+0766b9e7.x86_64
httpd-filesystem-2.4.37-30.module+el8.3.0+7001+0766b9e7.noarch
redhat-logos-httpd-81.1-1.el8.noarch
```

2. 启动 Apache 服务

```
[root@Server1 Desktop]# systemctl start httpd
```

3. 查看 Apache 服务运行状态

```
[root@Server1 Desktop]# systemctl status httpd
```

4. 停止 Apache

```
[root@Server1 Desktop]# systemctl stop httpd
```

5. 重启 Apache

```
[root@Server1 Desktop]# systemctl restart httpd
```

6. 将 Apache 服务设置为开机自启动

```
[root@Server1 Desktop]# systemctl enable httpd
```

7. 让防火墙放行 httpd，并设置 SELinux 为允许

在 RedHat 8 系统中采用了 SELinux 这种增强的安全模式，在默认的配置下，只有 SSH 服务可以通过，Apache 服务启动完毕后，需要被放行才不影响使用。

（1）使用防火墙命令，放行 http 服务。

```
[root@Server1 Desktop]# firewall-cmd --permanent --add-service=http
success
[root@Server1 Desktop]# firewall-cmd --reload
success
[root@Server1 Desktop]# firewall-cmd --list-all
public (active)
  target: default
  icmp-block-inversion: no
  interfaces: ens32
  sources:
  services: cockpit dhcpv6-client dns http ssh
  ports:
  protocols:
  masquerade: no
  forward-ports:
  source-ports:
  icmp-blocks:
  rich rules:
```

（2）确保 SELinux 设置为 permissive（与0含义一致）或者 disable。

SELinux 的运行模式有三种：enforcing（强制）、permissive（宽松）、disabled（彻底禁用）。[root@server0 ~]# getenforce 命令可以查看当前 SELinux 状态。如果 SELinux 当前状态为 enforcing，那么需要通过以下两种方式进行修改（建议方式一和方式二都进行设置，因为方式一能即刻生效，但重启后还需要重新设置，而方式二无法即刻生效，需要重启电脑后才生效）。

方式一：通过 setenforce 0 命令临时更改模式为 permissive。注意：这种方式修改的 SELinux 值是临时的，一旦重启系统，SELinux 值可能又会恢复为 enforcing，这时想再次使用 httpd，仍需要重新设置 SELinux 值为0，否则，客户端无法访问 Web 页面。

```
[root@server0 ~]# getenforce
Enforcing
[root@server0 ~]# setenforce 0 #设置当前 SELinux 运行模式为 permissive
[root@server0 ~]# getenforce
Permissive
```

方式二：将配置文件/etc/selinux/config 中的 SELinux 值直接改为 permissive 或者 disable，重启计算机后，SELinux 状态一直能保持被设置的值。

①查看/etc/selinux/config 的第7行中的 SELinux 值。

```
[root@Client1 Desktop]# cat /etc/selinux/config -n
      1
      2  # This file controls the state of SELinux on the system.
      3  # SELINUX = can take one of these three values:
      4  #       enforcing - SELinux security policy is enforced.
      5  #       permissive - SELinux prints warnings instead of enforcing.
      6  #       disabled - No SELinux policy is loaded.
      7  SELINUX = enforcing
      8  # SELINUXTYPE = can take one of these three values:
      9  #       targeted - Targeted processes are protected,
     10  #       minimum - Modification of targeted policy. Only selected processes
are protected.
     11  #       mls - Multi Level Security protection.
     12  SELINUXTYPE = targeted
```

②编辑/etc/selinux/config，修改第7行中 SELinux 值为 disable 或者 permissive 或者0，重新启动系统，使该配置生效。

```
[root@server0 ~]# vim /etc/selinux/config
…
SELINUX = disable
…
SELINUXTYPE = targeted
```

8. 测试 httpd 服务是否安装成功

方式一：在图形界面打开本机浏览器并测试本机网页。

①单击桌面左上角的“活动”，在弹框中找到 Firefox 浏览器的图标，单击打开浏览器。

②在浏览器地址栏中输入网站的网址 127.0.0.1，然后按 Enter 键跳转，页面如图 13-2 所示即为测试成功。

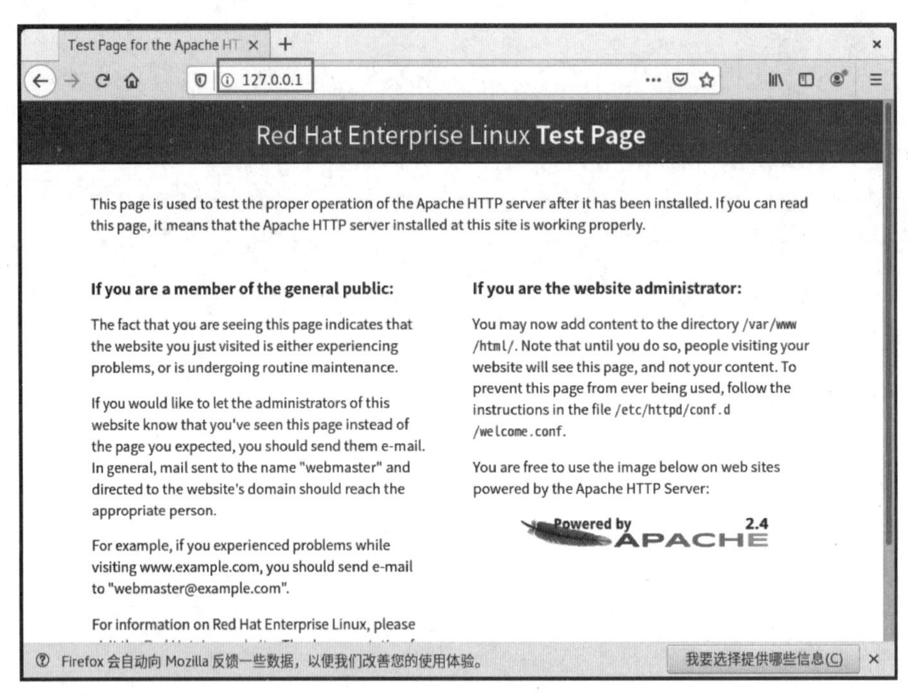

图 13-2　图形界面打开本机浏览器并测试本机网页

方式二：使用命令打开本机浏览器并测试本机网页。

```
[root@Server1 Desktop]# xdg-open http://127.0.0.1
```

说明：

xdg-open 是一个用于打开文件或 URL 的命令行工具，语法简单，只需要在终端中输入 xdg-open filename 或 xdg-open URL 即可。当用户在命令行中输入 xdg-open filename 时，它会根据文件的类型自动选择合适的应用程序来打开文件。例如，如果用户输入 xdg-open document.pdf，它会打开 PDF 阅读器来显示文档内容；如果用户输入 xdg-open https://www.baidu.com，它会在默认的浏览器中打开 baidu 网站。

任务 13-3　设置网站根目录和首页文件的案例

某高校需要建立学校官网，要求网站的根目录在/home/official_website/www，官网首页文件名为 xxuniversity.html。

1. 分析

网站的根目录中保存了网站上的内容，在 Apache 主配置文件/etc/httpd/conf/httpd.conf

中通过 DocumentRoot 的参数来指定，默认是/var/www/html。打开网站时，所显示的页面就是该网站的首页，首页的文件名通过主配置文件 httpd. conf 中 DirectoryIndex 的参数来指定，默认参数是 index. html。注意：这个 index. html 默认存在于 DocumentRoot 所指的目录下，如果在 DocumentRoot 所指目录下没有 index. html，则会展示/usr/share/httpd/noindex 目录下对应的 index. html 页面。

2. 具体实现方案

（1）在 Server1 上创建根目录/home/official_website/www。

```
[root@Server1 Desktop]# mkdir -p /home/official_website/www
```

说明：-p 是在父目录不存在的情况下，先创建父目录，然后依次创建子目录。

在新建的根目录下创建首页文件 xxuniversity. html，并编写一些展示内容。

```
[root@Server1 Desktop]# echo "Welcome to xxuniversity!" >/home/official_
website/www/xxuniversity.html
```

（2）在 Server1 上首先备份主配置文件，这样修改错误后也能够快速恢复成原文件；然后把第 122 行中用于定义网站数据保存的 DocumentRoot 后的参数修改为/home/official_website/www，把第 127 行用户定义目录权限的 Directory 后的参数修改为/home/official_website/www，再将第 167 行定义首页的 DirectoryIndex 修改为 xxuniversity. html index. html。

说明：DirectoryIndex 后有 2 个参数，会优先展示 xxuniversity. html，当 xxuniversity. html 不存在时，才尝试展示 index. html。

```
[root@Server1 conf]# vim /etc/httpd/conf/httpd.conf
……
    122  DocumentRoot "/home/official_website/www"
    123
    124  #
    125  # Relax access to content within /var/www.
    126  #
    127  <Directory "/home/official_website/www">
    128        AllowOverride None
    129        # Allow open access:
    130        Require all granted
    131  </Directory>
……
    166  <IfModule dir_module>
    167      DirectoryIndex xxuniversity.html index.html
    168  </IfModule>
```

小技巧：vim 打开文档后，输入:number，可以直接跳转到对应的 number 行，这样能比较方便地定位到对应行。

（3）在防火墙放行 httpd，重启 httpd 服务，让以上对 httpd. conf 的修改生效。

```
[root@Server1 Desktop]# firewall-cmd --permanent --add-service=http
[root@Server1 Desktop]# firewall-cmd --reload
[root@Server1 Desktop]# firewall-cmd --list-all
[root@Server1 conf]# systemctl restart httpd
```

（4）在 Client2 中进行测试。

确保 Server1 和 Client2 通过 VMnet1 连接，且两台计算机的 IP 地址设置好后，Client2 能 ping 通 Server1，在浏览器中输入 http://192.168.1.1/，如图 13－3 所示，能成功看到所设置的网页内容即为测试成功。

图 13－3　图形界面打开本机浏览器并测试本机网页

（5）常见问题解决方案。

如果在浏览器中输入 http://192.168.1.1/，打开后提示的不是“Welcome to xxuniversity!”，而是 httpd 服务程序的默认首页，且尝试使用更精准方式去访问 http://192.168.1.1/xxuniversity.html，提示“Forbidden You don't have permission to access this resource.”，如图 13－4 所示，那么说明 SELinux 影响了网页的访问，可以使用[root@server0 ~]# getenforce 命令查看当前 SELinux 状态。如果 SELinux 当前状态为 enforcing，需要通过 [root@server0 ~] # setenforce 0 命令临时更改模式为 Permissive。

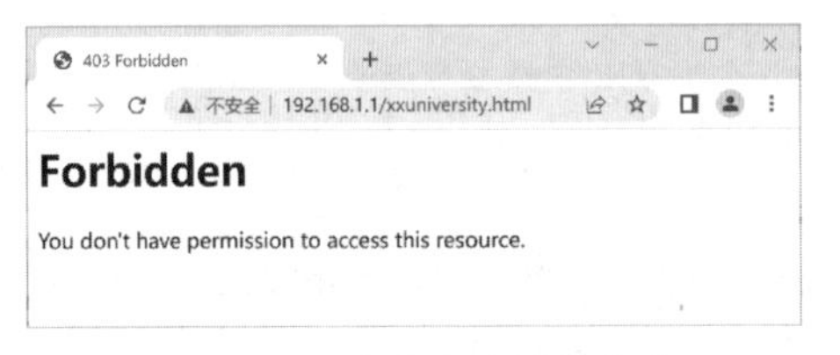

图 13－4　在客户端测试失败

任务 13－4　用户个人主页案例

许多网站都为用户提供了个性化网址的主页空间，比如 CSDN 个人博客空间 https://blog.csdn.net/Ivy，QQ 空间 https://user.qzone.qq.com/138787289 等。某高校学校师生都有建立网站的需求，希望能够在自己的家目录下存放自己的网站根目录，这样其他用户无法对自己的网站进行修改。该高校听取各方意见后，决定支持师生在校园网建立个人主页。

Apache 可以实现用户的个人主页，个人主页的 URL 地址格式一般为 http://域名/~username，其中，username 是 RedHat 8 操作系统中真实存在的合法用户名。本案例中，在 IP

地址为 192.168.1.1 的 Apache 服务器中，为系统中的 ivy 用户设置个人主页空间，该用户的家目录为/home/ivy，个人主页空间所在的目录为 public_html。具体过程如下：

（1）创建用户名和设置密码。

```
[root@Server1 Desktop]# useradd ivy
[root@Server1 Desktop]# passwd ivy
```

（2）修改家目录的权限，使其他用户对该目录具有读取和执行的权限，否则可能会导致无法访问该目录下的网页。注意：创建用户后，home 目录下就有和用户名同名的文件夹。

```
[root@Server1 Desktop]# chmod 755 /home/ivy
```

（3）创建个人主页空间的目录。

```
[root@Server1 Desktop]# mkdir /home/ivy/public_html
```

（4）创建个人主页空间的默认首页文件。

```
[root@Server1 Desktop]# cd /home/ivy/public_html
[root@Server1 public_html]# vim /home/ivy/public_html/index.html
```

将以下内容保存在 index.html 中，以显示个性化页面展示。

```
<!DOCTYPE html>
<html>
<head>
    <title>Ivy's Homepage</title>
</head>
<body>
    <h1>Welcome to Ivy's homepage! </h1>
    <p>This is where I showcase my interests and achievements. </p>
</body>
</html>
```

（5）开启个人用户主页功能。

在 httpd 服务程序中，默认没有开启个人用户主页功能。首先，把/etc/httpd/conf.d/userdir.conf 中第 17 行的 UserDir disabled 命令前加上“#”进行注释，表示让 httpd 服务程序开启用户主页功能。然后把第 24 行 UserDir public_html 命令前面的“#”号删掉，表示网站数据在用户家目录中保存的目录名称为 public_html（此目录名要与前面步骤中创建的个人主页空间的目录保持一致），修改完毕后保存并退出。

```
[root@Client1 Desktop]# vim /etc/httpd/conf.d/userdir.conf

11 <IfModule mod_userdir.c>
……
```

```
17     #UserDir disabled     //开启用户主页功能
……
24     UserDir public_html   //public_html 是保存用户主页空间的目录
25 </IfModule>
……
31 <Directory "/home/*/public_html">   /* 表示用户名,public_html 目录名与第 24
行要保持一致 */
32        AllowOverride FileInfo AuthConfig Limit Indexes
33        Options MultiViews Indexes SymLinksIfOwnerMatch IncludesNoExec
34        Require method GET POST OPTIONS
35 </Directory>
```

注意：userdir. conf 中第 31 行的 * 表示用户名，public_html 必须与第 24 行 UserDir 后的参数，以及前面步骤中创建的个人主页空间的目录名三者保持一致。如果要修改 public_html 这个用户目录名，那么这三个地方都必须修改并保持一致。当然，默认首页文件也必须在这个用户目录名下建立。

（6）SELinux 设置为 0，在防火墙放行 httpd，重启 httpd 服务，让对 httpd. conf 的修改能生效。

```
[root@server0 Desktop]# setenforce 0
[root@Server1 Desktop]# firewall-cmd --permanent --add-service=http
[root@Server1 Desktop]# firewall-cmd --reload
[root@Server1 Desktop]# firewall-cmd --list-all
[root@Server1 conf]# systemctl restart httpd
```

（7）在 Client1 中输入 http://192. 168. 1. 1/~ivy，可以看到 ivy 用户的个人主页内容，如图 13-5 所示。

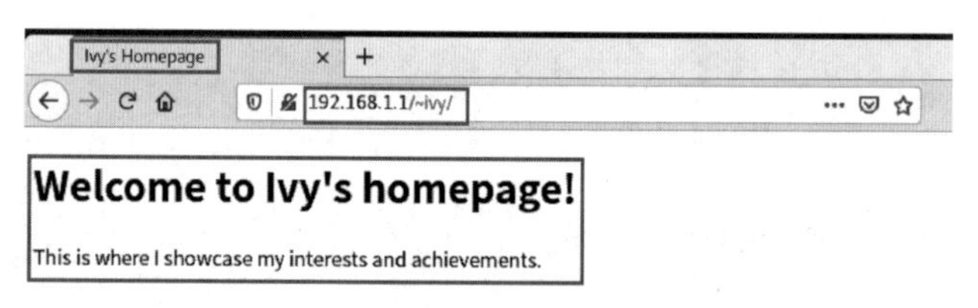

图 13-5　在 Client1 查看个人用户主页

任务 13-5　虚拟目录案例

Apache 虚拟目录（Virtual Directory）是指将服务器上的一个物理目录映射为 Web 服务器上的一个虚拟目录，通过访问这个虚拟目录，可以访问到这个物理目录下的内容。设置 Apache 虚拟目录可以实现以下功能：将多个不同物理路径的文件组织在一起，并映射为同一个虚拟目录；对某个目录或文件设置访问控制权限；为某个目录或文件设置特殊的处理规则。

在 192. 168. 1. 1 的 Apache 服务器中，创建名为/virdir/的虚拟目录，其中，/virdir/teacher 对应/home/teacher，/virdir/student 对应/root/Documents/student，从而达到将多个不

同物理路径的文件组织在一起的效果。具体过程如下：

（1）创建物理目录。

```
[root@Server1 Desktop]# mkdir -p /home/teacher
[root@Server1 Desktop]# mkdir -p /usr/student
```

（2）创建虚拟目录中的默认文件。

```
[root@Server1 Desktop]# cd /home/teacher
[root@Server1 teacher]# echo "This is a teacher's virtual directory ~~" >>index.
html
[root@Server1 teacher]# cd /usr/student/
[root@Server1 student]# echo "This is a student's virtual directory ~~" >>index.
html
```

（3）修改默认文件的权限，使其他用户对该目录具有读取和执行的权限，否则，可能会导致无法访问该目录下的网页。

```
[root@Server1 Desktop]# chmod 755 /home/teacher/index.html
[root@Server1 Desktop]# chmod 755 /usr/student/index.html
```

（4）修改/etc/httpd/conf/httpd.conf 文件，从合适的位置（比如第 99 行开始）添加下面的语句，将物理目录映射为虚拟目录。

```
[root@Server1 Desktop]# vim /etc/httpd/conf/httpd.conf
    Alias /virdir/teacher "/home/teacher"
    <Directory "/home/teacher">
        AllowOverride none
        Require all granted
    </Directory>
    Alias /virdir/student "/usr/student"
    <Directory "/usr/student">
        AllowOverride none
        Require all granted
</Directory>
```

（5）SELinux 设置为 0，在防火墙放行 httpd，重启 httpd 服务，让对 httpd.conf 的修改能生效。

```
[root@server0 Desktop]# setenforce 0
[root@Server1 Desktop]# firewall-cmd --permanent --add-service=http
[root@Server1 Desktop]# firewall-cmd --reload
[root@Server1 Desktop]# firewall-cmd --list-all
[root@Server1 conf]# systemctl restart httpd
```

（6）在 Client1 中依次输入 http://192.168.1.1/virdir/teacher/和 http://192.168.1.1/virdir/student/，可以依次看到如图 13-6 和图 13-7 所示的页面内容即为成功。

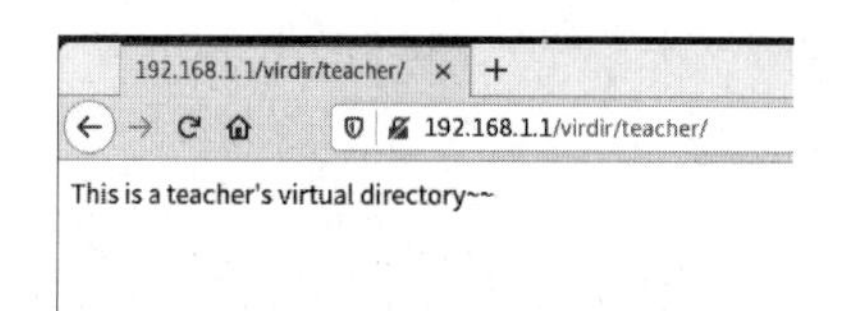

图 13-6　在 Client1 查看 teacher 主页

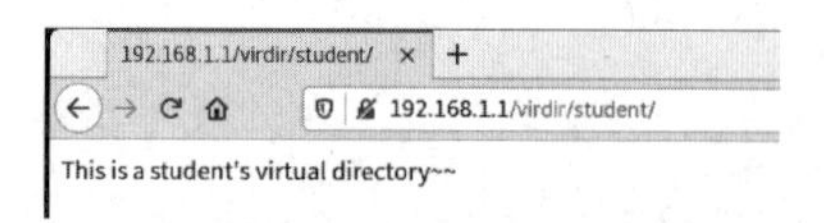

图 13-7　在 Client1 查看 student 主页

注意：整个案例需要保证物理目录的权限设置正确，否则可能会导致无法正常访问虚拟目录。

任务 13-6　基于 IP 地址的虚拟主机配置案例

基于 IP 地址的虚拟主机是一种在单个服务器上托管多个网站的技术。在使用基于 IP 地址的虚拟主机时，每个网站都被分配唯一的 IP 地址，并且在服务器上配置不同的虚拟主机，以根据请求的 IP 地址为每个网站提供不同的内容。

高校 Apache 服务器准备配置两个 IP 地址：192.168.1.11 和 192.168.1.22，利用这两个 IP 地址分别创建基于 IP 地址的虚拟主机，要求 192.168.1.11 是财务管理系统网站，192.168.1.22 是教学管理系统网站。具体过程如下：

（1）在 Apache 服务器中配置两个不同的 IP 地址。

在 Apache 服务器的网络设置页面设置 192.168.1.11 和 192.168.1.22 两个地址，子网掩码都设置为 255.255.255.0，如图 13-8 所示，并单击“应用”按钮。

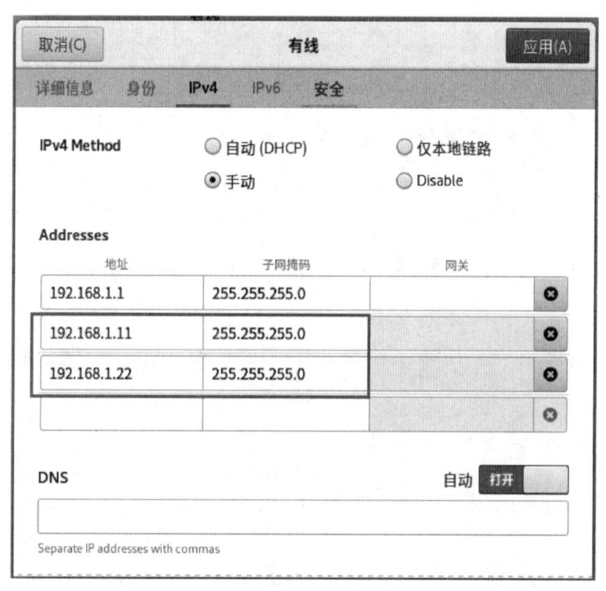

图 13-8　在 Apache 服务器中配置两个不同的 IP 地址

（2）分别创建/www/finance 和/www/teaching 两个主目录和默认文件。

```
[root@Server1 Desktop]# mkdir -p /www/finance /www/teaching
[root@Server1 Desktop]# echo "欢迎使用财务管理系统!" >> /www/finance/index.html
[root@Server1 Desktop]# echo "欢迎使用教学管理系统!" >> /www/teaching/index.html
```

（3）/etc/httpd/conf. d 目录下默认 vhost. conf 不存在，先使用 touch 创建该文件，然后添加如下内容。

```
[root@Server1 Desktop]# touch /etc/httpd/conf.d/vhost.conf
[root@Server1 Desktop]# vim /etc/httpd/conf.d/vhost.conf
#设置基于 IP 地址为 192.168.1.11 的虚拟主机
<Virtualhost 192.168.1.11 >
  DocumentRoot /www/finance
</Virtualhost >
#设置基于 IP 地址为 192.168.1.22 的虚拟主机
<Virtualhost 192.168.1.22 >
  DocumentRoot /www/teaching
</Virtualhost >
```

（4）SELinux 设置为 0，在防火墙放行 httpd，重启 httpd 服务，让对 httpd. conf 的修改能生效。

```
[root@server0 Desktop]# setenforce 0
[root@Server1 Desktop]# firewall-cmd --permanent --add-service=http
[root@Server1 Desktop]# firewall-cmd -reload
[root@Server1 Desktop]# firewall-cmd --list-all
[root@Server1 Desktop]# systemctl restart httpd
```

（5）在 Client2 中依次输入 http://192. 168. 1. 11 和 http://192. 168. 1. 22，发现展示的是 httpd 服务程序的默认页面。访问 http://192. 168. 1. 11/index. html，提示“Forbidden，You don't have permission to access this resource.”，这是因为 httpd 主配置文件中没有设置目录权限，导致无法访问。在/etc/httpd/conf/httpd. conf 中添加这两个网站目录权限的内容，因为两个目录都在/www 下，所以，可以直接设置/www 目录的权限。具体添加内容如下：

```
[root@Server1 Desktop]# vim /etc/httpd/conf/httpd.conf
<Directory "/www" >
      AllowOverride none
      Require all granted
</Directory >
```

（6）使用命令 systemctl restart httpd 重启 httpd 服务。在 Client2 中访问 http://192. 168. 1. 11 和 http://192. 168. 1. 22，能依次展示图 13－9 和图 13－10 中的网站内容即为成功。

图 13-9　访问 http://192.168.1.11

图 13-10　访问 http://192.168.1.22

任务 13-7　基于域名的虚拟主机配置案例

基于域名的虚拟主机是指在一台物理服务器上托管多个不同的网站，每个网站有独立的域名和独立的目录，这样可以大大节约成本，因为不需要每个网站都单独购买一个物理服务器。基于域名的虚拟主机适合那些网站流量较小的网站，因为一台服务器上的资源是有限的，如果网站流量过大，可能会导致服务器负载过高，影响其他网站的访问速度和稳定性。

高校 Apache 服务器准备创建两个域名：computing.university.com 和 law.university.com，这两个域名对应同一个 IP 地址 192.168.1.1，利用这两个域名建立基于域名地址的虚拟主机，其中，computing.university.com 是信息学院网站，law.university.com 是法学院网站。具体过程如下：

（1）要在 Apache 服务器建立基于域名的虚拟主机，首先要在 DNS 服务器中建立对应的主机资源记录，使两个不同的域名能解析到同一个 IP 地址 192.168.1.1，具体步骤请参看 DNS 相关章节。这里仅列出区域配置文件中需要增加的记录，并重启 DNS 服务。

```
[root@Server1 Desktop]# vim /var/named/university.com.zone
    $TTL 1D
    @         IN SOA  @root.university.com. (
                                            0    ; serial
                                            1D     ; refresh
                                            1H     ; retry
                                            1W     ; expire
                                            3H )   ; minimum
    @         IN NS    dns.university.com.
    @         IN MX  6  mail.university.com.
    dns       IN A      192.168.1.1
    mail       IN A      192.168.1.2
    ftp       IN A      192.168.1.3
    www       IN A      192.168.1.4
    web       IN CNAME  www.univeresity.com.
    computing IN A    192.168.1.1
    law        IN A    192.168.1.1
[root@Server1 Desktop]# systemctl restart named
```

（2）分别创建/www/computing 和/www/law 两个主目录和默认文件。

```
[root@Server1 Desktop]# mkdir -p /www/computing /www/law
[root@Server1 Desktop]# echo "信息学院欢迎您!" >> /www/computing/index.html
[root@Server1 Desktop]# echo "法学院欢迎您!" >> /www/law/index.html
```

（3）先清空/etc/httpd/conf. d/vhost. conf 内容，然后添加如下内容。

```
[root@Server1 Desktop]# vim /etc/httpd/conf.d/vhost.conf
<Virtualhost 192.168.1.1 >
  DocumentRoot /www/computing
  ServerName computing.university.com
</Virtualhost >
<Virtualhost 192.168.1.1 >
  DocumentRoot /www/law
  ServerName law.university.com
</Virtualhost >
```

（4）确保在/etc/httpd/conf/httpd. conf 中添加了/www/computing 和/www/law 的父目录的权限，详细内容如下。

```
[root@Client1 conf.d]# vim /etc/httpd/conf/httpd.conf
<Directory "/www" >
     AllowOverride none
     Require all granted
</Directory >
```

（5）SELinux 设置为 0，在防火墙放行 httpd 和 dns，重启 httpd 和 named 服务，让对 httpd 和 named 相关文件的修改能生效。

```
[root@server0 Desktop]# setenforce 0
[root@Server1 Desktop]# firewall-cmd --permanent --add-service=http
[root@Server1 Desktop]# firewall-cmd --permanent --add-service=dns
[root@Server1 Desktop]# firewall-cmd -reload
[root@Server1 Desktop]# firewall-cmd --list-all
[root@Server1 Desktop]# systemctl restart httpd
[root@Server1 Desktop]# systemctl restart named
```

（6）在 Client1 中设置 DNS 为 192. 168. 1. 1，访问 http://computing. university. com 和 http://law. university. com，能依次展示图 13－11 和图 13－12 中的网站内容即为成功。

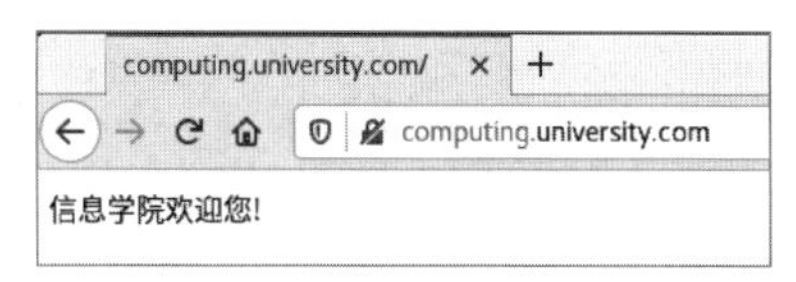

图 13－11　访问 http://computing. university. com

图 13-12　访问 http://law.university.com

任务 13-8　基于端口号的虚拟主机配置案例

基于端口号的虚拟主机是指在同一台物理服务器上运行多个 Web 服务器实例，每个实例共享一个 IP 地址，通过监听不同的端口号进行区分。需要注意的是，基于端口号的虚拟主机存在一些缺点。例如，不同的 Web 服务器实例使用不同的端口号进行监听，这可能会导致一些网络安全问题，比如容易受到端口扫描和攻击。

高校需要对多门课程建立线上教学资源网站，这类资源网站共享一个 IP 地址 192.168.1.33，其中，Python 课程教学资源网站监听 6060 端口，Java 课程教学资源网站监听 7070 端口。具体配置过程如下：

（1）与前面步骤类似，给 Apache 服务器的网卡添加 192.168.1.33 的 IP 地址和 255.255.255.0 的子网掩码，如图 13-13 所示。

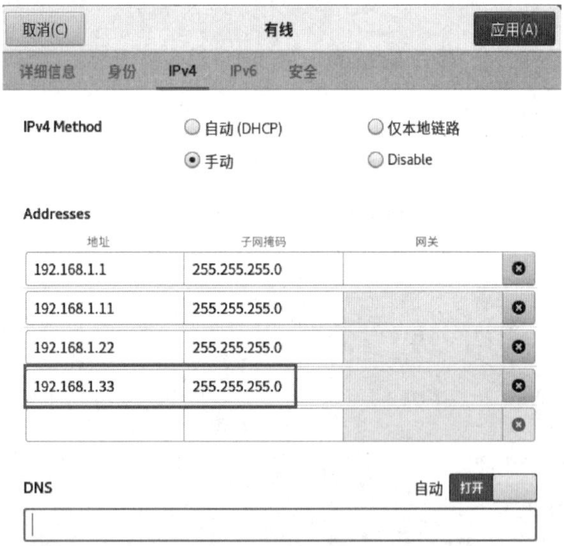

图 13-13　在 Apache 服务器中添加 IP 地址

（2）分别创建/www/6060 和/www/7070 两个主目录和默认文件。

```
[root@Server1 Desktop]# mkdir -p /www/6060 /www/7070
[root@Server1 Desktop]# echo "这里有丰富的 Python 课程学习资源,欢迎学习 ~~" >> /www/6060/index.html
[root@Server1 Desktop]# echo "这里有丰富的 Java 课程学习资源,欢迎学习 ~~" >> /www/7070/index.html
```

（3）在/etc/httpd/conf/httpd.conf 中增加对 6060 和 7070 端口的监听，同时确保添加了/www/6060 和/www/7070 的父目录的权限，详细内容如下。

```
[root@Client1 conf.d]# vim /etc/httpd/conf/httpd.conf
……
Listen 80
Listen 6060
LIsten 7070
      ……
<Directory "/www">
      AllowOverride none
      Require all granted
</Directory>
```

（4）先清空/etc/httpd/conf.d/vhost.conf 内容，然后添加如下内容。

```
[root@Server1 Desktop]# vim /etc/httpd/conf.d/vhost.conf
      <Virtualhost 192.168.1.33:6060>
        DocumentRoot /www/6060
      </Virtualhost>
      <Virtualhost 192.168.1.33:7070>
        DocumentRoot /www/7070
      </Virtualhost>
```

（5）SELinux 设置为 0，在防火墙放行 httpd，重启 httpd 服务，让对 httpd.conf 的修改能生效。

（6）在 Client1 访问 http://192.168.1.33:6060/，提示“连接失败”，如图 13－14 所示。

图 13－14　在客户端访问失败

（7）错误处理。因为防火墙检测到 6060 和 7070 不属于 Apache 服务器需要的资源，现在却以 httpd 服务程序名义监听使用，所以防火墙会拒绝 Apache 服务器使用这两个端口。需要使用 firewall - cmd 命令永久添加需要的端口到 public 区域，然后重启防火墙。

```
[root@Server1 Desktop]# firewall-cmd --permanent --zone=public --add-port=6060/tcp
[root@Server1 Desktop]# firewall-cmd --permanent --zone=public --add-port=7070/tcp
[root@Server1 Desktop]# firewall-cmd --reload
[root@Server1 Desktop]# firewall-cmd --list-all
......
ports: 6060/tcp 7070/tcp
......
```

（8）在 Client1 上访问 http://192.168.1.33:6060/和 http://192.168.1.33:7070/，能依次展示图 13 – 15 和图 13 – 16 中的网站内容即为成功。

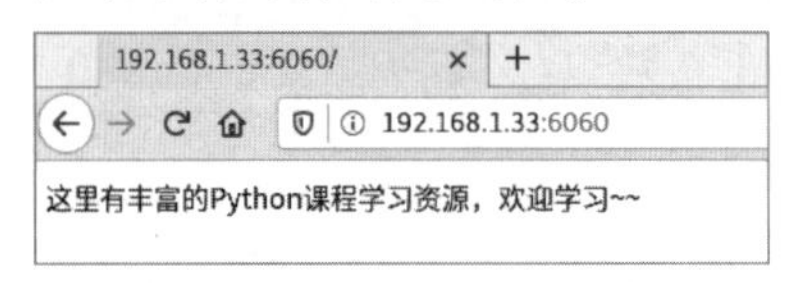

图 13 – 15　访问 http://192.168.1.33:6060/

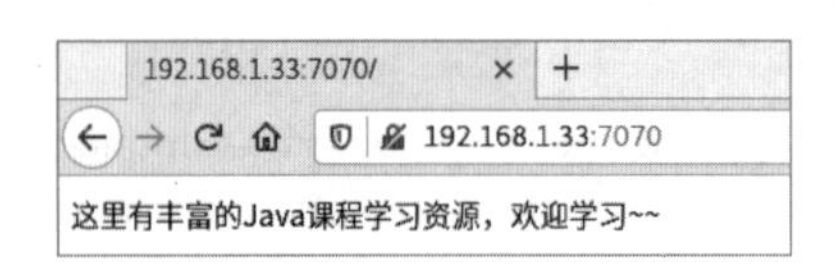

图 13 – 16　访问 http://192.168.1.33:7070/

13.7　信创拓展

国产操作系统的 Apache 服务器的配置和管理与 RedHat 类似，请在麒麟系统上配置基础的 Apache 服务，具体步骤为：

（1）安装 Apache 软件包。

（2）启动 Apache 服务，并将服务设置为开机自启动。

（3）设置防火墙放行 httpd。

（4）设置 SELinux 为允许。

（5）在 Apache 服务器中创建网站根目录，并新建 html 网页。

（6）修改 Apache 服务器的主配置文件/etc/httpd/conf/httpd.conf，使相关参数的设置与步骤（5）的路径、文件名等保持一致。

（7）重新启动 httpd 服务。

（8）设置 Apache 服务器的 IP 地址。

（9）在客户端设置 IP 地址，然后在客户端的浏览器中输入 Apache 服务器的 IP 地址进行网页访问测试。

13.8　巩固提升

一、选择题

1. Apache 是一种（　　）的服务器软件。

A. Web 服务器　　B. FTP 服务器

C. Mail 服务器　　D. DNS 服务器

2. 以下（　　）可以在 Apache 的虚拟主机配置中限制特定 IP 地址访问该虚拟主机。

A. AllowOverride　　B. DocumentRoot

C. Allow　　D. Deny

3. Apache 服务器在（　　）记录访问日志。

A. /var/log/access. log　　B. /var/log/httpd/access_log

C. /var/log/httpd/error_log　　D. /var/log/syslog

4. 世界上排名第一的 Web 服务器是（　　）。

A. Apache　　B. IIS　　C. SunONE　　D. NCSA

5. 用户的主页存放的目录由文件 httpd. conf 的参数（　　）设定。

A. UserDir　　B. Directory

C. public_html　　D. DocumentRoot

6. 在 RedHat Linux 中手工安装 Apache 服务器时，默认的 Web 站点的目录为（　　）。

A. /etc/httpd　　B. /var/www/html

C. /etc/home　　D. /home/httpd

二、简答题

简述基础的 Apache 服务的配置过程。

13.9　项目评价

本项目采用基于目标导向的“多主体、多维度、全过程”评价方式。

多主体采用智慧职教云课堂、教师、学生、企业兼职教师多主体评价；多维度从知识、能力、素质目标三个维度评价；全过程按照课前、课后、课中三个阶段全过程评价。

项目 13　配置和管理 Apache 服务器评分表

考核方向	考核内容	分值	考核标准	评价方式
相关知识（30 分）	Web 服务和 HTTP	5	答案准确规范，能有自己的理解为优	教师提问和学生进行课程平台自测
	Apache 服务器	5	答案准确规范，能有自己的理解为优	

续表

考核方向	考核内容	分值	考核标准	评价方式
相关知识（30分）	理解 Apache 服务器的主配置文件	10	答案准确规范，能有自己的理解为优	教师提问和学生进行课程平台自测
	熟悉 conf. d 文件夹中的文件	10	答案准确规范，能有自己的理解为优	
项目实施（50分）	任务 13-3　设置网站根目录和首页文件的案例	10	能够在规定时间内完成，有具体清晰的截图，各配置步骤正确，测试结果准确	客户评、学生评、教师评
	任务 13-4　用户个人主页案例	10	能够在规定时间内完成，有具体清晰的截图，各配置步骤正确，测试结果准确	客户评、学生评、教师评
	任务 13-5　虚拟目录案例	10	能够在规定时间内完成，有具体清晰的截图，各配置步骤正确，测试结果准确	客户评、学生评、教师评
	任务 13-6　基于 IP 地址的虚拟主机配置案例	10	能够在规定时间内完成，有具体清晰的截图，各配置步骤正确，测试结果准确	客户评、学生评、教师评
	任务 13-7　基于域名的虚拟主机配置案例	5	能够在规定时间内完成，有具体清晰的截图，各配置步骤正确，测试结果准确	客户评、学生评、教师评
	任务 13-8　基于端口号的虚拟主机配置案例	5	能够在规定时间内完成，有具体清晰的截图，各配置步骤正确，测试结果准确	客户评、学生评、教师评

续表

考核方向	考核内容	分值	考核标准	评价方式
素质考核（20 分）	职业精神（操作规范、吃苦耐劳、团队合作）	10	操作规范、吃苦耐劳、团队合作愉快	学生评、组内评、教师评
	工匠精神（作品质量、创新意识）	5	作品质量好，有一定的创新意识	客户评、教师评
	人生观、价值观和世界观	5	树立正确的人生观、价值观和世界观，建立社会责任感意识	客户评、教师评

项目14

FTP服务

14.1 学习导航

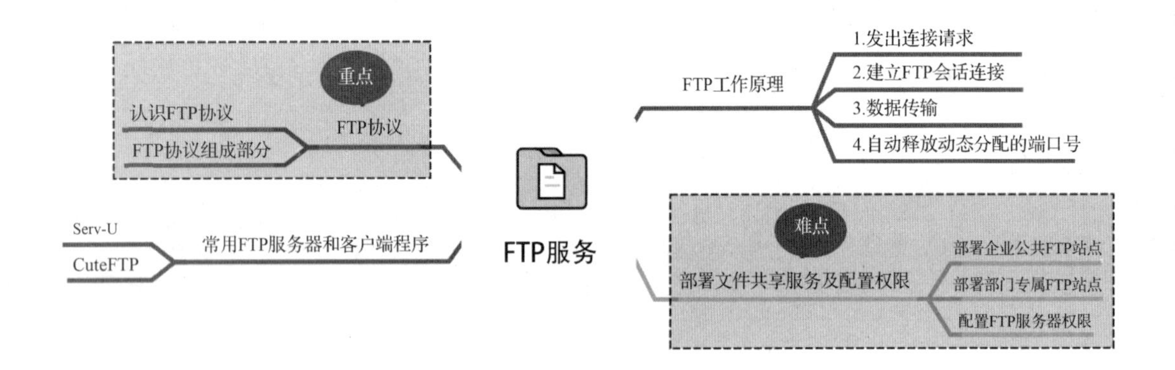

14.2 学习目标

知识目标：

- 掌握 FTP 服务的工作原理
- 了解 FTP 的典型消息
- 掌握匿名 FTP 与实名 FTP 的概念
- 掌握 FTP 多站点的概念

能力目标：

- 掌握匿名 FTP 与实名 FTP 的应用
- 掌握 FTP 多站点的应用

素质目标：

- 树立诚实守信、细心规范的工作态度
- 培养利用专业知识分析、解决实际问题的能力
- 提升自主安全可控的信创意识

14.3 项目导入

公司信息中心的文件共享服务能有效提高信息中心网络的工作效率。公司希望能在信息中心部署公司文档中心，为各部门提供 FTP 服务，以提高公司的工作效率。

公司网络拓扑如图 14－1 所示。

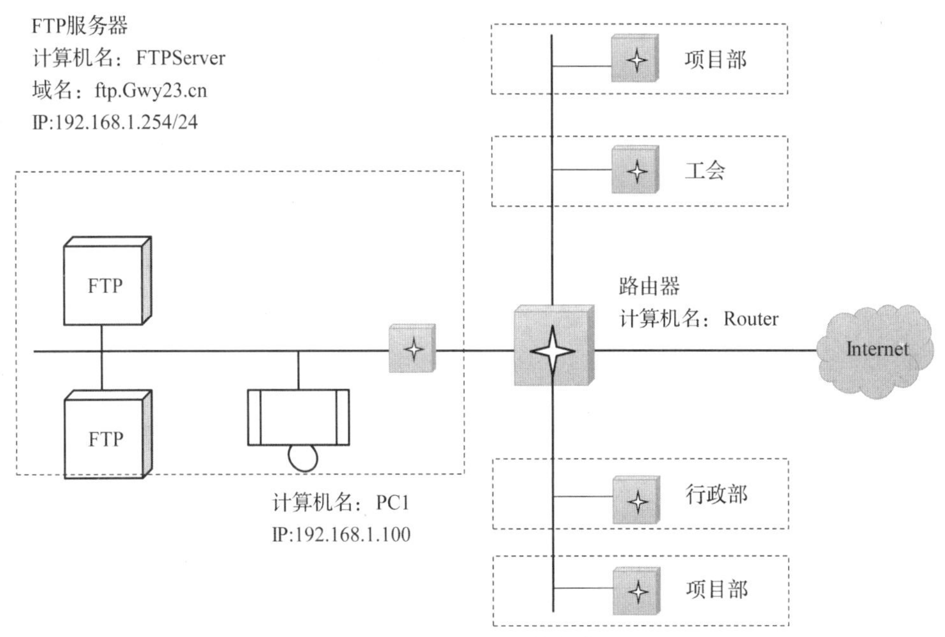

图 14－1 公司网络拓扑

14.4 项目分析

通过部署文件共享服务，可以让局域网内的计算机访问共享目录内的文档，但是不同局域网内的用户则无法访问该共享目录。FTP 服务与文件共享服务类似，用于提供文件共享访问服务，但是它提供服务的网络不再局限于局域网，用户还可以通过广域网进行访问。

因此，可以在公司的服务器上建立 FTP 站点，并在 FTP 站点上部署共享目录，这样就可以实现公司文档的共享了，员工也可以方便地访问该站点中的文档了。根据项目描述，在服务器上部署 FTP 站点服务，可以通过以下工作任务来完成。

①部署企业公共 FTP 站点，以实现公司公共文档的分类管理，方便员工下载。

②部署部门专属 FTP 站点，以实现部门级数据共享，提高数据安全性和工作效率。

③配置 FTP 服务器权限，以实现 FTP 站点权限的详细划分，提高安全性。

14.5 相关知识

14.5.1 FTP 协议

FTP（File Transfer Protocol，文件传送协议）是 TCP/IP 协议组中的协议之一，它工作在应用层，是因特网中使用广泛的文件传输协议。它在不同的主机之间提供可靠的数据传输，可以实现在远程计算机系统和本地计算机系统之间文件的传输工作。FTP 协议支持断点续传功能，可以大幅减少 CPU 和网络带宽的开销。

FTP 协议包括两个组成部分：FTP 服务器和 FTP 客户端。FTP 服务器用于存储文件，用户可以通过 FTP 客户端利用 FTP 协议来访问位于 FTP 服务器上的资源。FTP 协议传输效率非常高，在网络上传输大的文件时，一般会采用该协议。在网站开发过程中，通常会利用 FTP 协议把网页或程序传输到 Web 服务器上。

14.5.2 常用 FTP 服务器和客户端程序

1. Serv - U

Serv - U 是 Windows 平台和 Linux 平台的安全 FTP 服务器（FTPS、SFTP、HTTPS），文件管理、文件传输和文件共享安全性高，是应用广泛的 FTP 服务器软件。

Serv - U 传输文件安全、高效，允许快速和可靠的 B2B 文件传输及临时文件共享，可以满足中小型企业和大型企业的数据传输需求。

2. CuteFTP

CuteFTP，是 FTP 工具之一，与 LeapFTP 及 FlashFXP 并称 FTP “三剑客”。其传输速度比较快，但有时对于一些教育网，FTP 站点却无法连接；速度稳定，能够连接绝大多数 FTP 站点（包括一些教育网站点）。CuteFTP 虽然相对来说比较庞大，但其自带了许多免费的 FTP 站点，资源丰富。

14.5.3 FTP 工作原理

FTP 采用客户端/服务器端模式，通过控制连接和数据连接在两台计算机之间传输文件。

用户通过一个支持 FTP 协议的客户机程序，连接远程主机上的 FTP 服务器程序。通过在客户端向服务器端发送 FTP 命令，服务器端执行该命令，并将执行结果返回给客户端。由于“控制连接”的原因，客户端发送的 FTP 命令，服务器端都会有对应的应答。

FTP 工作原理可分为以下四部分：

1. 发出连接请求

客户端向服务器端发出连接的请求，客户端系统动态打开一个大于 1024 的端口（如 1031）等待服务连接，如图 14 - 2 所示。

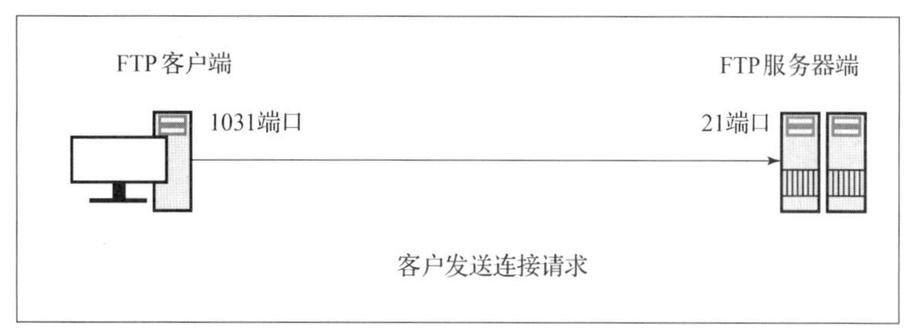

图 14－2　发出连接请求

2. 建立 FTP 会话连接

服务器端在端口 21 侦听到该请求后，在客户端 1031 端口和服务器端 21 端口建立一个 FTP 会话连接，如图 14－3 所示。

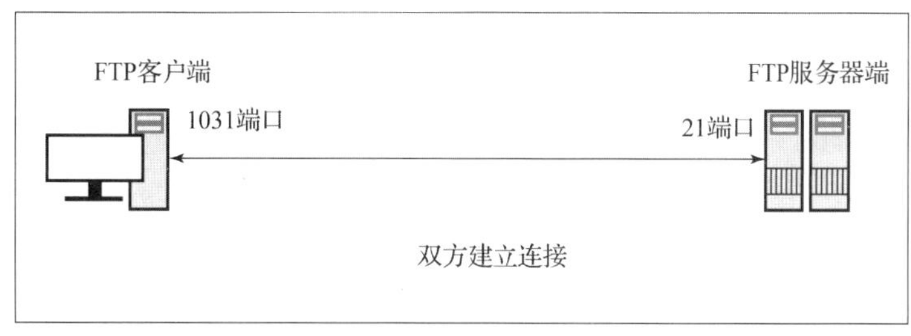

图 14－3　建立 FTP 会话连接

3. 数据传输

当需要传输数据时，FTP 客户端再动态打开另一个大于 1024 的端口（如 1033）连接到服务器端的 20 端口，并在这两个端口之间进行数据传输，如图 14－4 所示。

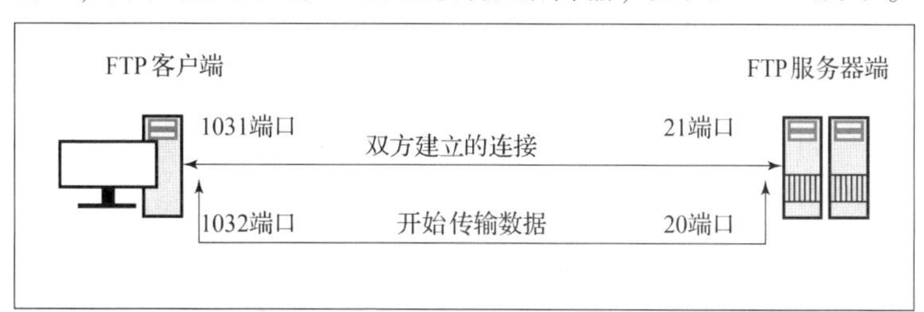

图 14－4　数据传输

4. 自动释放动态分配的端口号

数据传输完毕后，FTP 客户端断开与 FTP 服务器端的连接，客户端动态分配的端口将自动释放，如图 14－5 所示。

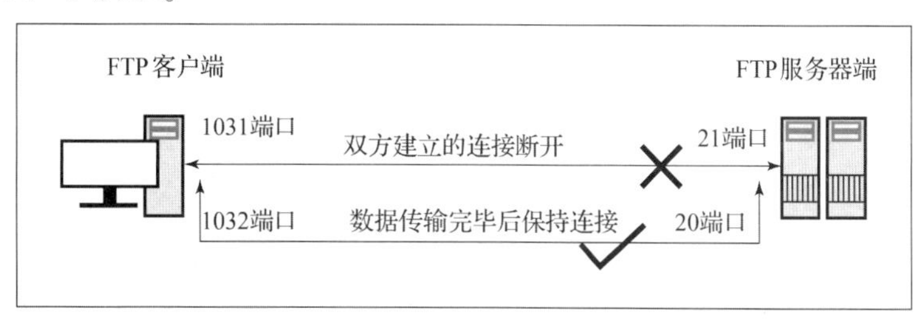

图 14－5　自动释放动态分配的端口号

14.6 项目实施

任务 14－1 部署企业公共 FTP 站点

1. 在 FTP 服务器上创建 FTP 站点目录

（1）在 FTP 服务器的/var/ftp 目录中创建“文档中心”目录，并在“文档中心”目录中分别创建“产品技术文档”“公司品牌宣传”和“常用软件工具”等子目录。在“产品技术文档”目录中创建 a. txt 文件，配置命令如下：

```
[ root @HTTP ~ ]# mkdir /var/ftp/文档中心
[ root @HTTP ~ ]# cd /var/ftp/文档中心
[ root @HTTP 文档中心]# mkdir 产品技术文档 公司品牌宣传 常用软件工具 公司规章制度
[ root @HTTP 文档中心]# ll
total 0
drwxr -xr -x 2 root root 6 Aug 3 22:32 产品技术文档
drwxr -xr -x 2 root root 6 Aug 3 22:32 公司品牌宣传
drwxr -xr -x 2 root root 6 Aug 3 22:32 常用软件工具
drwxr -xr -x 2 root root 6 Aug 3 22:32 公司规章制度
[ root @FTP 文档中心]# cd 产品技术文档
[ root @FTP 产品技术文档]# touch a.txt
```

（2）修改“文档中心”目录的默认所属主和所属组参数，避免用户无法读/写目录中的数据的情况出现。配置命令如下：

```
[ root @FTP 文档中心# chown -R ftp.ftp /var/ftp/文档中心
```

2. 在 FTP 服务器上安装 vsftpd 服务

（1）使用 dnf 命令来安装 vsftpd 服务。配置命令如下：

```
[ root @FTP ~ ]# dnf -y  install vsftpd .x86_64
```

（2）使用 rpm 命令来检查系统是否安装了 vsftpd 服务或查看已经安装了何种版本。配置命令如下：

```
[ root @FTP ~ ]# rpm - qa |grep vsftpd
vsftpd -3.0.3 -31.el8.x86_64
```

（3）启动 vsftpd 服务，并设置为开机自动启动。配置命令如下：

```
[ root @FTP ~ ]# systemctl start vsftpd.service
[ root @FTP - ]# systemctl enable vsftpd
[ root @FTP ~ ]# systemctl status vsftpd.service
● vsftpd.service - Vsftpd ftp daemon
```

```
   Loaded: loaded (/usr/lib/systend/system/vsftpd.service; enabled;  vendor
preset:
   disabled)
   Active : active ( running ) since Mon 2020-08-0322:48:30 EDT;  5min aqo
   Main PID :27747( vsftpd )
   […省略显示部分内容]
```

3. 修改FTP服务主配置文件的参数

（1）在修改vsftpd服务的配置文件之前，先对主配置文件进行备份。配置命令如下：

```
[ root @FTP ~]# cp /etc/vsftpd/vsftpd.conf/etc/vsftpa/vsftpd.conf.bak
```

（2）修改vsftpd服务的主配置文件，这里需要设置FTP服务允许匿名登录，以及允许匿名用户上传、下载和创建目录，但是不允许删除共享目录中的内容。配置命令如下：

```
[ root @FTP ~]# vim/etc/vsftpd/vsftpd.conf
anonymous_enable = YES              ##设置允许匿名用户登录
# local_enable = YES                ##禁止本地用户登录
# local_umask = 022                 ##取消对本地用户设置新增文件的权限掩码
write_enable = YES                  ##设置匿名用户具备写入权限
anon_upload_enable = YES            ##设置匿名用户具备上传权限
anon_umask = 022                    ##设置匿名用户新增文件的权限掩码

anon_mkdir_write_enable = YES       ##允许匿名用户创建目录
anon_other_write_enable = NO        ##禁止匿名用户修改或删除文件
```

4. 启动FTP服务

通过systemctl命令来启动FTP服务，并设置为FTP服务开机自动启动。配置命令如下：

```
[ root @FTP ~]# systemctl start vsftpd.service
[ root @FTP ~]# systemctl enable vsftpd
```

任务14-2 部署部门专属FTP站点

1. 创建各部门FTP站点的专属服务账户

（1）创建FTP站点物理目录。

在FTP服务器上创建用户project_user1、service_user1和union_user1，并且设置主目录分别为/var/ftp目录下的“项目部”“行政部”和“工会”等共享目录，设置密码为lqaz@WSX。配置命令如下：

```
[ root @FTP ~]# useradd  d /var/ftp 项目部 project_user1
[ root @FTP ~]# useradd -d /var/ftp/行政部 service_user1
[ root @FTP ~ j # useradd -d /var/ftp/工会 union_user1
[ root @FTP ~]# echo "lgaz@WSX" |passwd -- stdin project_user1
[ root @FTP ~]# echo "lgaz@WSX" |passwd -- stdin service_user1
[ root @FTP ~]# echo "lgaz@WSX" |passwd -- stdin union_user1
```

（2）在 FTP 服务器上每个用户的主目录下，分别创建测试用的 txt 文本文件。配置命令如下：

```
[root@FTP ~]# touch /var/ftp/项目部/project.txt
[root@FTP ~]# touch /var/ftp/行政部/service.txt
[root@FTP ~]# touch /var/ftp/工会/union.txt
```

2. 创建基于不同端口的 FTP 服务配置文件

（1）创建一个名称为/etc/vsftpd/vsftpd2100.conf 的配置文件，在配置文件中设置 FTP 服务禁用匿名登录、允许本地用户登录但不允许用户切换目录，设置本地用户对目录有上传和下载的权限，设置监听的端口为 2100。配置命令如下：

```
[root@FTP ~]# vim /etc/vsftpd/vsftpd2100.conf
anonymous_enable=NO
local_enable=YES
write_enable=YES
local_umask=022
chroot_local_user=YES
chroot_list_enable=YES
chroot_list_file=/etc/vsftpd/chroot_list
pam_servicename=vsftpd
listen_port=2100
```

（2）修改 chrootlist 文件，将需要受到禁止切换目录限制的用户添加到此文件中。配置命令如下：

```
[root@FTP ~]# vim /etc/vsftpd/chroot_list
project_user1
service_user1
union_user1
```

3. 重新启动 FTP 服务

在配置完成后，通过 systemctl 命令来启动 FTP 服务，在 VSFTP 软件中，允许通过修改配置文件名称的方式来建立多个 FTP 站点服务，在启动时，需要在 vsftpd 服务名称后加上"@新配置文件名称"。配置命令如下：

```
[root@FTPServer ~]# systemctl restart vsftpd@vsftpd2100.conf
```

任务 14-3　配置 FTP 服务器权限

1. 创建 FTP 虚拟用户

（1）创建存放虚拟用户的文件，在添加虚拟用户时，奇数行写用户名，偶数行写密码。配置命令如下：

```
[root@FTPServer ~]# vim /root/ftp_vuser
xiaozhao
12345
xiaochen
12345
xiaocai
12345
```

（2）使用db_load命令从/root/ftpvuser文件中生成虚拟用户数据库文件/etc/vsftpd/ftp_vuser.db。配置命令如下：

```
[root@ftpserver ~]# db_load -T -t hash -f /root/ftp_vuser /etc/vsftpd/ftp_vuser.db
##在上述命令中,选项 -T -t hash 表示指定生成 hash 数据格式文件数据库。选项 - f 后面接包含用户名和密码的文本文件,奇数行写用户名,偶数行写密码
```

（3）添加虚拟用户的映射账户，创建映射用户的宿主目录，创建FTP根目录。配置命令如下：

```
[root@FTPServer ~]# useradd -d/var/ftp/部门文档中心/工会 -s /sbin/nologin union_user1
[root@FTP ~]# chmod 777 /var/ftp/部门文档中心/工会
```

（4）为虚拟用户建立PAM认证文件，此文件将用于对虚拟用户认证的控制。配置命令如下：

```
[root@FTPServer ~] vim /etc/pam.d/vsftpd.login
auth reguired pam_userdb.so db=/etc/vsftpd/ftp_vuser
account required pam_userdb.so db=/atc/vsffod/ftpvuser
```

以上内容，通过参数db=/etc/vsftpd/vusers指定了要使用的虚拟用户数据库文件的位置（此处不需要写.db扩展名）。

2. 修改FTP服务配置文件的参数

修改vsftpd服务的主配置文件。配置命令如下：

```
[root@FTPServer ~]# cp /etc/vsftpd/vsftpa.conf /etc/vsftpd/vsftpd2120.conf
[root@FTPServer ~] # vim /etc/vsftpd/vsftpd2120.conf
#在配置文件末尾修改并新增如下条目
pam_service_name=vsftpd.login
listen_port=2120                          ##设置用于虚拟用户认证的 PAM 文件的位置
guest_enable=YES                              ##设置启用虚拟用户
guest_username=union_user1               ##设置虚拟用户映射的系统用户名称
user_config_dir=/etc/vsftpd/vusers_dir     ##指定虚拟用户独立的配置文件目录
allowwriteable_chroot=YES                    ##允许可写用户登录
```

3. 配置FTP虚拟用户权限

（1）创建虚拟用户配置文件目录。配置命令如下：

```
[ root @FTPServer ~]#  mkdir /etc/vsftpd/vusers_dir
```

（2）创建并设置虚拟用户 xiaozhao 的权限配置文件，使 xiaozhao 对 huananqu 目录具有完全控制权限。配置命令如下：

```
[ root @FTPServer ~]# vi /etc/vsftpd/vusers_dir/xiaozhao
virtual_use_local_privs=No
write_enable=YES                                  ##设置虚拟用户可写入
anon_world_readable_only=NO
anon_upload_enable=YES                   ##设置虚拟用户可上传文件
anon_mkdir_write_enable=YES             ##设置虚拟用户可创建文件目录
anon_other_write_enable=YES             ##设置虚拟用户可重命名、删除
```

（3）创建并设置虚拟用户 xiaochen 的权限配置文件，使 xiaochen 对 huabeiqu 目录具有完全控制权限。配置命令如下：

```
[root @FTPServer ~]# vi /etc/vsftpd/vusers_dir/xiaochen
virtual_use_local_priva=NO
write_enable=NO
anon_world_readable_only=NO
anon_upload_enable=NO                         ##设置虚拟用户不可上传文件
anon_mkdir_write_enable=NO                    ##设置虚拟用户不可创建文件目录
anon_other_write_enable=NO                 ##设置虚拟用户不可重命名、删除
```

（4）创建并设置虚拟用户 xiaocai 的权限配置文件，使 xiaocai 对 xibeiqu 目录具有完全控制权限。配置命令如下：

```
[ root @FTPServer ~]# vi /etc/vsftpd/vusers_dir/xiaocai
virtual_use_local_privs=NO
write_enable=NO
anon_world_readable_only=NO
anon_upload_enable=NO                        ##设置虚拟用户不可上传文件
anon_mkdir_write_enable=NO                   ##设置虚拟用户不可创建文件目录
anon_other_write_enable=NO                ##设置虚拟用户不可重命名、删除
```

4. 重启 FTP 服务

重启 vsftpd 服务。配置命令如下：

```
[ root @FTPServer ~]# systemctl restart vsftpcd@vsftpd2120
```

14.7　信创拓展

银河麒麟系统中通常自带 vsftpd，可以通过配置 vsftpd，实现在本机中搭建 FTP 服务器，方便文件管理使用。并且很多时候确实因为实际需要，要配置为允许匿名用户登录并操作。

任务：在麒麟系统里面搭建 FTP 服务器。

注意：在安装过程中，需要注意防火墙的端口的设置。

提示：

①安装 vsftpd 软件包。

命令：sudo apt - get install vsftpd

②配置 vsftpd。

命令：sudo nano /etc/vsftpd. conf

修改配置文件 vsftpd。

anonymous_enable = YES，允许匿名用户访问 FTP 服务器。

local_ecable = YES，允许本地用户访问 FTP 服务器。

write_enable = YES，允许用户上传文件到 FTP 服务器。

chroot_local_user = YES，限制用户访问 FTP 服务器的根目录。

user_sub_token = $USER，以用户的用户名作为 FTP 服务器的子目录名称。

③重启 vsftpd 服务。

命令：sudo service vsftpd restart

④设置 FTP 用户。

命令：sudo adduser ftpuser

创建 FTP 用户，根据提示输入密码等信息。

⑤设置 FTP 用户根目录。

命令：sudo usermod - d /var/www/ftpuser ftpuser

⑥设置 FTP 用户权限。

命令：sudo chown ftpuser：ftpuser /var/www/ftpuser

⑦测试 FTP 服务器。

命令：ftp localhost

输入 FTP 用户名和密码，如果连接成功，就表示 FTP 服务器搭建完成。

14.8 巩固提升

一、选择题

1. FTP 服务的主要功能是（　　）。

A. 传送网上所有类型的文件　　B. 远程登录

C. 收发电子邮件　　D. 浏览网页

2. FTP 的中文意义是（　　）。

A. 高级程序设计语言　　B. 域名

C. 文件传送协议　　D. 网址

3. Internet 在支持 FTP 方面，下列说法正确的是（　　）。

A. 能进入非匿名式的 FTP，无法上传　　B. 能进入非匿名式的 FTP，可以上传

C. 只能进入匿名式的 FTP，无法上传　　D. 只能进入匿名式的 FTP，可以上传

4. 将文件从 FTP 服务器传输到客户端的过程称为（　　）。

A. upload　　B. download

C. upgrade　　D. update

5. 以下（　　）是 FTP 服务使用的端口号。

A. 21　　B. 23

C. 25　　D. 22

6. 在 vsftpd 服务配置文件中，出现了 anonymous_enable = YES，该字段的含义是（　　）。

A. 允许匿名用户访问　　B. 允许本地用户登录

C. 允许匿名用户上传文件　　D. 允许默认用户创建目录

二、简答题

1. 简述 FTP 的工作原理。

2. 简述常用的 FTP 软件。

14.9　项目评价

本项目采用基于目标导向的“多主体、多维度、全过程”评价方式。

多主体采用智慧职教云课堂、教师、学生、企业兼职教师多主体评价；多维度从知识、能力、素质目标三个维度评价；全过程按照课前、课后、课中三个阶段全过程评价。

项目 14　FTP 协议评分表

考核方向	考核内容	分值	考核标准	评价方式
相关知识（30 分）	FTP 协议	10	答案准确规范，能有自己的理解为优	教师提问和学生进行课程平台自测
	常用 FTP 服务器和客户端程序	10	答案准确规范，能有自己的理解为优	
	FTP 工作原理	10	答案准确规范，能有自己的理解为优	
项目实施（50 分）	任务 14－1　部署企业公共 FTP 站点	10	能够在规定时间内完成，有具体清晰的截图，各配置步骤正确，测试结果准确	客户评、学生评、教师评
	任务 14－2　部署部门专属 FTP 站	20	能够在规定时间内完成，有具体清晰的截图，各配置步骤正确，测试结果准确	客户评、学生评、教师评
	任务 14－3　配置 FTP 服务器权限	20	能够在规定时间内完成，有具体清晰的截图，各配置步骤正确，测试结果准确	客户评、学生评、教师评

续表

考核方向	考核内容	分值	考核标准	评价方式
素质考核（20 分）	职业精神（操作规范、吃苦耐劳、团队合作）	10	操作规范、吃苦耐劳、团队合作愉快	学生评、组内评、教师评
	工匠精神（作品质量、创新意识）	5	作品质量好，有一定的创新意识	客户评、教师评
	信息安全意识	5	有自主安全可控的信创意识	客户评、教师评

项目 15

部署服务器防火墙

学习导航

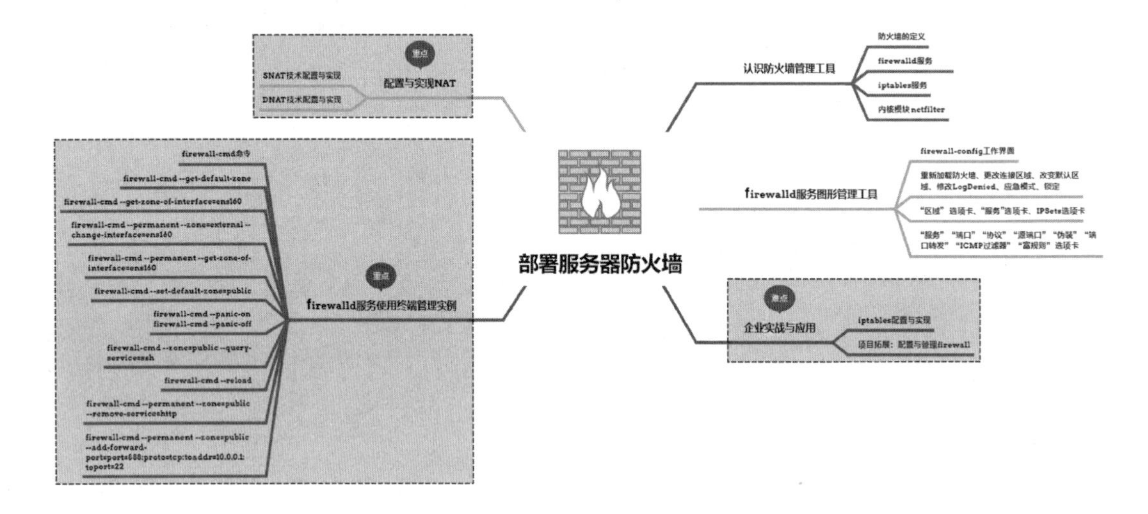

部署服务器防火墙